BASIC THEORY AND KEY TECHNOLOGY OF LASER CLEANING

激光清洗基本理论及关键技术

赵海朝 乔玉林 张 庆 臧 艳 宋启良 **主**编

哈尔滨工业大学出版社
HARBIN INSTITUTE OF TECHNOLOGY PRESS

内 容 简 介

本书全面阐述激光清洗的基本理论及关键技术。内容主要包括:激光清洗技术的发展历程及研究现状;激光与材料的交互作用原理、相变及化学效应;激光清洗系统和装备;激光清洗过程中的作用机制;激光清洗工艺特点、研究方法及具体实例;激光清洗质量的影响因素以及清洗表面质量的监测和检测方法;激光清洗技术典型应用与市场效益;激光清洗安全与防护。本书结构严谨,循序渐进,内容翔实,理论联系实际。

本书可作为机械工程、再制造工程、表面工程、材料科学与工程及相关专业高年级本科生和研究生的教材或参考书,也可作为高等院校教师和科技工作者的参考书。

图书在版编目(CIP)数据

激光清洗基本理论及关键技术/赵海朝等主编.——
哈尔滨:哈尔滨工业大学出版社,2023.12
ISBN 978－7－5767－0617－8

Ⅰ.①激⋯　Ⅱ.①赵⋯　Ⅲ.①激光应用－清洗技术
Ⅳ.①TB4

中国国家版本馆 CIP 数据核字(2024)第 050291 号

策划编辑　杨　桦
责任编辑　杨　硕
封面设计　刘　乐
出版发行　哈尔滨工业大学出版社
社　　址　哈尔滨市南岗区复华四道街 10 号　邮编 150006
传　　真　0451－86414749
网　　址　http://hitpress.hit.edu.cn
印　　刷　哈尔滨市工大节能印刷厂
开　　本　787 mm×1092 mm　1/16　印张 13.25　字数 314 千字
版　　次　2023 年 12 月第 1 版　2023 年 12 月第 1 次印刷
书　　号　ISBN 978－7－5767－0617－8
定　　价　78.00 元

前　言

　　激光清洗(laser cleaning)技术是指通过光学系统将激光束聚焦整形,扫描待清洗表面,使表面附着物快速去除,从而达到洁净化的工艺过程。激光清洗是一种新型的表面清洗技术,与传统的清洗方式相比,具有无机械损伤、绿色无污染、清洗质效和可靠性高、运行成本低等优点。其可应用于小到微纳米颗粒污染的清洗,大到宏观建筑物的清洗,这使得该技术近年来在清洗领域,特别是高端制造与再制造领域获得蓬勃发展。

　　激光清洗技术自20世纪70年代诞生以来,得到了世界各国的重视,在各行各业中获得了广泛关注和应用。本书结合编者团队多年来在激光清洗理论及关键技术领域的研究工作,对国内外最新研究成果进行了梳理和总结。

　　全书共8章。第1章概述,梳理总结激光清洗的发展历程及研究现状;第2章激光清洗基础,介绍激光的物理特性与工作特性以及激光与物质的相互作用;第3章激光清洗系统与成套装备,在介绍各类型激光器的基础上分析激光清洗系统和装备;第4章激光清洗作用机制,结合理论模型系统地剖析激光清洗过程中的作用机制;第5章激光清洗工艺,介绍激光清洗工艺特点、研究方法及具体实例;第6章激光清洗质量调控与评估,介绍激光清洗质量的影响因素以及清洗表面质量的监测和检测方法;第7章激光清洗技术典型应用与市场效益分析,介绍激光清洗技术的典型应用,并分析了其应用市场;第8章激光清洗安全与防护,介绍清洗过程中的安全隐患和防护措施。

　　本书内容具有一定的学术性,同时兼顾实用性。希望本书能够对激光清洗领域的技术人员以及表面处理领域的研究人员提供有益的帮助,并促进激光清洗在高端制造和再制造领域的广泛应用。

　　本书由赵海朝、乔玉林、张庆、臧艳、宋启良主编,由赵海朝、乔玉林负责统稿。第1章由赵海朝、谭娜、蔡志海、何东昱、周雳编写,第2章由乔玉林、陈书赢、蔡猛、牟红霖编写,第3章由张庆、谭娜、张勇、刘晓婷编写,第4章由赵海朝、谭娜、霍明亮、王尧编写,第5章由乔玉林、何鹏飞、于鹤龙、李军旗编写,第6章由赵海朝、丁述宇、石瑞栋编写,第7章由宋启良、谭娜、田洪刚、李瑞雪、王瑞编写,第8章由臧艳、孟令东、张杨、董姗姗编写。

感谢国家自然科学基金(52105236)和北京市自然科学基金(3232016)项目的支持。在本书的编写过程中,编者查阅并参考了大量图书、期刊论文、会议论文等文献资料,而各章后所附参考文献仅为主要资料,在此对相关引用的参考资料的所有作者表示衷心的感谢。

限于时间和资料收集等客观因素,以及编者的水平,书中难免存在疏漏之处,敬请读者批评指正。

编　者

2023 年 9 月

目　　录

第1章 概 述

1.1 清洗技术的发展

机械制造的各种加工过程中都要用到清洗工艺,清洗的内容不仅是简单的油污,还有各种各样的污物。20世纪初,机器制造业蓬勃发展,特别是以钢铁为主要材料的机械制造过程,从加工到成品的封存运输都要用大量的油脂物质进行防锈,增加了零件表面清洗的难度,需要消耗更多的清洗剂;同时增加了生产成本,提高了产品的价格。因此,需要清洗技术不断创新和改进,以便降低生产成本,并提高清洗质量和产品的质量与寿命。传统的清洗方法包括机械清洗、物理清洗、化学清洗等。

1.1.1 机械清洗

机械清洗是指使用动力工具及相关的机器通过刮、擦、刷、喷砂等机械手段,如喷丸、抛丸、喷砂、高压水或高压水混砂喷洗等,以及滚筒除油,去除表面污物(图1.1)。这种方法的预处理效果较好,能达到要求的标准,清洗处理的效率也很高。缺点是只适用于外形较简单又规则的设备,不适用于结构复杂的设备,且易损伤基材,同时喷砂、喷丸污染大、噪声大,污染环境,对操作人员的健康有影响。

图1.1 机械清洗

另外,机械清洗也包括手工清洗,因为手工清洗也要使用各种简易的手工工具操作。在涂装前,有些容易除去的污物是可以用手工清除的,如污染较轻的油渍、浮锈,只要用抹布或砂纸处理即可。这种方法施工简便,能清理任何结构的设备,对周围环境污染小,但是方法落后,工作效率低,工人劳动强度大,表面处理质量没有保证。

总体而言,机械清洗无法满足高清洁度清洗要求,尤其针对复杂结构的表面工况。

1.1.2 物理清洗

物理清洗最常用的方法有蒸汽除油、有机溶剂及溶剂蒸气除油、超声波清洗和干冰清洗等。物理清洗不涉及化学物质的反应即可把污物清除，它们之间通过相互混合互溶把油污带走。这种方法不会伤及工件的表面及几何尺寸，能够保证工件本身的完整性，适合于精密机械及零部件的清洗。另外，清洗用液还可以回收再利用，消耗比较少，对工人无伤害，环境污染少。但是，有些方法对含油污较严重的工件清洗得不够彻底，且成本较高、经济效益较低。例如，超声波清洗法(图 1.2)虽然清洗效果较好，但无法对亚微米级污粒进行清洗，清洗槽的尺寸限制了加工零件的范围和复杂程度，而且清洗后对工件的干燥亦是一大难题。

图 1.2 超声波清洗法

干冰清洗(图 1.3)是使用压缩空气流喷向工件的表面，通过使用回收的二氧化碳来冻结和吹走污染物，其通常对柔软或较厚的污染物层(如飞机密封胶)有效。干冰清洗虽然不需要二次清理废物，但二氧化碳可导致温室效应。另外，干冰的使用成本非常昂贵，不仅要购买，而且要存储。与喷砂类似，用于干冰清洗的设备存在自身损坏的危险，因此必须在出现故障时及时更换，维修费用很高。在储存方面，干冰的温度必须低于 −78.5 ℃，很难长期储存，通常需要特殊的存储设备，价格在 13 000～30 000 美元之间(约合人民币100 万～200 万元)。

图 1.3 干冰清洗

干冰清洗会导致封闭空间内二氧化碳的堆积，存在一定的危险性。因此，干冰清洗还需要一个良好的通风空间。使用干冰清洗时，环境会非常寒冷且嘈杂，操作员等员还需要佩戴多层防护装置，包括手套、夹克和耳罩，以确保安全。

1.1.3　化学清洗

化学清洗是指在清洗工艺中,利用有机清洗剂,通过喷、淋、浸泡或高频振动等措施使化学物质与金属表面的油、锈等污物反应,以便除去工件表面的污物,它包括酸洗、碱洗等内容。化学清洗的优点是效率高,在加温及超声波介入的情况下,清洗速度快,特别适用于外形复杂的零件及设备;缺点是设备较贵,要进行清洗液回收及环境保护,废液、废水处理等,清洗成本相对较高。化学清洗容易导致环境污染,获得的清洁度也很有限,特别是当污垢成分复杂时,必须选用多种清洗剂反复清洗才可能满足表面清洁度的要求。

酸洗是一项重污染的工艺,酸洗产生的含酸废水会腐蚀下水管道和钢筋混凝土等水工构筑物;阻碍废水生物处理中的生物繁殖;酸度大的废水会毒死鱼类,使庄稼枯死,影响水生作物生长。含酸废水渗入土壤,久而久之会造成土质钙化,破坏土层松散状态,因而影响农作物生长。人畜饮用酸度较大的水,可引起肠胃发炎,甚至烧伤。在酸洗工序中产生大量酸雾,不仅损害工人的身体健康,而且使厂房、设备遭到腐蚀,同时大量酸雾的挥发会造成酸液损耗,增加酸洗成本。酸洗废水中还含有大量的重金属离子,由其超标而造成的水体污染,不仅毒害生物,也伤害人类健康。

从成本上看,以图 1.4 所示某酸洗车间为例,不考虑设备费用及治污成本,每月使用成本为 12 万～17 万,年使用成本为 150 万～200 万,十分昂贵。

图 1.4　某酸洗车间

综上,目前这三种清洗方法在我国清洗市场中仍占主导地位,但均会不同程度产生污染物,在环境保护和高精度要求下其应用受到很大的限制。

近年来,随着人们生产生活的提高和环保意识的增强,以及我国环境保护法规要求越来越严格,清洗业面临巨大的挑战。不利于环境的传统工艺要被淘汰,尤其是在清洗行业,巨大的变革导致一些企业被关停整改。制造业迅猛发展的今天,不论是机械还是电子产品在加工或者装配之前以及设备运转一段时间之后的维修维护,基本都需要对部分材料或者部件进行清洗处理。工业生产清洗中可以使用的化学药品种类将越来越少。如何寻找更清洁且不具损伤性的清洗方式成为亟待解决的问题。改变传统的污染生产模式是关键。

1.2 激光清洗技术

1.2.1 激光清洗的基本概念

20世纪60年代,美国科学家梅曼(Theodore H. Maiman)制作出世界上第一台红宝石晶体激光器,其具有相干性好、发散角小、聚焦性强、能量高度集中等优点,引起了研究者的广泛关注。而后各种波段、各种结构、各类功能的激光器相继问世,目前在科学研究、军事、医学和工商业中得到了广泛应用,如激光医疗、激光加工、激光通信等。20世纪80年代,研究者发现把高能激光束照射到工件表面,被照射的附着物会发生熔化、蒸发、燃烧、振动等一系列复杂的物理化学过程,使得附着物从工件表面得以脱离,从而达到洁净化的效果,这种技术即激光清洗。

激光清洗是利用激光光束的特性,通过透镜的聚焦和 Q 开关,把能量集中到一个很小的空间范围和时间范围内,实现在时间和空间上的高度集中,获得高能量的激光束,并使之照射到待清洗材料需要清洗的部位,利用激光移除清洗对象的表面附着物或表面涂层。激光清洗正是基于激光与物质相互作用效应的一项新技术,而在激光能量相同的条件下,不同光斑的激光束所产生的能量密度或功率密度不同,其产生的清洗效果也不相同。

在清洗过程中,激光清洗使表面的污物、锈斑或涂层发生瞬间蒸发或剥离,高速有效地清除清洁对象表面附着物或表面涂层,从而完成洁净的工艺过程,如图1.5所示。激光器发射的光束被需处理表面的物质所吸收,通过光子或热作用破坏掉去除物和基底之间的结合键或结合力,以光剥离、汽化、烧蚀、等离子体冲击、振动等作用过程,使污染物脱离材料表面,达到清洗的目的,而待清洗物体本身并不受损伤或将损伤控制在可以接受的较低程度范围内。

激光清洗技术是近十几年来才出现的新技术,它的出现开辟了激光技术在工业中应用的新领域,并成为激光加工技术大家庭中的一名新成员。

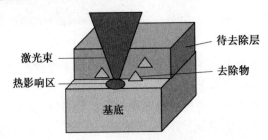

图 1.5 激光清洗示意图

1.2.2 激光清洗的技术优势

与机械摩擦清洗、化学腐蚀清洗、液体固体强力冲击清洗、高频超声清洗等传统清洗方法相比,激光清洗具有如下优点:

(1)激光清洗是一种选择性清洗,也就是对欲清洗对象具有可选择性。这种技术可以不对基体造成损伤,使基体表面完好。对于不同基体表面的不同污物,可以通过选择不同的激光器或者设定激光的参数(如光斑大小、单脉冲能量、脉冲宽度、重复频率等)有选择地清洗污物,而不对基体造成破坏。

(2)激光清洗具有环保性。激光清洗是一种"绿色"的清洗工艺,无须使用任何化学药剂和清洗液,清洗下来的废料几乎都是固体粉末,体积小,易于存放,可回收,对环境基本不造成污染,可以解决化学清洗带来的环境污染问题。

(3)激光清洗具有不接触性。传统的清洗方法大多为接触式的,与清洗物体表面存在机械作用力,其结果导致物体的表面产生不同程度的损伤;而激光清洗技术具有无研磨以及非接触的特点,以光的形式传递能量,无须机械接触,且对基底产生的热负荷和机械负荷小,对环境污染极小,甚至可以做到不损伤基体。

(4)激光清洗能清除各种材料表面不同类型的污染物,达到很高的洁净度。激光清洗已经成功地用于清洗大理石、石灰石、砂岩、陶器、雪花石膏、熟石膏、铝、骨头、犊皮纸和有机物等多种材料上的不同污物,污物的种类包括灰尘、泥污、锈蚀、油漆、油污、涂层、海洋微生物等。

(5)激光清洗可以准确定位。把激光头或传导激光的光纤放在一个可移动的三维平台上,可以把激光束定位在欲清洗的材料表面,其光斑面积可以从零点几毫米到厘米间连续调整。同时,与机器人或者机械手联合,采用计算机控制,使得这种定位更加精确和自动化,能清洗传统方法不易达到的部位,以及不规则的或较隐蔽的表面。

(6)激光清洗可即时控制和回馈。通过 CCD 相机和探测光实时监测材料表面反射率或者激光引起的表面声波,来判断清洗效果。根据清洗的效果,在清洗过程中,可以随时关闭激光电源,终止清洗。这个过程完全可以是智能化的。

(7)激光清洗能有效清除微米级甚至更小尺寸的污染微粒。有些污染物的尺度可能达到微米甚至亚微米量级,如电子印刷线路板在蚀刻和喷镀工艺中的尘埃粒子,一般方法很难清除掉。目前已成功采用短脉冲紫外激光器来清除物体表面尺寸在 $0.1\ \mu m$ 左右的微小颗粒,并已经在工业生产中应用。

(8)激光清洗设备可以长期稳定使用,一般只需要电费和维护费用,运行成本低,与机器手和机器人相配合,方便地实现远距离操作及自动化操作。

1.2.3 激光清洗的发展历程

激光清洗技术的发展依赖于激光器的发展和应用,所以直到 20 世纪 90 年代初期才真正步入工业生产中,在许多场合逐步取代传统清洗方法。

固体激光器具有功率高、输出能量大、使用时间长等特点,发展迅猛,应用领域广泛。固体激光器可分为三个发展阶段:20 世纪 60 年代初期、80 年代中后期与 90 年代。60 年代初期,调 Q 技术与锁模技术的诞生标志着激光技术的高速发展。80 年代中期,啁啾脉冲放大技术的出现使固体激光器的功率得到了极大提升。90 年代,光参量啁啾脉冲放大技术带来了重大的技术突破,脉冲激光技术逐渐向着超短超强方向发展。正是在此时,激光清洗技术由于其独特的优势得到了研究人员与工程人员的广泛重视,并作为一种有效的清洗方法得到了正式应用。

20 世纪 60 年代中期,美国科学家 A. Schawlow 首次提出了激光清洗技术这一概念,实现了碳油墨的汽化去除,而不损伤纸板,并发现使用激光能够清除古籍表面特定的文字、图案等污染物,从此激光清洗成为激光加工技术的重要组成部分。各类古籍文物的修复与保养便成为激光技术的一大应用领域。由于对激光光谱学做出了突出贡献,A. Schawlow 获得 1981 年的诺贝尔物理学奖。1969 年,S. M. Bedair 和 H. P. Smith 利用激光对镍基体表面的氧和硫等污染物进行了去除,并总结了激光清洗技术的优点和不足。20 世纪 70 年代中期,研究人员开始把激光清洗技术应用于金属表面油漆层的去除研究,J. A. Fox 等利用 1 060 nm 的激光在水液膜的辅助下完成了油漆涂层的去除。1974 年,美国加利福尼亚大学的 J. F. Asmus 提出激光能够对石像雕塑表面的污垢进行无损有效的清除,并把激光清洗技术用于文物和艺术品保护,开发了激光清洗应用的新领域。

1980 年以后,激光清洗技术开始受到研究人员的关注,尤其是半导体行业的快速发展,带动了研究人员对微纳米颗粒去除的研究。同时调 Q 技术的出现,使激光器的输出脉宽可以达到几百甚至几纳秒,这比自由运转激光器输出的脉冲宽度要短得多,因此输出激光的峰值功率比自由运转激光器输出的要高很多,可达到 $10^7 \sim 10^8$ W 量级。这使得激光清洗技术得到了巨大的发展,为激光清洗提供了强有力的工具,使激光清洗技术进入了一个高峰时期。1987 年,俄国 Yu. N. Petrov 领导的研究小组发表了一篇关于应用激光清除基体表面细小污粒研究的论文,这是第一篇关于激光清洗技术的论文。由 W. Zapka 率领的 IBM 研究小组申请了第一个针对激光清洗技术的专利(EP0297506A),较好地实现了去除微纳颗粒的效果。美国科学家 S. D. Allen 及其课题组利用激光对微电子硅片表面的亚微米级颗粒实现了有效去除,展现了激光清洗的一大特殊优势。1988 年,E. Y. Assendel'ft 等第一次使用短脉宽、高脉冲能量的二氧化碳激光器进行了湿式激光清洗的实验,实验脉宽 100 ns,单发脉冲激光能量 300 mJ。1990 年之后,激光清洗技术已经开始应用到一些工业生产中,而且在世界范围内提出"绿色"发展理念,利用激光清洗技术去除金属锈蚀、漆层等污染物的研究越来越多。20 世纪 90 年代前期,Andrew 等对湿式激光清洗中爆炸性喷射动态过程中的理论与模型进行了大量研究,取得了很好的成果。

激光清洗技术的发展历程可以将 1998 年作为一条历史分界,从而分为 2 个主要的历史阶段:在 1998 年之前,相关研究刚刚兴起,各个国家只投入了有限的人力与物力,研究进展较慢。但从 1998 年至今,激光清洗在各领域的发展随着技术的发展与人们的重视突飞猛进。1998 年,新加坡国立大学的 Lu Yong Feng 与其激光微处理研究小组,基于干式激光清洗方法,成功研制出了首台工业激光清洗设备,并去除了硅片表面的污染颗粒。此外,该研究团队对激光清洗的理论、机理与应用有着较为深入的研究,为激光清洗技术做出了大量的贡献。

进入 21 世纪,激光清洗得到了全面发展。2000 年,比利时学者 G. Vereecke 等研究了干式激光清洗中入射角度对清洗效果的影响。2001 年,J. M. Lee 通过激光等离子体冲击波清洗的方法,有效清洗了硅基底表面微米量级的钨颗粒。2002 年,徐军等实验研究了激光除锈过程的声波信号,实现了清洗效果的实时监测。分析表明激光除锈过程中产生的声波信号,包含了大量的激光除锈信息,当大量的氧化物被去除时,声波信号的强度高;当激光功率低于激光去除阈值时,没有采集到声波信号。声波信号的振幅最大值与表面形貌、脉冲数目等因素有关。分析声波频谱,结果表明集中在音频区域频谱,在激光去除度高时,往高频方向偏移,但偏移量比较小。2003 年,Hooper 利用激光等离子体冲击波成功清洗基体表面的聚苯乙烯污染物颗粒,且距离基体表面 1.5 mm 时,清洗效率高达 96%。2005 年,Kim 利用氩气激发的激光等离子体的清洗效果远远比空气和氮气的清洗效果强。2007 年,蚌埠坦克学院的邹彪对激光等离子体声波的理论模型进行了研究,发现激光等离子体声波是激光等离子体冲击波的弱极限形式,这种声波的频率、强度等参数随加工程度的不同将发生变化。2009 年,韩国科学家 D. Jang 提出了一种通过对等离子体膨胀进行几何限制,提升激光等离子体冲击波清洗效率的方法。2011 年,香港浸会大学的 Cai 等采集清洗声信号,研究了声波峰值振幅与铝和 PVC 塑料单位时间烧蚀量之间的关系。2012 年,四川大学鲜辉等基于电磁场理论对激光在油漆中的传输过程进行了物理建模,与此同时也得到了不同输出能量密度下的油漆表面温度分布情况。2015 年,王春艳等采用激光清洗、NaOH 阳极氧化两种表面清洗工艺在不同参数下对 TB8 钛合金进行表面清洗,发现两种工艺清洗后的 TB8 钛合金试样与复合材料胶接,其剥离强度均得到提高。2014 年,英国曼彻斯特大学的 A. W. Alshaer 等使用 100 ns 脉宽的 Nd:YAG 对 AA6014 铝合金激光焊接前处理,发现激光清洗可以有效去除材料表面的液体和污染物,并在实验中清除了厚度为 19 μm 的污染层,激光清洗后焊缝气孔得到有效减少,显著地提升了焊接质量。2016 年,G. S. Senesi 等将激光诱导击穿光谱与激光清洗相结合,对古迹进行了清洗,并对清洗过程进行了在线监测与管控。2017 年,伊拉克的 Halah A. Jasim 等研究了 250 ns 脉冲光纤激光清除 5005A 铝合金表面 20 μm 厚透明高聚物,从光斑搭接率、清洗后表面形貌、清洗后凹槽深度等方面探究了激光功率和频率的影响,发现激光可以有效清除透明高聚物,清洗后表面粗糙度为 $Sa = 1.3$ μm,清洗效率大约在 2.9 cm³/(min·kW),并提出采用光电二极管集成的发射光谱来实现在线监测,避免基材出现进一步损伤。2018 年,俄罗斯圣彼得堡州立电气工程大学的 V. A. Parfenov 为了实现对文物和其他艺术品进行激光清洗的过程监控,考虑激光诱导击穿光谱仪(LIBS)监测激光清洗的能力,开发了一种基于圆柱体形式的集成腔的测光装置,通过该设备测量清洁表面的反射系数能在线监测激光去除石碑表面污染物的过程。2019 年,江苏大学高辽远采用 Comsol 模拟仿真了纳秒脉冲激光清洗 2024 铝合金表面丙烯酸聚氨酯漆层过程,分析了不同工艺参数对激光清洗温度场和清洗深度的影响,实验得到了激光清洗效率最佳的光斑搭接率为 50%,此时的清洗深度为 50.24 μm,与仿真结果一致。2020 年,广东工业大学的谢小柱等通过集成声发射监控和高速摄像头研究激光除锈机理,利用声发射信号和高速图像观察和分析锈层的动态去除特性和微观变化,通过在时域和频域中分析声发射特定信号,可以准确地绘制除锈条件的变化和除锈参数的效果。

目前,激光清洗技术是一种高效、清洁、无污染、健康的先进清洗技术,它以自身的优势和不可替代性在许多领域中正逐步取代传统清洗工艺,被认为是最可靠、最有效的解决办法,具有广阔的应用前景。

1.2.4 激光清洗的分类

从原理角度来讲,激光清洗是指激光以直接或间接的方式作用于物质,从而清除基底的表面污染物。现今的激光清洗的实现方法主要分为:干式激光清洗、湿式激光清洗和等离子体激光清洗。三种方法的原理均是令基底、污染物或是辅助物吸收激光能量,产生烧蚀、振动或冲击,从而实现清洗。

1. 干式激光清洗

(1)干式激光清洗简介

干式激光清洗即将激光直接作用于物质,从而清除基底的表面污染物,具有操作方便、清洗效率高的优点,适合工业化生产并得到了广泛的应用。另外,在激光辐射的同时,还可以用惰性气体吹向基体表面,当污物从表面剥离后会立即被气体吹离表面,以避免表面再次被污染和氧化。干式激光清洗主要是利用热膨胀,热膨胀产生的振动迫使颗粒污染物克服表面的吸附力而脱离基底表面。尽管热膨胀量很小,一般在 10^{-5} cm 量级,但是激光短脉冲作用于基底表面的时间极短,一般在 $10^{-13} \sim 10^{-11}$ s 之间,会产生一个巨大的瞬时加速度,使颗粒脱离基底表面。根据照射激光的波长选择,有三种不同的吸收模型,即颗粒吸收、基底吸收和同时吸收(图 1.6)。

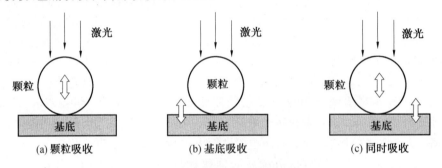

图 1.6 干式激光清洗的三种吸收模型

如图 1.6(a)所示,当特定波长的激光直接照射基底和颗粒,颗粒对激光进行强吸收,而基底对激光不吸收或者吸收很少时,主要颗粒吸收激光能量产生热振动,从而使颗粒从基底表面去除;如图 1.6(b)所示,当激光直接照射基底和颗粒,颗粒对特定波长的激光不吸收或吸收很少,但基底对此激光进行强吸收时,基底吸收激光能量产生热振动,使颗粒从基底表面去除;如图 1.6(c)所示,当特定波长的激光直接照射基底和颗粒,颗粒和基底对此类激光均发生强吸收时,两者均产生振动,实现颗粒的去除。从以上对激光吸收的不同类型的描述可以看出,图 1.6(b)基底吸收类型更加具有普适性,因为当基底表面的颗粒污染物成分不明或比较复杂时,可以选取合适波长的激光来使基底吸收能量而产生振动,此时对于图 1.6(a)所示类型的清洗物则难以选取合适的激光波长,获得良好的清洗效果。

根据以上不同类型,在进行干式激光清洗时,首先应该分析材料的特性,选择一种合适的激光波长,使污染物和基底对激光的吸收有比较大的差别,或者直接选取基底吸收的激光波长。此外,要选取合适的激光能量,避免激光辐照损伤基底,激光能量应当小于基底材料的损伤阈值。

新加坡 Lu Yong Feng 团队对不同材料表面、不同类型的污染物均做了详细的研究,并在 1998 年成功研制了世界上第一台可用于工业的激光清洗机,该激光清洗机可用于干式激光清洗,可以高效快捷地去除 Si 基底表面的颗粒污染物。葡萄牙 Y. Feng 研究小组使用 KrF 准分子激光器(波长 248 nm、脉宽 30 ns、频率 2 Hz),去除覆在 Si 基底表面 1.2 μm 的光刻胶。比利时 G. Vereecke 等研究了干式激光清洗中,激光束的入射角度对清洗效果的影响。韩国的 C. Curran、葡萄牙的 M. Arrnote 和 P. Neves 等使用紫外激光清洗 Si 基底表面存在的 1 μm 铜、银、钨污染颗粒。以上这些研究均是利用激光直接辐照在物体表面,通过基底材料和污染物对激光能量的吸收,产生热膨胀,进而使污染物从物体表面去除。

(2)干式激光清洗的理论模型

假设图 1.6(b)所示基底吸收模型在基底吸热膨胀振动中产生的位移,在极短时间产生巨大的力,且此种类型具有普适性,则以此种模型讨论有关理论模型。

在基底吸收模型中,分析颗粒所受到的作用力。颗粒在范德瓦耳斯力和外力的作用下发生形变,设 δ_0 是颗粒在吸附力作用下的初始形变量,在没有其他外力作用于颗粒上时,在 DMT 模型下颗粒的初始形变量 δ_0 为

$$\delta_0 = \frac{1}{4}\sqrt[3]{\frac{A^2 r}{H^4 E^{*2}}} \tag{1.1}$$

式中,A 为整体的 Hamaker 常数;H 为颗粒到基底的有效距离;r 为颗粒的半径;E^* 为

$$\frac{1}{E^*} = \frac{1-v_1^2}{E_1} + \frac{1-v_2^2}{E_2}$$

其中,v_1,v_2 分别为颗粒和基体的泊松比;E_1,E_2 分别为颗粒和基体的弹性模量。

弹性势能 W_e 和弹性力 F_e 分别为

$$W_e = \frac{8}{15}E^*\sqrt{r\delta_0^5} \tag{1.2}$$

$$F_e = \frac{4}{3}E^*\sqrt{r\delta_0^3} \tag{1.3}$$

基底表面的位置 Z_s 是随时间变化的量,在初始时刻 $t=0$ 时,$Z_s(t)=0$。颗粒物产生的瞬时形变参量为 $\delta(t)$,则可计算出颗粒的瞬时位移量 $f(t)$ 为

$$f(t) = Z_s(t) + \delta_0 - \delta(t) \tag{1.4}$$

根据位移量可以计算出产生的加速度为

$$a = \frac{\mathrm{d}^2 f(t)}{\mathrm{d}t^2} \tag{1.5}$$

脉冲激光辐照在基底和污染物上,基底对激光强吸收,将光能转化为热能,从而使基底受热膨胀产生振动,有能量转换关系,可以得出

$$(1-R_s)\int_0^\infty I(t_1)\mathrm{d}t_1 = c\rho\int_0^\infty T(z,t)\mathrm{d}z \tag{1.6}$$

式中,$I(t_1)$ 是激光能量;$T(z,t)$ 是基底的一维分布的温度场;R_s 是基底表面的反射率;ρ 和 c 分别是基底的密度和比热容。

根据基底的一维温度场分布,即可得到基底的位移 $Z_s(t)$:

$$Z_s(t) = \alpha_T\int_0^\infty T(z,t)\mathrm{d}z \tag{1.7}$$

式中,α_T 是基底材料的热膨胀系数。

Nd-YAG 激光器产生的是标准高斯型脉冲激光，则脉冲形状可以描述为

$$I(t) = I_0 \frac{t}{\tau} \exp\left(-\frac{t}{\tau}\right) \tag{1.8}$$

由激光通量 $\varphi = I_0 \tau$，可计算出基底表面位移 $Z_s(t)$ 为

$$Z_s(t) = \frac{\alpha_T \varphi (1-R_s)}{c\rho}\left[1 - \left(1+\frac{t}{\tau}\right) e^{-\frac{t}{\tau}}\right] \tag{1.9}$$

利用以上公式可计算出基底位移速度和加速度分别为

$$V_s = \frac{\alpha_T \varphi (1-R_s)}{c\rho} \frac{t}{\tau^2} e^{-\frac{t}{\tau}} \tag{1.10}$$

$$a = \frac{\alpha_T \varphi (1-R_s)}{c\rho} \frac{e^{-\frac{t}{\tau}}}{\tau^2}\left(1-\frac{t}{\tau}\right) \tag{1.11}$$

要使颗粒物脱离基底表面，则在很短时间内，产生的清洗力能量要克服吸附力所做的功，公式可以表示为

$$\frac{8}{15}E^* \sqrt{r\delta(t)^5} + \frac{4}{3}\pi r^3 \frac{\rho_0 v^2}{2} \geqslant \frac{Ar}{12H^2}\delta(t) + \frac{Ar}{6H} \tag{1.12}$$

式中，左边两项分别为颗粒的弹性势能和动能；右边两项分别是吸附力所做的功和颗粒与基底接触部分的吸附能。

在颗粒脱离基底表面的过程中，基底表面的颗粒与基底的运动速度是一致的，当颗粒的加速度达到一定的值时，颗粒的动能大于其吸附能，便从基底上脱离。

根据以上的分析可以计算出如图 1.6(b) 所示基底吸收模型中，基底材料吸收激光能量后产生的位移量、速度和加速度，以及不同尺寸颗粒所需的激光清洗阈值。

2. 湿式激光清洗

(1)湿式激光清洗简介

在物体表面涂覆一层薄的液体膜，再用激光直接辐照，表面的液膜吸热过高而产生爆炸性蒸发，克服污染物微粒的黏附力，从而将污染物"带离"物体表面，能使污染物去除得更加彻底，这种方法称为湿式激光清洗。

20 世纪 90 年代初，Allen 科研小组研究了激光辅助清洗技术，用水作为能量转移体，先在物理表面涂覆约 10 μm 厚的薄层，再用 CO_2 连续激光对其进行照射。薄水层吸收激光能量后，导致吸热过高，温度快速升高至沸点，水层严重过热，产生爆炸性汽化，将表面的污染物带离。IBM 公司对上述实验进行了进一步研究，利用 248 nm 的准分子激光作为光源。与 CO_2 激光的吸收机理不同，准分子激光的能量大部分能穿过表面液体薄膜，直接被 Si 基底所吸收，然后再使液膜加热，产生爆炸性汽化，带走颗粒污染物，发现当激光通量达到 300~500 mJ/cm² 范围时，能以较高的清洗效率除掉 Si 基底表面的颗粒污染物，且基底未受到损伤。

1991 年，Andrew 等比较了干式激光清洗和湿式激光清洗，发现湿式清洗能在较低的激光通量下具有更高的清洗效率。同时，他们在进行激光清洗的实验研究时，还使用脉冲红外激光，发现不同波长的激光在清洗相同物体时产生了不同的效果。1991—1996 年，Andrew 团队不断对湿式激光清洗和干式激光清洗进行研究，观察液体和颗粒爆炸性喷

射的动态过程,取得了很好的成果,得到了诸多能很好解释爆炸性蒸发形成过程的理论模型。

针对颗粒污染物的去除,湿式激光清洗虽然具有较高的清洗效率,但是其真正实施应用起来比较困难,不仅要精确控制好涂覆在物体表面液膜层的厚度,还要防止涂覆的液膜造成新的污染。湿式激光清洗与干式激光清洗的区别为基底表面在被激光辐照之前涂上一层液体,而液膜的增加使得整个清洗系统变得更加复杂,同时也获得了更高的清洗效率。将干式和湿式激光清洗结合起来,通过调节空气湿度,可使得水蒸气在微粒与基底间液化,然后利用激光辐照的方式清洗污染物。这种方式在某些方面同时具有了干式激光清洗和湿式激光清洗方式的优点。

(2)湿式激光清洗的理论模型

与干式激光清洗类似,根据对波长的选择,湿式激光清洗有如图 1.7 所示的三种情况。

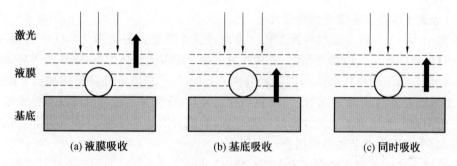

图 1.7　湿式激光清洗的三种吸收类型

如图 1.7(a)所示,当特定波长的激光照射,只有液膜对此波长的激光进行强吸收,基底对激光不吸收时,液膜顶部发生爆炸性蒸发。如图 1.7(b)所示,当特定波长的激光照射,只有基底对此波长的激光进行强吸收时,液膜与基底的分界面上聚集了大量的热,使液膜在分界面上达到超热和爆炸性蒸发。与液膜吸收相比,它的峰值温度发生在分界面,而液膜吸收的峰值温度发生在液膜表面。当峰值温度接近液体的临界温度时,爆炸性蒸发发生,液膜吸收的情况下,只在液膜表面产生强瞬态压强,而基底吸收的情况下,最初的爆炸蒸发发生在交界面,这会导致更有效的瞬态压强,所以此类型强吸收清洗效果更好。如图 1.7(c)所示,当特定波长的激光照射,基底和液膜同时对激光吸收时,也能实现清洗,但是效果不如基底吸收好,因为基底表面液膜有几微米厚,一部分激光被液膜吸收,激光能量分散在液膜中,导致能量比较分散,所以此法清洗效果不佳。

湿式激光清洗中的基底吸收类型是最有效和最具有普适性的,下面以此种模型来讨论有关理论模型。

对于表面有液膜覆盖的固体,在基底强吸收激光后,界面处峰值温度升高 ΔT 为

$$\Delta T = \frac{(1-R)F}{\rho c\mu + \rho' c' \mu'} \tag{1.13}$$

式中,R 是分界面的反射率;F 是激光通量;ρ、ρ'分别是固体基底和液膜的密度;μ、μ'分别是基底和液膜在脉冲激光下的热扩散长度;c、c'分别是基底和液膜的比热容。

A. C. Tam 对于水和硅片界面的温度升高进行了估算,如果在式(1.13)中采用室温的参数值,则 $\Delta T \approx 10F$,F 的单位为 mJ/cm^2,若得到波长 248 nm 的激光,辐照通量超过大约 30 mJ/cm^2 时,便会发生爆炸性蒸发,此时在界面上的温度接近 375 ℃的临界温度。

关于液体和蒸汽在稳定状态下的热力学性质有很多文献,但是对在短时间内水经过瞬态超热的爆炸性蒸发的瞬态热力学性质的认识很少。Park 曾用脉冲持续时间为 200 ns 的脉冲 TEA CO_2 激光,在 2 μs 的时间内将一滴水加热到 305 ℃。假设水膜能够达到的超热温度为 370 ℃,爆炸时产生的瞬态峰值压强大约是 200 atm(1 atm=101.325 kPa),这能在垂直于 1 μm 的颗粒表面产生约 2 dyn(1 dyn=10^{-5} N)的力,大约是颗粒质量的 10^9 倍,这个巨大的力能够克服颗粒与基底之间的多种吸附力。这个"爆炸力"与 r^2 成反比(r 是颗粒的直径),而吸附力与 r 成正比,所以当 r 增大时,爆炸力减小。然而,这个爆炸力至少足够克服 $r \approx 0.1$ μm 的微小颗粒的吸附力。

3. 等离子体冲击波激光清洗

(1)等离子体冲击波激光清洗简介

等离子体冲击波激光清洗即激光清洗处理过程伴随复杂的物理化学反应过程,激光与清洗对象周围环境气体相互作用,击穿环境气体产生等离子体爆炸,爆炸的等离子体冲击清洗对象表面的污染物从而产生清洗效果。J. M. Lee 提出了等离子体冲击波激光清洗,成功清洗了吸附 Si 片表面的 1 μm 钨颗粒污染物,克服了传统激光清洗对钨颗粒清洗效率低的问题。利用等离子体冲击波清除颗粒,对波长没有选择性,且激光并非直接照射基底表面,所以不会对基底造成损伤。

在等离子体冲击波清洗物体表面颗粒物时,冲击波的能量以动能的方式转移到颗粒,从而使颗粒从基底上去除。等离子体从产生到消失的演化主要分为三个过程:①生成过程。激光被透镜聚焦,达到足够的能量后使介质气体发生光学击穿,此时等离子体和冲击波才出现,这个过程是生成过程。②发展过程。等离子体和冲击波由于后续脉冲激光的持续入射,内部电子数量、压强等参量持续上升,这个过程是发展过程。③衰退过程。随着入射激光能量的下降,等离子体进入最后的消失期,这一过程是衰退过程。

等离子体冲击波演化的三个过程与激光参数和外部环境参量紧密相关。在激光脉冲持续时间内,激光聚焦在很小的一个区域内,此时光能转化为机械能、电力能等能量,且伴随着强烈的机械效应。

(2)等离子体激光清洗的理论模型

从某种意义上来看,激光等离子体冲击波清洗技术也属于干式激光清洗,但是其理论模型与干式激光清洗完全不同。如图 1.8 所示,将待清洗物基底放在与激光束平行的位置,然后通过短焦透镜将激光束聚焦在基底正上方,当激光能量达到能击穿环境气体介质时,在焦点位置会产生一个近似球体的小等离子球,等离子球高速向外扩展而产生了冲击波,等离子体冲击波的力直接作用在颗粒污染上,当此力大于颗粒与基底的吸附力时,便能将颗粒物清洗掉。其具体的理论模型详见第 4 章。

综上,干式激光清洗可以对微纳米级的颗粒污染物实现有效的清洗,但依然存在直接的激光辐照,易对基底造成损伤,对于不同的基底与污染物成分的清洗工艺参数具有选择性等问题。湿式激光清洗操作复杂,如何精确控制所涂覆的液膜厚度是一个难题,且液膜

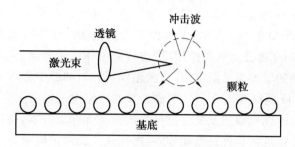

图 1.8　等离子体冲击波激光清洗

也会带来新的污染。等离子体激光清洗受环境参量影响巨大,难以投入实际应用,成本较高。

　　虽然目前常用的仍是这三种方法,但在具体应用中,正不断产生新的方法,例如,在石质文物清洗中,首先运用激光使污垢松散后,再用非腐蚀性化学方法清洗;根据待清洗物的厚度以及结合情况,首先使用高功率连续激光作为热源输入,使得清洗物和基底之间产生热膨胀压力,降低两者之间的结合力,然后再用脉冲激光产生振动冲击波,使得清洗物直接脱离去除,实现快速高效清洗。综合分析,激光清洗技术由于存在技术限制,因此仍未能完全代替传统清洗方法。激光清洗方式的运用要根据待清洗物的具体情况具体分析,从而选定最佳的清洗方式。

1.3　激光清洗技术的现状及发展

1.3.1　激光清洗的研究现状

　　国外激光清洗的应用领域涉及机械工业、微电子工业、国防工业、城市生活以及艺术品的修复与保护,在去污中涉及激光清洗实验所使用的设备种类比较多,所用激光器的波长范围也较广。但激光清洗技术的发展不平衡,有些已实现工业化,有的还处于实验室阶段。目前,欧美国家的激光清洗发展表现稳定,在模具激光清洗方面,已经发展到 1 000 W 激光手动清洗机;电子线路清洗采用 248 nm、3 W、20 ns 的激光,已实现工业化;采用 248 nm、5 W 的纳秒紫外光清洗芯片,取得很好的效果;在光掩膜领域,紫外激光已经完全取代传统化学清洗方法;在激光除锈、激光除污染物方面,已经规模化应用,而且实验先于理论。在半导体领域、磁头和绝缘体领域也已经开始实验验证。

　　我国对激光清洗技术的研究多为参数和机理研究与分析。

1. 激光清洗的理论工作方面

　　1996 年,激光技术国家重点实验室的谭东晖等分析并讨论了激光清洗基片表面的温度场分布。2008 年,青岛科技大学的周桂莲等进行了基于 ANSYS 的激光清洗模具表面过程中温度场分布情况的研究。2012 年,南开大学的施曙东等针对现有激光清洗模型中存在热振动模型结构简单的问题,提出了更为实际的三层吸收界面的烧蚀振动模型,并通过该模型进行了清洗机理的模拟与分析。2015 年,华中科技大学的俞鸿斌使用 20 W 的小功率脉冲光纤激光器对铝合金金属表面油漆去除进行了研究,提出除漆过程中的作用机理主要是汽化蒸发和共振击碎。2016 年,陈康喜等基于激光诱导击穿光谱和 X 射线能谱技术,测量了电光调 Q 的 Nd:YAG 脉冲激光与白色油漆作用时发射光谱及作用前后元素成分的变化,分析了激光除漆的机理,指出等离子体电子密度、温度以及烧蚀区域大小均随入射激光能量的增加而逐渐增加,在激光作用前后油漆中碳(C)含量明显降低,原子百分比从 78.25% 降低到 67.07%,说明激光与油漆作用过程中发生了烧蚀。2018 年,东北大学的靳森研究了飞机蒙皮及复合材料表面的激光除漆技术,指出激光能量密度在清洗阈值条件下有效清洗的机理是振动效应,而超过损伤阈值时有效清洗的机理是振动效应和烧蚀效应。2019 年,成健等采用相同功率和速度、不同脉冲宽度进行激光清洗,发现在 60～240 ns 时,表面清洗区域颜色发生变化,其清洗机制在不停转变。

2. 激光清洗的实验研究方面

2010 年,中国工程物理研究院激光聚变研究中心的叶亚云讨论了激光清洗过程中的理论模型,使用激光等离子体冲击波的方法分别对镀金与裸 K9 玻璃基底上的 SiO_2 颗粒污染物进行了清洗,并使用 CO_2 激光对 K9 玻璃基底表面的二甲基硅油进行了清洗实验。2011 年,江苏大学的佟艳群分析了激光清洗样品时诱导等离子体的光谱,使用光谱线变化对表面污染物的清洗做出了在线检测与评价。2013 年,中国工程物理研究院激光聚变研究中心的苗心向等以激光清洗的方法有效去除了工程下架大口径光学元件的侧面污染物。2015 年,大连理工大学司马媛利用脉宽 30 ns 的 KrF 准分子激光进行激光清洗实验,研究了激光脉宽、能量密度对激光干法清洗结果的影响,实验结果表明 KrF 激光干法清洗硅片表面 0.5 μm 氧化铝颗粒的清洗阈值为 30～40 mJ/cm^2,损伤阈值为 300 mJ/cm^2。1 μm 氧化铝颗粒的清洗阈值和损伤阈值分别为 30～40 mJ/cm^2 和 320 mJ/cm^2。2016 年,上海交通大学的解宇飞等使用光纤激光器进行了船舶用钢材表面除锈的研究,通过激光单线扫描除锈实验,得到沟槽轮廓几何特征量随激光能量密度的变化关系,证明沟槽深度、宽度和横截面积与激光能量呈线性关系,且清洗后的钢板抗腐蚀性能得到提高。2018 年,常明等采用脉宽为 10 ps 的皮秒激光对热轧 Q235 钢板进行了除锈工艺实验研究。结果表明,选择激光平均功率密度为 14.93×10^{11} W/cm^2 时,工件表面的锈层可以被完全去除,同时不会对基体材料产生损伤及氧化。过大或过小的激光平均功率密度会致使工件二次氧化或除锈不完全。当光斑重叠率与扫描轨迹重叠率同为 30%～40% 时可获得较好的除锈效果。

3. 激光清洗装备制造方面

2010 年,中国工程物理研究院激光聚变研究中心在国内最早尝试了激光清洗设备的开发,并成功应用到文物清洗领域。2012 年,路磊等研制了一种背带式 18 W 全固态 1 064 nm/532 nm 双波长激光清洗设备,该设备便携且稳定性高,但输出功率最高只有 30 W,只能满足一些工业清洗的基本要求。魏兴春等研发了手持激光清洗机,该清洗机采用半导体泵浦固体激光器(DPSS),使光－光转换效率和清洗速率得到明显提升,激光平均功率超过 160 W,清洗模具表面速度能够达到 1.08 m^2/h,清洗锈层速度可以达到 1.44 m^2/h。2014 年,李伟组装了两台激光清洗设备的情况,一台是电光调激光清洗机,主要针对漆层的清洗,输出激光脉冲通过导光臂进行中短距离传输,使用三维电动台实现光束的扫描;另一台是声光调激光清洗机,使用传能光纤传输激光光束,使用单振镜将点状光斑扫描成线,并与聚焦镜等封装在手持头中实现较为便捷的手动操作。2017 年,陆军装甲兵学院的研究团队成功研制了国内首台新型 500 W 高重频高能量激光清洗工程化设备,打破了大功率激光清洗设备依赖外国进口的现状。

激光器的硬件和成本限制,使得我国在该技术方面推进很慢,从 2017 年开始,国家重点研发计划资助了激光清洗领域,激光清洗装备研发得到了发展,各种类型的激光清洗设备相继问世。目前,光脉冲光纤激光器采用先进的电光调 Q、声光调 Q 技术,脉宽可达到几纳秒到几百纳秒,脉冲能量可达到毫焦量级,重复频率多在几十到几百千赫兹,峰值功率高、光束质量好以及可柔性传输的特性,使其在工业领域,特别是在工业激光清洗中具有很大的优越性。目前,国内主要的几家光纤激光器厂商均推出了可用于激光清洗的激光器产品,而从事激光清洗设备开发的企业也层出不穷。激光器厂家主要有创鑫激光、锐科激光、海富光子、珠西激光、飞博激光、中科四象、国科激光;从事激光清洗设备开发的企业有大族激光智能装备集团、华工激光、铭镭激光等;相关一些从事配套产品的企业也顺势推出了激光清洗头,比如深圳市凯普斯激光科技。最早的激光清洗设备都是手持式操作,具有较大的应用局限性。目前激光清洗正在向自动化控制方向发展,铭镭激光、中国工程物理研究院、嘉信激光等实现了自动化清洗,提高了清洗效率,尤其是提高了安全性。

激光清洗是复杂的光物理化学过程,多场耦合作用机理复杂,目前仍缺乏系统的激光清洗机理与工艺研究,国内在该方面均处于蓬勃发展阶段。

1.3.2　激光清洗的发展

激光清洗技术近两年发展很快,对激光清洗的工艺参数和清洗机理、清洗对象的研究以及应用方面的研究都取得了很大的进展。然而激光清洗技术在经过大量理论方面的研究后,其研究重心正不断偏向于应用方面的研究,并在应用方面取得了可喜的成果。由于激光器及其配套硬件的费用较高,激光清洗技术的应用范围受到极大的限制,特别是对于低成本对象的清洗。随着科学技术的发展,激光器及其硬件的成本在不断下降,激光清洗技术在工业中的应用已成为现实,且随着该技术的进一步深入分析以及工业的发展需求,其应用范围将会更加拓宽。

激光清洗技术已经逐渐推广到相应的产业中,目前已见报道的除常见产品的除漆除锈外,还在弹药修理、动车组维修、雷达组件制造、锂离子电池电极片清洗和树脂基复合材料等新兴领域也得到了应用;在微电子、建筑、核电站、医疗、文物保护等领域的开发方兴未艾,应用市场前景广阔。我国在大型件激光加工技术领域的应用已初具规模,在钢铁除锈和模具去污方面的应用还是空白,而激光清洗技术在汽车制造、建筑等领域的应用仍在研究推广之中。上述领域不少属于国民经济的支柱产业,且由于基础工业的迅猛发展,工业中清洗的质量和清洗效率要求越来越高。激光清洗技术具有强大的潜力,将激光清洗技术应用其中后,产生的经济效益和社会效益将十分可观。利用我国现有的激光技术条件,开发配套的激光清洗设备,并使其在短时间内实用化、产业化,是完全可能的,对推动激光清洗技术的发展与应用具有重要意义。

目前,从事激光清洗的科研机构包括中国工程物理研究院激光聚变中心、中国人民解放军、哈尔滨工业大学、华中科技大学、南开大学等。尽管近年学术界激光清洗的研究文章逐渐增多,清洗材料种类和应用领域逐渐扩大,但各领域研究发展不平衡,很多问题尚未解决,例如,清洗机理研究结果的准确性有待进一步验证,而且不同清洗方法、不同基材和污物结合状况的清洗机理各不相同,机理研究的不清晰不彻底将直接导致技术应用研究的滞后。另外,在实际的激光清洗过程中,为了便于观察和分析,通常都简单地假设清洗机理的模型,但是物质的光学性质对能量吸收和散射的分布尤其复杂,如果考虑到这些因素,则需要用比较复杂的理论模型进行机理分析。

此外,影响激光清洗效果的因素众多,包括基底与清洗材料本身、激光参数、工艺条件、激光入射角、激光与清洗物的作用过程等,各种因素的分析研究缺乏系统的深入探索。总体来说,激光清洗的工艺条件并没有真正成熟稳定,尤其是清洗的效率和稳定性都有待提高。相比之下,有些传统的清洗方法更具有实用效果,激光清洗并未真正体现出它应有的替代性,例如,在某些领域,与喷砂清洗和化学清洗等传统工艺相比,激光清洗的效率并无优势,其发展和普及则相应地受到限制。

金属表面的除锈、除漆、除油和除氧化层是激光清洗目前应用最多的领域。介于不同激光器在波长、功率等重要参数上存在的差异,不同材料、污渍对激光器波长、功率等要求不一,在实际清洗工作中需根据实际情况选择不同的激光清洗方法。激光复合清洗是新提出的一类清洗方法,即通过半导体连续激光作为热传导输出,使待清洗附着物吸收能量产生汽化、等离子云,并在金属材料和附着物之间形成热膨胀压力,降低两者层间结合力。当激光器输出高能脉冲激光束时,产生的振动冲击波使结合力不强的附着物直接脱离金属表面,从而实现激光快速清洗。

激光复合清洗同时将连续激光和脉冲激光功能性复合,形成 $1+1>2$ 的处理特点。速度快、效率高、清洗品质更加均匀,针对不同的材料,还可使用不同波长的激光器同时进行清洗以达到清除污渍的目的。

目前,激光复合清洗被广泛应用在船舶、汽修、橡胶模具、高端机床、轨道以及环保等领域,可有效清除物件表面树脂、油漆、油污、污渍、污垢、锈蚀、涂层、镀层以及氧化层。例如,在较厚涂层材料激光清洗中,单一激光多脉冲能量输出量大、成本高,采用脉冲激光—半导体激光复合清洗,可快速、有效提高清洗质量,且不造成基材损伤;在铝合金等高反射材料激光清洗中,单一激光存在反射率大等问题,采用脉冲激光—半导体激光复合清洗,在半导体激光热导传输的作用下,增大金属表面氧化层能量吸收率,使脉冲激光束能够更快剥离氧化层,从而更有效地提高清除效率,除漆效率可提高 2 倍以上。

总之,随着越来越多的科研机构和企业对激光清洗技术发展的重视,相关的研究进展和收获也将日益增多。更重要的是,其与传统清洗方法相比有诸多的优势,比如环保、适应性强、容易实现自动化等。随着数字制造、人工智能以及更多新技术的突破,激光清洗技术一定可以得到更广泛的推广应用。

参 考 文 献

[1] SCHAWLOW A L. Lasers [J]. Science, 1965, 149(3679): 13-22.

[2] BEDAIR S M, JR H P S. Atomically clean surfaces by pulsed laser bombardment

[J]. Journal of Applied Physics，1969，40(12)：4776-4781.

[3] FOX J A. Effect of water and paint coatings on laser-irradiated targets [J]. Applied Physics Letters，1974，24(10)：461-464.

[4] ASMUS J F, MURPHY C G, MUNK W H. Studies on the interaction of laser radiation with art artifacts[C]. Proceedings of SPIE—The International Society for Optical Engineering，United States，1974.

[5] KARL A，ING K J D，PHYS M K D，et al. Entfernen von partikeln von oberflaechen fester koerper durch laserbeschuss：DE3721940[P]. 1989-01-12.

[6] ALLEN S D, LEE S J, LMEN K. Laser cleaning techniques for critical surfaces [J]. Optics & Photonics News，1992，3(6)：28-30.

[7] ASSENDEL E Y, BEKLEMYSHEV V I, MAKHONIN I I，et al. Optoacoustic effect on the desorption of microscopic particles from a solid surface into a liquid [J]. Soviet Technical Physics Letters，1988，14(6)：444-445.

[8] ZAPKA W, TAM A C, ZIEMLICH W. Laser cleaning of wafer surfaces and lithography masks [J]. Microelectronic Engineering，1991，13(1-4)：547-550.

[9] LU Y F, ZHANG Y, WAN Y H. Laser cleaning of silicon surface with deposition of different liquid films[J]. Applied Surface Science，1999，138(23)：140-144.

[10] BLOISI F, BARONE A C, VICARI L. Dry laser cleaning of mechanically thin films[J]. Applied Surface Science，2004，238(45)：121-124.

[11] VEREECKE G, ROHR E, HEYNS M M. Influence of beam incidence angle on dry laser cleaning of surface particles [J]. Applied Surface Science，2000，157(1-2)：67-73.

[12] LEE J M, WATKINS K G. Removal of small particles on silicon wafer by laser-induced airbone plasma shock waves[J]. Journal of Applied Physics，2001，89 (11)：6496-6500

[13] 徐军，孙振永，周文明，等. 激光除锈过程的实时监测技术研究[J]. 光子学报，2002，31(9)：1090-1092.

[14] HOOPERJR T, CETINKAYA C. Efficiency studies of particle removal with pulsed-laser induced plasma[J]. Journal of Adhesion Science and Technology，2003，17(6)：763-776.

[15] KIM T, LEE J M, CHO S H，et al. Acoustic emission monitoring during laser shock cleaning of silicon wafers[J]. Optics and Lasers in Engineering，2005，43 (9)：1010-1020.

[16] 邹彪. 关于激光等离子体声波的数学模型[J]. 数学的实践与认识，2007(15)：65-69.

[17] JANG D, OH J H, KIM D，et al. Enhancement of cleaning efficiency by geometrical confinement of plasma expansion in the laser shock cleaning process for nanoscale contaminant removal[J]. Proc of SPIE，2009，7201(24)：315-326.

[18] CAI Y，CHEUNG N H. Photoacoustic monitoring of the mass removed in pulsed laser ablation[J]. Microchemical Journal，2010，97(2)：109-112.

[19] 鲜辉，冯国英，王绍朋. 激光透过油漆层的理论分析及相关实验[J]. 四川大学学报，2012，49(5)：1036-1042.

[20] 王春艳，周希文，黄珺，等. 表面清洗工艺对 TB8 钛合金与复合材料胶接性能的影响[J]. 航空材料学报，2015，35(6)：53-59.

[21] ALSHAER A W，LI L，MISTRY A. The effects of short pulse laser surface cleaning on porosity formation and reduction in laser welding of aluminium alloy for automotive component manufacture[J]. Optics & Laser Technology，2014，64(4)：162-171.

[22] SENESI G S，CARRARA I，NICOLODELLI G，et al. Laser cleaning and laser-induced breakdown spectroscopy applied in removing and characterizing black crusts from limestones of Castello Svevo，Bari，Italy：A case study［J］. Microchemical journal，2016，124：296-305.

[23] JASIM H A，DEMIR A G，PREVITALI B，et al. Process development and monitoring in stripping of a highly transparent polymeric paint with ns-pulsed fiber laser[J]. Optics & Laser Technology，2017，93：60-66.

[24] PARFENOV V A. Methods and devices for monitoring the process of laser cleaning of artworks[J]. Measurement Techniques，2018，61(4)：353-359.

[25] 高辽远，周建忠，孙奇，等. 激光清洗铝合金漆层的数值模拟与表面形貌[J]. 中国激光，2019，46(5)：335-343.

[26] XIE X，HUANG Q，LONG J，et al. A new monitoring method for metal rust removal states in pulsed laser derusting via acoustic emission techniques［J］. Journal of Materials Processing Technology，2020，275：116321.

[27] GROJO D，CROS A，DELAPORTE P H，et al. Experimental investigation of ablation mechanisms involved in dry laser cleaning[J]. Applied Surface Science，2007，253(19)：8309-8315.

[28] WU X，MEUNIER M. The modeling of excimer laser particle removal from hydrophilic silicon surfaces［J］. Journal of Applied Physics，2000，87（8）：3618-3627.

[29] YE Y Y，YUAN X D，XIANG X，et al. Laser plasma shockwave cleaning of SiO_2 particles on gold film［J］. Optics and Lasers in Engineering，2011，49（4）：536-541.

[30] 叶亚云. 光学元件表面的激光清洗技术研究［D］. 绵阳：中国工程物理研究院，2010.

[31] FENG Y，LIU Z，VILAR R. Laser surface cleaning of organic contaminants[J]. Applied Surface Science，1999，150(2)：131-136.

[32] LU Y F，ZHANG Y，WAN Y H. Laser cleaning of silicon surface with deposition

of different liquid films[J]. Applied Surface Science, 1999, 138(23): 140-144.

[33] VEREEEKE G, ROHR E, HEYNS M M. Influence of beam incidence angle on dry laser cleaning of surface particles[J]. Applied Surface Science, 2000, 157(1): 67-73.

[34] CURRAN C, LEE J M, WATKINS K G. Ultraviolet laser removal of small metallic particles from silicon wafers[J]. Optics and Lasers in Engineering, 2002, 38: 405-415.

[35] ARRONTE M, NEBES P, VILAR R. Modeling of laser cleaning of metallic particulate contaminants from silicon surfaces[J]. Journal of applied physics, 2002, 92(12): 6937.

[36] NEBES P, ARRONTE M, VILARETAL R. KrF excimer laser dry and steam cleaning of ilicon surfaces with metallic particulate contaminants[J]. Applied Physics, 2002, 74(1): 191-199.

[37] BRANNON J H, TAM A C, KURTH A R. Pulsed laser stripping of polyurethane-coated wires: A comparison of KrF and CO_2 lasers[J]. Journal of Applied Physics, 1991, 70(7): 3881-3886.

[38] TAM A C, ZAPKA W. Efficient laser cleaning of small particulates using pulsed laser irradiation synchronized with liquid-film deposition[J]. Proc SPIE. 1991, 1598:6.

[39] PARK H K, GRIGOROPOULOS C P. Pressure generation and measurement in the rapid vaporization of water on a pulsed-laser-heated surface[J]. Journal of Applied Physics, 1996, 80(7): 4072-4081.

[40] PARK H K, KIM D, GRIGOROPOULOS C P, et al. Transient temperature during the vaporization of liquid on a pulsed laser-heated solid surface[J]. Journal of Heat Transfer, 1996, 118(3): 702-709.

[41] SHE M, KIM D, GRIGOROPOULOS C P. Liquid-assisted pulsed laser cleaning using near-infrared and ultraviolet radiation[J]. Journal of Applied Physics, 1999, 86(11): 6519-6524.

[42] GROJO D, DELAPORTE P, SEMIS M, et al. The so-called dry laser cleaning governed by humidity at the nanometer scale[J]. Applied Physics Letters, 2008, 92(3):2217.

[43] 张平. 激光等离子体冲击波与表面吸附颗粒的作用研究[D]. 南京: 南京理工大学, 2007.

[44] 谭东晖, 陆冬生, 宋文栋, 等. 激光清洗基片表面温度的有限元分析及讨论[J]. 华中理工大学学报, 1996, 24(6): 51-54.

[45] 周桂莲, 孔令兵, 孙海迎. 基于 ANSYS 的激光清洗模具表面温度场有限元分析[J]. 制造业自动化, 2008, 30(9): 90-92.

[46] 施曙东, 杜鹏, 李伟, 等. 1 064 nm 准连续激光除漆研究[J]. 中国激光, 2012, 39

(9)：63-69.

[47] 俞鸿斌，王春明，王军，等. 碳钢表面激光除锈研究[J]. 应用激光，2014（4）：310-314.

[48] 陈康喜，冯国英，邓国亮，等. 基于发射光谱及成分分析的激光除漆机理研究[J]. 光谱学与光谱分析，2016，36（9）：2956-2960.

[49] 成健，黄易，董文祺，等. 纳秒激光清洗 5083 铝合金阳极氧化膜试验研究[J]. 应用激光，2019，39（1）：171-179.

[50] 佟艳群，张永康，姚红兵，等. 空气中激光清洗过程的等离子体光谱分析[J]. 光谱学与光谱分析，2011，31（9）：2542-2545.

[51] 苗心向，程晓锋，王洪彬，等. 高功率激光装置大口径光学元件侧面清洗实验[J]. 强激光与粒子束，2013，25（4）：890-894.

[52] 司马媛. 激光清洗硅片表面颗粒沾污的实验研究[D]. 大连：大连理工大学，2005.

[53] LEE H, CHO N, LEE J. Study on surface properties of gilt-bronze artifacts, after Nd：YAG laser cleaning[J]. Applied surface science, 2013, 284：235-241.

[54] 常明，陈根余，周聪，等. 皮秒激光去除热轧钢板氧化层试验研究[J]. 应用激光，2018，38（2）：263-269.

[55] 路磊，王菲，赵伊宁，等. 背带式双波长全固态激光清洗设备[J]. 航空制造技术，2012（10）：83-85.

[56] 魏兴春，石磊，朱明珠，等. 手持半导体泵浦固体激光清洗机[J]. 2013，11（3）：15-18.

[57] 李伟. 激光清洗锈蚀的机制研究和设备开发[D]. 天津：南开大学，2014.

[58] 蔡志海，孙兴维. 装甲兵工程学院自动化再制造技术设备获突破[J]. 表面工程与再制造，2017，17（1）：57.

第 2 章　激光清洗基础

激光是继核能、半导体之后,人类的又一重大发明,被称为"最快的刀""最准的尺""最亮的光"(英文全名为 Light Amplification by Stimulated Emission of Radiation,翻译为"通过受激辐射光扩大")。激光的英文全名已经完全表达了制造激光的主要过程。早在 1916 年,激光的原理已被爱因斯坦提出,他发现除自发辐射外,处于高能级 E_2 上的粒子还可以另一方式跃迁到较低能级,并指出当频率为 $\nu = (E_2 - E_1)/h$ 的光子入射时,也会引发粒子以一定的概率,迅速地从能级 E_2 跃迁到能级 E_1,同时辐射两个与外来光子频率、相位、偏振态以及传播方向均相同的光子,这个过程称为受激辐射。

2.1　激光的物理特性

2.1.1　激光产生的原理

激光器种类繁多,但有一个共同的特点,即均是通过激励和受激辐射而获得激光。因此,激光器的基本组成是固定的,通常由激活介质(即被激励后能产生粒子数反转的工作物质)、激励装置(即能使激活介质发生粒子数反转的能源,泵浦源)和光学谐振腔(即能使光束在其中反复振荡和被多次放大的两块平面反射镜)三部分组成。

(1)激活介质

激光的产生必须选择合适的工作物质或介质,在这种介质中有亚稳态能级,可以实现粒子数反转,这是获得激光的必要条件。这种激活介质可以是气体、液体,也可以是固体或半导体等。现有的激活介质近千种,可产生的激光波长从真空紫外射线到远红外射线,波长范围十分广泛。

(2)激励装置

为了在激活介质中实现粒子数反转,必须用一定的方法去激励粒子体系,使处于高能级的粒子数增加。通常用气体放电的方法,利用具有动能的电子去激发介质原子,这种激动方式称为电激励;也可用脉冲光源来照射激活介质,称为光激励;此外,还有热激励、化学激励等。各种激励方式被形象化地称为泵浦或抽运。为了不断得到激光输出,必须不断地"泵浦"以维持处于高能级的粒子数多于低能级的粒子数,即维持处于激发态的粒子数。

(3)光学谐振腔

有了合适的工作物质和激励源后,可实现粒子数反转,但这样产生的受激辐射的强度很弱,无法被实际应用。因此,研究者通常用光学谐振腔进行放大,光学谐振腔是由具有一定几何形状和光学反射特性的两块反射镜按特定的方式组合而成的。光在谐振腔中的两个镜子之间被反射回激活介质，继续诱发新的受激辐射，光得到迅速增强，光在谐振腔中来回振荡，这个过程持续下去，就会造成连锁反应，像雪崩一样获得放大，产生强烈的激光，从部分反射镜一端输出得到稳定的激光。

因此，激光的产生必须具备三个前提条件：

①有提供放大作用的增益介质作为激光工作物质，其激活粒子（原子、分子或离子）有适合于产生受激辐射的能级结构；

②有外界激励源，使激光上下能级之间产生集居数反转；

③有激光谐振腔，使受激辐射的光能够在谐振腔内维持振荡。

总体来说，集居数反转和光学谐振腔是激光形成的两个基本条件。由激励源的激发，在工作物质的能级间实现集居数反转是形成激光的内在依据，光学谐振腔则是形成激光的外部条件。前者是起决定性作用的，但在一定条件下，后者对激光的形成和激光束的特性也具有强烈的影响。

1. 集居数反转分布和光在增益介质中的放大

（1）集居数反转分布

考虑两个表示原子分别处在高能级和低能级的两能级系统。假如一个能量等于这两个能级的能量差的光子趋近于这两个原子，即光子的频率与原子系统的两个能级共振，那么是吸收还是受激辐射出现的可能性大呢？爱因斯坦证明，在正常情况下，两种过程发生的可能性是相等的。若在高能级中的原子数较多，则使受激辐射占优势；若在低能级中的原子数较多，则吸收将多于受激辐射。

在物质处于热平衡状态，各能级上的集居数服从玻尔兹曼统计分布，即式（2.1），并令 $g_2 = g_1$，可得

$$\frac{n_2}{n_1} = \frac{g_2}{g_1} e^{\frac{-(E_2 - E_1)}{kT}} = -(E_2 - E_1) \tag{2.1}$$

式中，g_2、g_1 分别为激光上、下能级的能级简并度，k 为玻尔兹曼常数。

因 $E_2 > E_1$，所以 $n_2 < n_1$，即在热平衡状态下，高能级上的集居数总是小于低能级的集居数。由此可知，光通过这种介质时，光的吸收总是大于光的受激辐射。因此，通常情况下物质只能吸收光子。

在激光器工作物质内部，外界能源的激励（光泵或放电激励）破坏了热平衡，有可能使得处于高能级 E_2 上的集居数 n_2 大大增加，达到 $n_2 > n_1$，这种情况称为集居数反转分布，也称粒子数反转分布。这就是说，只有处于非热平衡状态，才有可能产生集居数反转分布，如图 2.1 所示。将原子从低能级 E_1 激励到高能级 E_2 以使某两个能级之间实现集居数反转的过程称为泵浦（或抽运）。常用的泵浦方法有光泵浦、放电泵浦、化学反应泵浦、重粒子泵浦和离子辐射泵浦等。

（2）光在增益介质中的放大

在外来能量激发下，激光工作物质中高能级 E_2 和低能级 E_1 之间实现了集居数反转分布，这样的工作物质为增益介质（或激光介质、激活物质）。

有一束能量为 $\varepsilon = h\nu_{21} = E_2 - E_1$ 的入射光子通过处于这种分布下的增益介质，这时光的受激辐射过程将超过受激吸收过程，而使受激辐射占主导地位。在这种情况下，光在

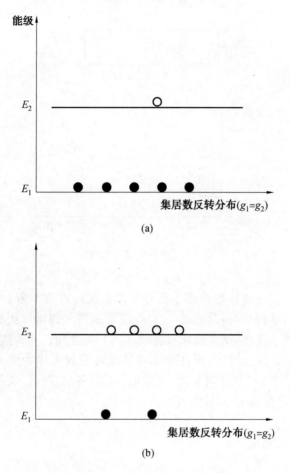

图 2.1　集居数反转分布

增益介质内部将越走越强,使该激光工作物质输出的光能量超过入射光的能量,这就是光的放大过程。这样一段增益介质就是一个放大器。放大作用的大小通常用增益(或放大)系数 G 描述,如图 2.2 所示。

设工作物质内部距离为 $z=0$ 处的光强为 I_0,距离为 z 处的光强为 $I(z)$,距离为 $z+dz$ 处的光强为 $I(z)+dI(z)$。光强的增加值 $dI(z)$ 与距离的增加值 dz 成正比,同时也与光强 $I(z)$ 成正比,即

$$dI=G(z)I(z)dz \tag{2.2}$$

式中,比例系数 $G(z)$ 称为增益系数。式(2.2)又可改写为

$$G(z)=\frac{1}{I}\frac{dI(z)}{dz} \tag{2.3}$$

因此,增益系数 $G(z)$ 相当于光沿着 z 轴方向传播时,在单位距离内所增加光强的百分比,其单位是 cm^{-1}。

为简单起见,假定增益系数 $G(z)$ 不随光强 $I(z)$ 变化,实际上只有当 I 很小时,这一假定才能够近似成立,此时 $G(z)$ 为一常数,记为 G^0,称为小信号增益系数。于是,式(2.2)为线性微分方程,对此式作积分计算,可得

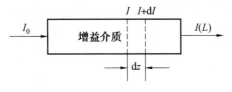

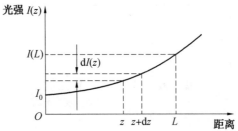

图 2.2 增益介质的光放大

$$I(z) = I_0 e^{G^0 z} \tag{2.4}$$

这就是图 2.2 所示的线性增益或小信号增益情况。当频率为 $\nu = (E_2 - E_1)/h$ 的光在激光器工作物质内部传播时，其光强 $I(z)$ 将随着距离 z 的增加而呈指数增加，也即工作物质起放大器作用。显然，这是因为在能级 E_2 和 E_1 之间已实现集居数反转分布。

如果跃迁频率 ν 处在光频区，则这种光的受激辐射放大称为激光，它的英文名称为"Laser"。当然"Laser"不仅用于可见光，也适用于远红外、近红外、紫外甚至 X 射线区，分别称为红外激光、紫外激光和 X 射线激光。

2.1.2 激光的特点

1. 定向发光

普通光源是向四面八方发光。要让发射的光朝一个方向传播，需要给光源装上一定的聚光装置，如汽车的车前灯和探照灯都是安装有聚光作用的反光镜，使辐射光汇集起来向一个方向射出。激光器发射的激光具有单一方向发射的特点，光束发散度极小，约为 0.001 rad，接近平行。1962 年，人类第一次使用激光照射月球，地球与月球距离约 38 万 km，但激光在月球表面的光斑不到 2 km。若以聚光效果很好、看似平行的探照灯光柱射向月球，按照其光斑直径将覆盖整个月球。

2. 亮度极高

在激光出现前，人工光源中亮度最高的为高压脉冲氙灯，亮度接近太阳，而红宝石激光器发出的激光，亮度为氙灯的几百亿倍，因此激光能够照亮远距离物体。红宝石激光器发射的光束在月球上产生的照度约为 0.02 lx，颜色鲜红，激光光斑肉眼可见。若用功率最强的探照灯照射月球，产生的照度只有约 10^{-12} lx，人眼根本无法察觉。激光亮度极高的主要原因是定向发光，大量光子集中在一个极小的空间范围内射出，能量密度极高。激光的亮度与阳光之间的比值是百万级的，且为人工制造。

3. 能量极大

光子的能量是用 $E = h\nu$ 来计算的，其中 h 为普朗克常量，ν 为频率。由此可知，频率越高,能量越高。激光频率范围为 $3.846 \times 10^{14} \sim 7.895 \times 10^{14}$ Hz。电磁波谱可大致分为:

①无线电波,波长从几千米到 0.3 m 左右,用于一般的电视和无线电广播的波段。

②微波,波长为 $0.3 \sim 10^{-3}$ m,多用于雷达或其他通信系统。

③红外线,波长为 $10^{-3} \sim 7.8 \times 10^{-7}$ m。

④可见光,这是人们所能感光的极狭窄的一个波段,波长为 $780 \sim 380$ nm。

⑤紫外线,波长为 $3 \times 10^{-7} \sim 6 \times 10^{-10}$ m。这些波产生的原因和光波类似,常常在放电时发出。由于它的能量和一般化学反应涉及的能量大小相当,因此紫外光的化学效应最强。

⑥伦琴射线(X 射线),这部分电磁波谱波长为 $2 \times 10^{-9} \sim 6 \times 10^{-12}$ m。伦琴射线(X 射线)是电原子的内层电子由一个能级跃迁至另一个能级时或电子在原子核电场内减速时所发出的。

⑦伽马射线,是波长为 $10^{-10} \sim 10^{-14}$ m 的电磁波。这种不可见的电磁波是从原子核内发出的,放射性物质或原子核反应中常有这种辐射伴随发出。γ 射线的穿透力很强,对生物的破坏力很大。激光能量不算很大,但是它的能量密度很大(因为它的作用范围很小,一般只有一个点),短时间内聚集起大量的能量。

4. 颜色极纯

光的颜色由光的波长(或频率)决定,激光也是如此。太阳辐射出的可见光段的波长分布范围为 $0.76 \sim 0.4$ μm,对应的颜色从红色到紫色共 7 种颜色。发射单种颜色光的光源称为单色光源,它发射的光波波长单一,氪灯、氦灯、氖灯、氢灯等都是单色光源,且光辐射的波长分布区间越窄,单色性越好。如氪灯只发射红光,单色性很好,被誉为单色性之冠,波长分布的范围仍有 0.000 01 nm,因此氪灯发出的是红光。

激光器输出的光由于波长分布范围非常窄,因此颜色极纯。激光的波长取决于发出激光的活性物质,即被刺激后能产生激光的材料。以红宝石激光器为例,其能产生深玫瑰色的激光束,可应用于医学领域,如皮肤病的治疗和外科手术。输出红光的氦氖激光器,其光的波长分布范围可以窄到 2×10^{-9} nm 级别,是氪灯发射的红光波长分布范围的万分之二。激光器的单色性远远超过任何一种单色光源。世界公认最贵重的气体之一的氩气能够产生蓝绿色的激光束,它有诸多用途,如激光印刷术,以及应用于显微眼科手术。半导体产生的激光能发出红外光,肉眼无法看见,但它的能量恰好能"解读"激光唱片,并能用于光纤通信。

2.1.3　激光器的振荡和阈值条件

1. 激光器的振荡

光强 I 的增加是高能级原子向低能级受激跃迁的结果,亦即光放大是以集居数反转程度的减少而获得的,且光强 I 越大则集居数反转程度减少得越多,所以集居数反转程度随 z 的增加而减少。于是,增益系数 G 也随 z 的增加而减小,使增益系数随光强的增大而下降,这种现象称为增益饱和。

光在增益介质放大器内传播放大时,总是存在着各种各样的光损耗,故引入损耗系数

α, α 定义为光通过单位长度介质后光强衰减的百分数。可表示为

$$\alpha = -\frac{\mathrm{d}I}{\mathrm{d}z} \cdot \frac{1}{I(z)} \tag{2.5}$$

同时考虑介质的增益和损耗, 则有

$$\mathrm{d}I(z) = [G(I) - \alpha]I(z)\mathrm{d}z \tag{2.6}$$

设初始有一微弱光(光强为 I_0)进入无限长放大器, 随着 I_0 的传播, 其光强 $I(z)$ 将按小信号放大规律增长:

$$I(z) = I_0 \exp[(G^0 - \alpha)z] \tag{2.7}$$

式中, G^0 为小信号增益系数。

但是, 随着 $I(z)$ 的增加, $G(I)$ 将由于饱和效应而减小, 因而 $I(z)$ 的增长将逐渐变慢。最后, 当增益和损耗达到平衡(即 $G(I) = \alpha$)时, $I(z)$ 不再增加并达到一个稳定的极限值 I_m, 如图 2.3 所示。只要增益介质足够长, 就能形成确定大小的光强 I_m, 而 I_m 只与放大器本身的参数有关, 与初始光强 I_0 的大小无关。这就是光的自激振荡概念, 只要激光放大器的长度足够长, 它就可能成为一个自激振荡器, 即实现稳态运转的激光振荡。

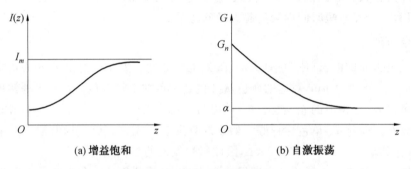

图 2.3 增益饱和与自激振荡

实际的激光振荡器是将具有一定长度的光学放大器放置在由两块镀有高反射率的反射镜所构成的光学谐振腔内, 这样初始光强 I_0 就会在反射镜间往返传播, 等效于增加激活介质的长度。由于腔内总存在频率在 ν_0(激活介质中心频率)附近的微弱自发辐射光(相当于初始光强 I_0), 它经过多次受激辐射放大而有可能在轴向光波模上产生光的自激振荡, 这就是激光器。所以, 一个激光器应包括光放大器和光谐振腔两部分。

2. 激光器的阈值条件

在激光器中, 必须使光在增益介质中来回一次所产生的增益, 足以补偿光在来回传播中光的各种损耗(从部分反射镜输出的激光也看作一种损耗), 这样才可以形成激光。下面讨论激光器的起振条件。起振条件是激光器实现振荡所需的最低条件, 又称阈值条件。

设增益介质的长度 l(图 2.4)等于谐振腔长 L, 增益系数为 $G(\nu)$, 也是光波频率 ν 的函数, 两反射镜面的反射率分别为 r_1 和 r_2, 除反射镜透射以外的每单位长度上平均损耗系数为 $\alpha_{内}$。在增益介质左端 $z=0$ 处, 光强为 I_0, 则光到达增益介质右端 $z=L$ 处, 光强增加到 $I_0\exp[(G-\alpha_{内})L]$, 其中 $\exp[(G-\alpha_{内})L]$ 为放大倍数, 经过右方反射镜面反射后, 光强减少到 $r_1 I_0\exp[(G-\alpha_{内})L]$; 光再达到增益介质左端 $z=0$ 处, 光强增加到 $r_1 I_0\exp[2(G-$

$\alpha_{内}$)L];经过左方反射镜面反射后,光强减少到 $r_1r_2I_0\exp[2(G-\alpha_{内})L]$。这时,光在增益介质中正好来回一次。由此可知,要使光在增益介质中来回一次所产生的增益足以补偿在这次来回中光的损耗,也就是必须保证:

$$r_1r_2I_0\exp[2(G-\alpha_{内})L]\geqslant I_0 \tag{2.8}$$

即

$$r_1r_2\exp[2(G-\alpha_{内})L]\geqslant 1 \tag{2.9}$$

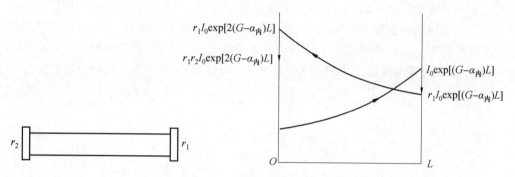

图 2.4　阈值条件的形成

式(2.9)称为阈值条件,即形成激光所必须满足的条件。式(2.9)可以写为

$$G(\nu)\geqslant\alpha_{内}-\frac{1}{2L}\ln(r_1r_2) \tag{2.10}$$

$$\alpha=\alpha_{内}-\frac{1}{2L}\ln(r_1r_2) \tag{2.11}$$

式(2.10)可写为

$$G(\nu)\geqslant\alpha \tag{2.12}$$

由式(2.12)可知,单位长度的增益必须超过单位长度上的损耗,才能形成激光振荡。

总而言之,形成激光首先必须利用激励能源,使工作物质内部的一种粒子在某些能级间实现集居数反转分布,这是形成激光的前提条件;其次必须满足阈值条件,这是形成激光的决定性条件。对于各种激光器,均必须满足这两个条件才能形成激光。

3. 阈值增益系数

激光工作物质(亦称激活介质)的增益放大特性是理解激光器振荡原理的基础。本节的目的在于从速率方程出发讨论激活介质的稳态增益特性。介质对入射光场提供增益放大是入射光场与介质中的工作原子相互作用的结果,它显然与介质原子的能级结构特点以及介质的跃迁谱线加宽类型密切相关,因此本节将分别进行讨论。为了使问题简化,假定与介质相互作用的光场为单色平面波。

(1)受激跃迁截面的物理意义

受激跃迁截面是度量介质中原子对于外加光信号响应大小的一个很有用的物理量。下面简单说明它的物理意义。

假设一束光强为 I 的单色平面波照明一小的团体粒子,该粒子可以将入射光完全吸收并具有俘获光的截面积 σ。显然,被该粒子所吸收的净光功率为

$$\Delta P_\alpha = \sigma \cdot I = \sigma \frac{P}{A} \tag{2.13}$$

式中，P 为入射光的总功率；A 为总受光面积。

对于图 2.5 所示的横截面积为 A、厚度为 Δz 的薄层介质，若介质中处于某原子跃迁上、下能级的原子集居数密度分别为 n_2、n_1，处于下能级的每个原子对入射光波吸收功率所具有的有效俘获截面积为 σ_{12}（称为吸收截面），处于上能级的每个原子由于"负吸收"或受激发射所具有的有效截面积为 σ_{21}（称为发射截面）。在该薄层介质中，处于下能级的原子所产生的总吸收面积应为 $n_1\sigma_{12}A\Delta z$（假设薄层足够薄，且原子足够小，从而原子之间的相互遮挡可忽略）。类似地，由处于上能级的诸原子所产生的总有效发射面积应为 $n_1\sigma_{21}A\Delta z$。于是，对于均匀加宽介质薄层中的原子从总功率为 P 的入射波中所吸收的净功率应为

$$\Delta P_\alpha = \frac{P}{A}n_1\sigma_{12}A\Delta z - \frac{P}{A}n_2\sigma_{21}A\Delta z = (n_1\sigma_{12} - n_2\sigma_{21})P\Delta z \tag{2.14}$$

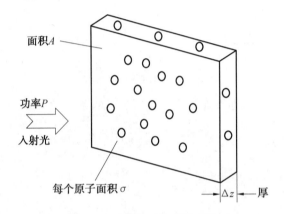

图 2.5 受激跃迁截面示意图

通常，σ_{12}、σ_{21} 分别称为介质原子 1、2 能级间的受激吸收和受激发射截面。按速率方程理论有

$$\Delta P_\alpha = (W_{12}n_1 - W_{21}n_2)h\nu A\Delta z \tag{2.15}$$

式中，W 为激光上、下能级受激跃迁的跃迁速率。将 $W_{21} = \left(\frac{g_1}{g_2}\right)W_{12}$ 代入式(2.15)得

$$\Delta P_\alpha = \left(n_1 - \frac{g_1}{g_2}n_2\right)W_{12}h\nu A\Delta z \tag{2.16}$$

式中，g_2、g_1 分别为激光上、下能级的能级简并度。式(2.16)与式(2.14)比较得

$$\sigma_{21} = \frac{g_1}{g_2}\sigma_{12} \tag{2.17}$$

$$W_{21} = \frac{\sigma_{21}I}{h\nu} \tag{2.18}$$

式(2.17)和式(2.18)给出了介质原子给定跃迁的受激发射截面与吸收截面间、跃迁截面与受激发射概率和光强间的关系。这是两个很有用的普遍关系式。容易看出，跃迁截面的量纲是 $m^2/$原子或 $cm^2/$原子。

(2)增益系数与跃迁截面

在激光工程中,通常用增益系数 G 来描述和度量激活介质对入射光场的放大特性。频率为 ν 的准单色平面波沿 Z 方向通过长度为 l、受光截面积为 A 的激活介质,由于受激辐射,入射光在传播过程中被不断放大。若光场行进至 z 处的光强为 $I(z)$,在 $z+dz$ 处的光强变为 $I(z)+dI(z)$,则介质中 z 处的增益系数被定义为

$$G=\frac{1}{I(z)}\frac{dI(z)}{dz} \tag{2.19}$$

显然,增益系数表示光波在激活介质中传播单位距离后光强的增加率。实验和理论均表明,介质的增益系数既与入射光的频率有关又与光强 $I(z)$ 有关。通常,由于介质中不同位置(z 处)的光强不同,相应不同位置的介质增益系数亦具有不同的数值。

设在介质中 z 处的光波总功率为 P,介质的受光截面积为 A,由式(2.19)及式(2.14)可得到介质的增益系数与发射截面间的关系:

$$G=\frac{1}{I}\frac{dI}{dz}=\frac{-1}{P/A}\lim\left[\frac{\Delta(P_0/A)}{\Delta z}\right]=n_2\sigma_{21}-n_1\sigma_{12}=\Delta n\sigma_{21}$$

式中,Δn 表示粒子数反转密度,与原子的性质无关。

类似地,介质的吸收系数 α 与吸收截面间的关系为

$$\alpha=-\frac{1}{I}\frac{dI}{dz}=n_1\sigma_{12}-n_2\sigma_{21}=\left(n_1-\frac{g_1}{g_2}n_2\right)\sigma_{12} \tag{2.20}$$

介质对入射光所呈现出的增益(或吸收)是由于入射光场与介质中的原子相互作用而引起的受激跃迁。因此,从速率方程出发,通过分析激活介质中由于光传播而引起的光子数目变化,即可对增益系数给出微观描述。下面以均匀加宽四能级系统激活介质为例做出说明。若介质中的光子数密度为 N_ν,介质中的光速为 u,激光场对应的光子总数 $\varphi=N_\nu V_a$,V_a 为场与介质相互作用的有效体积,光强 $I_\nu=N_\nu h\nu u$。

若介质激光辐射所对应跃迁谱线的均匀加宽线性函数为 $g_H(\nu,\nu_0)$,则受激跃迁速率为

$$W_{21}=B_{21}\frac{\varphi}{V_a}h\nu g_H(\nu,\nu_0) \tag{2.21}$$

B_{21} 为介质激光辐射跃迁的 2、1 能级对应的爱因斯坦受激辐射系数。令

$$B_a=\frac{B_{21}h\nu g_H(\nu,\nu_0)}{V_a} \tag{2.22}$$

介质中光强的变化率方程为

$$\frac{dI_\nu}{dt}=(B_a V_a \Delta n)I_\nu \tag{2.23}$$

光在激活介质中传播时光强随时间的变化在空间上等效于随传播距离 z 的变化,并有以下关系:

$$\frac{dI_\nu}{dt}=u\cdot\frac{dI_\nu}{dz} \tag{2.24}$$

将式(2.24)代入式(2.21),并根据式(2.18)得到

$$G=\frac{V_a B_a}{u}\Delta n \tag{2.25}$$

对四能级系统介质,式(2.25)又可表示为

$$G = \frac{B_{32} h\nu g_H (\nu \cdot \nu_0)}{u} \cdot \Delta n \tag{2.26}$$

或

$$
\begin{aligned}
G &= \frac{u^2}{8\pi\nu^2} A_{32} g_H (\nu \cdot \nu_0) \cdot \Delta n \\
&= \frac{\lambda^2}{8\pi} A_{32} g_H (\nu \cdot \nu_0) \cdot \Delta n \\
&\approx \frac{\lambda_0^2}{8\pi} A_{32} g_H (\nu \cdot \nu_0) \cdot \Delta n
\end{aligned}
\tag{2.27}
$$

式中,A_{32} 为爱因斯坦自发辐射系数,与 B_{32} 关系为 $A_{32}/B_{32} = n_v \cdot h\upsilon$,$n_v = (8\pi\upsilon^2)/u^3$,表示自发辐射场的单色模密度;$\lambda_0$ 为介质中给定跃迁的中心波长。

2.2　激光的工作特性

2.2.1　激光器的输出特性

激光器的输出特性包括激光波长、时间特性、输出功率、空间分布特性、偏振特性、增益特性、相关特性、光谱特性等。对于激光清洗使用来说,主要与前四个特性相关。

1. 激光波长

采用不同介质的激光器输出不同波长的单色光,其相邻两个能级能量差 $E_2 - E_1 = h\nu$,而激光频率和波长成反比,因此输出激光的波长不同。由于激光具有单色性好和平行度高的特点,各准单色光的波长分布范围很窄,所以在投射光学系统中应用时几乎不存在色散现象。由于不同的材料对激光的吸收率均与波长密切相关,因此波长在激光清洗过程中的影响很大。对于金属,一般材料对光的吸收随波长的增加而减小。另外,聚焦后光斑一般为几十微米,由于衍射角 $\theta \propto \lambda/\alpha$($\lambda$ 为光波长,α 为衍射孔径尺寸),因此波长越短,频率越高,越有利于聚焦,而且材料对激光的吸收率也越高。

常用激光器中,脉冲光纤激光器输出 1 064 nm 的红外光,CO_2 激光器输出 10 600 nm 的红外光,红外光的波长较长,频率低,因而光子能量较小,在加工过程中,其作用原理主要是热传递过程,属于激光热加工。热加工主要用于表面清洗、表面强化、激光切割、激光焊接等。波长 1 064 nm 的红外光可在光纤中传播,波长 10 600 nm 的红外光不能在光纤和普通光学玻璃介质中传播,因此这种材料对 10 600 nm 的红外光来说是不透明的。Nd:YVO4 激光器输出波长为 355 nm 的紫外光,其波长短、频率高,因而光子能量大,甚至可高于某些物质分子的结合能,可以直接分解离子键,深入材料内部进行加工,属于激光冷加工。紫外光用于加工时,可以破坏或者削弱分子间的结合键,实现对材料的剥蚀加工,得到极高的加工质量;但是过高的能量也会剥离基体材料,造成不必要的损失。

2. 时间特性

按激光的作用时间特性进行分类,可分为脉冲激光、连续激光和调 Q 脉冲激光。

（1）脉冲激光

脉冲激光的时间特性主要以脉冲宽度为标准来衡量。脉冲宽度是指两个相邻脉冲之间的时间间隔，也称为脉冲持续时间。采用泵浦的方式即可得到脉冲激光。例如，脉冲光纤激光器输出 1 064 nm、脉冲宽度为毫秒量级的脉冲红外光。脉冲激光能够产生极高的峰值功率，因而能轻易地达到阈值的要求。研究发现，在激光清洗过程中，脉冲激光对基体造成的热效应更小，从而经常被选用对材料表面进行加工处理，例如，材料加工成型、表面清洗、表面强化等。

（2）连续激光

连续激光是指工作物质被连续泵浦、激光器输出连续恒定的激光。大多数气体激光器、部分固体激光器、半导体激光器均可以连续泵浦输出激光。对于连续激光器件，用输出功率 P 来描述，其时间特性是连续的，所以不需要脉冲持续时间这个参数。连续激光主要用于大功率激光器。

（3）调 Q 脉冲激光

采用调 Q 技术抑制激光器"弛豫振荡"现象，可以降低激光脉宽，提高激光的峰值功率。例如，使用电光调 Q 技术控制原子跃迁，可以得到脉冲持续时间为纳米级、脉冲峰值功率为百兆以上的超大脉冲，使用声光调 Q 技术对连续输出的 Nd：YAG 激光器进行稳定调制，可以获得脉宽为 100 ns、重复频率在 0～20 kHz、峰值功率达数百千瓦的高重复频率激光，在激光清洗领域有着广泛的应用。

3. 输出功率

激光输出的能量和功率是描述激光强度的两个非常重要的参数。对于连续激光器，用输出功率 P 来描述，它既是平均功率，也是峰值功率。但对于脉冲激光，用输出能量来描述，在一个脉冲过程中，激光输出的总能量，即单脉冲能量，用 E 表示。若激光的脉冲持续时间为 t，则脉冲峰值功率为

$$P_{peak} = E/t \tag{2.28}$$

若激光重复频率为 f，则平均功率为

$$P_{avg} = Ef \tag{2.29}$$

单脉冲能量 E、脉冲峰值功率 P_{peak} 和平均功率 P_{avg} 是用于描述脉冲激光器件的主要指标。

4. 空间分布特性

采用稳定腔的激光器发出的激光，是一种振幅和等相位面都在变化的截面振幅分布呈高斯函数的球面光波，简称高斯光束。在由激光器产生的各种类型的激光光束中，最常见且应用最为广泛的就是高斯光束。高斯光束在横截面上的振幅分布按高斯函数的变化规律从中心向外逐渐下降，由中心振幅值下降到 $1/e$ 点对应的宽度为光斑半径 $\omega(z)$，即

$$\omega(z) = \omega_0 (1 + (z/f)^2)^{0.5} \tag{2.30}$$

可以看出，光斑半径随坐标 z 按双曲线的规律变化，当 $z=0$ 时，$\omega(z) = \omega_0$，达到极小值，称为束腰半径，其中 $f = \pi\omega_0^2/\lambda$，称为高斯光束的共焦参数。

2.2.2　激光器的稳定性

1. 功率稳定性

激光器的种类不同,输出功率的稳定性差异较大,这与激光器的结构和工作机理有关。气体激光器采用高压放电激励,一般用硬质玻璃做管壳,而环形激光陀螺是用"零膨胀"玻璃(又称微晶玻璃)内孔做放电通道,激光器腔长随着温度变化而发生热胀冷缩,导致激光纵模在增益曲线的位置发生改变。增益改变,激光输出功率也发生改变。在气体激光器刚启动(点燃)的阶段,其输出功率变化幅度最大,甚至可以达百分之几十。启动一段时间后,进入功率稳定阶段,激光功率起伏变小。激光器输出功率的稳定性一般在10%～1%。

激光器腔长越长,功率稳定性越好。因为激光器腔长长,激光纵模间隔小,激光频率数增加。增益增大,激光介质出光带宽增加。这两种现象导致激光器的纵模个数增多。而激光功率是所有纵模功率叠加的结果。于是,激光器腔长热胀冷缩导致纵模在增益曲线上的移动,但因总的纵模个数多,在纵模功率变强的同时,会有纵模功率下降,所以对激光输出总纵模数和总功率的影响不大,功率波动的幅值较小。

采用稳频等措施,可使激光器输出功率的稳定性大幅提高,达到千分之几甚至更高。此外,外界振动导致谐振腔两个反射镜之间平行性变差、激光电源不稳定、腔内气体成分和压强变化等因素都会影响气体激光器输出功率的周期不稳定。

半导体激光器的工作波长与工作温度、注入电流之间有着强烈的依赖关系,温度或电流的微小变化将导致功率输出的很大变化,所以,半导体激光器往往有专门的闭环控制。需要半导体激光器的功率高稳定时,要进行高精度温度控制和供电电流的控制。实际的半导体激光器多采用控制电路,由单片机同时控制温度和电流的稳定性,如图2.6所示。

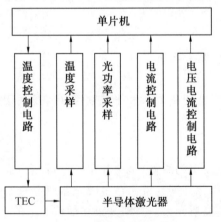

图 2.6　光功率控制系统原理图

在激光器内集成一个光电二极管,用光电探测器探测激光器的输出光,光电探测器把光信号转换成电信号,电信号经过电放大器放大后,输入单片机的模拟/数字(A/D)模块后,模拟电信号被转化成数字信号,然后经中央处理器(CPU)处理后,再通过数字/模拟(D/A)端口输出控制恒流源。温度采用体积很小的热敏电阻采样,通过比例放大电路将信号放大后,输入单片机的 A/D 模块,通过比例－积分－微分控制器(PID)计算控制量。最后由半导体制冷器(TEC)控制温度。

固体激光器的输出功率不仅与谐振腔结构的稳定性有关,还与泵浦源的输出功率稳定性有关。常用的半导体泵浦固体激光器的功率稳定性,受半导体激光器的功率稳定性,固体激光器本身的谐振腔结构、外界振动,以及腔内各元件的热透镜效应等诸多因素的影响。因此,为了提高固体激光器的输出功率稳定性,往往需要同时对半导体激光器和产生光增益的固体增益介质进行精确的温度控制(大功率固体激光器还需要对增益介质进行冷却,以减小热透镜效应),同时对固体谐振腔结构进行防振、恒温等处理。经过这些措施后,固体激光器输出功率的稳定性可提高到 1%。

2. 频率稳定性

激光器的频率稳定是一项难度很大的技术,激光器的频率稳定性和功率稳定性密切相关。引起频率漂移的原因是环境温度的变化(激光谐振腔的热胀冷缩),以及外界的机械振动引起谐振腔几何长度的改变。温度、气压以及湿度的变化还会导致激光激活介质及谐振腔所包含的空气部分的折射率改变。温度对导体激光器输出频率的影响尤其明显,这是因为随着温度的变化,半导体介质的禁带宽度变小,导致发射光的频率改变。

因此,稳定激光频率的本质是保持谐振腔光程的稳定。用得最多的方法是用一个稳定的频率作为参考频率,从而对谐振腔采取闭环伺服反馈控制,把激光的频率锁定在参考频率上,这一过程称为主动稳频。在难以找到参考频率的情况下,则使用被动稳频技术,如对激光器腔长进行温度控制。

1. 主动稳频

常用的主动稳频技术有两种:一种是参考频率法,包括兰姆凹陷法、饱和吸收法(碘吸收法)、光谱锁定法。当外界扰动使激光频率偏离此标准频率时,检测出这一偏离量,然后通过伺服系统调节激光谐振腔长。将激光频率调整到参考标准上频率上,从而实现稳定的目的。另一种是等光强稳频。采用等强光稳频技术稳定的激光器会输出两个偏振相互垂直(正交)的模式(频率),比较两者的光强,光强相等则频率被稳定。

2. 被动稳频

根据上述分析,选用低膨胀系数材料,如零膨胀玻璃、石英等做谐振腔的腔体,并对整个激光系统进行防振、恒温控制,便可得到一定频率稳定度的激光输出。这种方法一般称为被动稳频技术。在半导体激光器中,往往也采用光栅外腔反馈结构来对激光器进行选频,这也是一种广义上的被动稳频技术。固体微片激光器也是采用被动稳频技术,把微片置于恒温室中,温度稳定度至少达到 $0.001\ ℃$,实现 $10^{-6}\sim10^{-7}$ 的稳频精度。

被动稳频技术可在一定程度上实现激光频率的稳定,其长期频率稳定度达到 10^{-7},可满足一般应用需求。但要获得更高精度的频率稳定度,仅仅依靠被动稳频技术是无法实现的,必须采取主动稳频措施,但激光介质的光谱必须有可主动稳频的频率参考点,固体激光器没有这样的参考点。

2.2.3　激光光束质量的特征参数

激光光束质量是激光器的一个重要技术指标,是从质的方面来评价激光的特性。但是,较长时期以来,对光束质量一直没有确切的定义,也未建立标准的测量方法,对其研究和发展带来了不便。目前,针对不同的应用目的,人们提出采用聚焦光斑尺寸、远场发散角、斯特涅尔比、M^2 因子等作为评价参数衡量激光的光束质量。

1. 聚焦光斑尺寸 ω_f 和远场发散角 θ

用聚焦光斑尺寸 ω_f 衡量光束质量是简单且直观的方法。但是,聚焦光斑尺寸与聚焦光学系统有关。聚焦光斑尺寸越小,光束远场发散角越大,准直距离也越短。因此,常用聚焦光斑尺寸导出远场发散角 θ 这一判断依据。设一聚焦光学系统焦距为 f,光阑直径为 D,在理想情况下,均匀平面波聚焦后,聚焦光斑(艾里斑)尺寸为 $\omega_f = 1.22\lambda f/D$,而远场发散角 $\theta = \omega_f/f$,激光远场发散角 θ 表明了激光不显著发散开来可传播的距离,与聚焦能量有关,是常用的光束质量判据。

2. 斯特涅尔比

斯特涅尔比定义为实际光束轴上的远场峰值光强与具有同样功率、位相均匀的理想光束轴上的峰值光强之比。斯特涅尔比因子反映了远场轴上的峰值光强,它取决于波前误差,能较好地反映光束波前畸变对光束质量的影响。其常应用于大气光学中,主要用来评价自适应光学系统对光束质量的改善性能。

斯特涅尔比对高能激光武器系统自适应光学修正效果的评价有重要作用。高能激光武器系统主要包括高能激光器和光束定向器两大分系统。当高能激光武器系统有自适应光学修正时,仅从激光器出射光束的光束质量、光束定向器出射口光束质量以及高能激光到达靶面的光束质量,还不足以反映自适应系统对高能激光在能量空间输运中光束质量的改善,还需要对光束进行自适应修正前后的光束质量进行评价。另外,斯特涅尔比只能反映光束质量的优劣,对光学系统设计和优化缺乏足够的指导能力。

3. M^2 因子

M^2 因子克服了常用光束质量评价方法的局限,用 M^2 因子作为评价标准对激光器系统进行质量监控及辅助设计等具有十分重要的意义,并被国际光学界所公认并由国际标准化组织(ISO)予以推荐。

M^2 因子定义式为

$$M^2 = \frac{实际光束的束腰直径 \times 远场发散角}{理想高斯光束束腰直径 \times 远场发散角} \tag{2.31}$$

对于基模(TEM$_{00}$)高斯光束,有 $M^2 = 1$,光束质量好;实际光束 M^2 均大于 1,表征了实际光束衍射极限的倍数。

相对于其他评价方法,M^2 因子能较好地反映光束质量的实质,M^2 越小,代表激光质量越好。短脉冲激光的光束质量因子 M^2 通常在 1.2~1.7 之间。

2.3　激光与物质的相互作用

激光与物质的相互作用是激光清洗的物理基础。激光与材料的相互作用是一个极为广泛的概念,它既包含复杂的微观量子过程,也包含激光作用于各种介质材料所发生的宏观现象,这些宏观现象包括激光的反射、吸收、折射、光电效应、气体击穿等。因此,激光与物质的相互作用是一门涉及物理学与材料学的交叉学科。当激光作用于固体材料表面时,激光和固体材料中的电子、激子、晶格振动、杂质以及材料缺陷等发生相互作用,导致材料对激光的吸收。被材料所吸收的激光转化为热能,在不同的功率密度等条件下,材料表面区域发生各种不同的变化,包括温度升高、熔化、汽化、形成小孔和等离子体云等。材料表面区域物理状态的变化反过来又极大地影响材料对激光的吸收。一般把激光辐照在靶材上产生的效应和由激光辐照所引起的靶材周围产生的一切效应,都称为激光与物质的相互作用。

2.3.1　激光在介质中传播的经典电磁理论

激光是电磁波的一种,描述电磁波的传播最常使用的方程是麦克斯韦方程组(Maxwell's equations),其同样适用于对激光的传播描述。真空中的光速为 c,激光在介质中传播必然存在反射与折射,透过介质传输后激光光速变为 c/n,这里 n 为激光在介质中的折射系数。要用宏观麦克斯韦方程组来描述激光的传播,必须引入复折射系数 $\hat{n}=n-ik$ 来描述该问题,这里 $\hat{n}$ 表示延迟一定时间后的相位之间的关系。在复折射系数中,k 表示消光系数,k 的大小可以用来衡量激光在介质中传播的衰减程度。一般情况下,n、k 的数值与入射激光的波长相关,其电场强度可以写为

$$E=E_0 \exp\left[i\omega\left(t-\hat{n}\frac{\boldsymbol{r}\cdot\boldsymbol{l}}{c}\right)\right] \tag{2.32}$$

式中,E 表示电场强度;ω 表示毫秒脉冲激光的频率;r 表示空间位置向量;t 表示单位时间;l 表示激光在传播方向上模等于 1 的向量,也称单位向量。把式(2.32)中电场强度 E 代入麦克斯韦方程组,经过数学推导后可得到激光在介质中的介电常数 ε 与电磁波传播中的复折射系数 $\hat{n}$ 的关系:

$$\hat{n}^2=\frac{\mu}{2}\left[\sqrt{\varepsilon^2+\left(\frac{4\pi\sigma}{\omega}\right)^2}+\varepsilon\right] \tag{2.33}$$

$$k^2=\frac{\mu}{2}\left[\sqrt{\varepsilon^2+\left(\frac{4\pi\sigma}{\omega}\right)^2}-\varepsilon\right] \tag{2.34}$$

式中,σ 表示电导率;μ 表示磁导率。

激光在介质中的传播可以认为是均匀平面波,根据电磁波传播理论可知,在与激光传播方向垂直的平面上,单位面积内通过的激光功率称为激光强度,其表达形式为 $I=cnE^2/4\pi$。为厘清激光强度与距离之间的关系,分别引入朗伯定律和比尔定律,虽然这两个定律是对光在透明溶液介质中的传播而定义的,但其推导方法仍可引申到激光在介质中传播。朗伯(Lambert)定律:当用一种适当波长的单色光照射透明介质时,其吸光度与透过的介质层厚度成正比。比尔(Beer)定律:当用一适当波长的单色光照射透明介质时,若透明介质的厚度固定,光被吸收的量与传播过程被吸收的分子数成正比。朗伯—比尔定律为:光被透明介质吸收的比例与入射光的强度无关;在光程上每等厚层介质吸收相同比例值的光,是光吸收的基本定律,适用于所有的电磁辐射和所有的吸光物质。将朗伯—

比尔定律延伸到激光在介质中传播时,即介质的吸光度 A 与介质的材料密度 ρ 及被介质材料吸收的厚度 b 成正比。根据朗伯—比尔定律可以推出激光光强 I 随着激光在介质中的传播距离呈指数衰减,公式为

$$I(z) = I(0)\exp(-\alpha z) \tag{2.35}$$

设 λ 和 λ_0 分别是介质和真空中激光的波长,则 $\omega\lambda_0 = 2\pi c$,那么由 E 的表达式可以推得介质对激光的线性吸收系数 α 为

$$\alpha = \frac{2\omega k}{\rho} = \frac{4\pi k}{n\lambda} = \frac{4\pi k_0}{\lambda_0} \tag{2.36}$$

在真空环境下,当激光垂直辐照到介质材料表面时,用上标 i、r、t 来表示入射激光、反射激光、折射激光的电场向量。因垂直激光入射可以认为其在介面上的反射光传播距离为零,同理折射的传播距离也为零,所以在推导中仅计算振幅的向量关系即可。由麦克斯韦方程可以推出反射光与入射光光强之间的表达式:

$$E_0^{\mathrm{r}} = \frac{\hat{n} - \mu}{\hat{n} + \mu} E_0^{\mathrm{i}} \tag{2.37}$$

同理,可以推出折射光与入射光光强之间的关系:

$$E_0^{\mathrm{t}} = \frac{2\mu}{\hat{n} + \mu} E_0^{\mathrm{i}} \tag{2.38}$$

反射率 R 等于反射光与入射光光强之比,即

$$R = \left| \frac{E_0^{\mathrm{r}}}{E_0^{\mathrm{i}}} \right|^2 = \frac{(n - \mu)^2 + k^2}{(n + \mu)^2 + k^2} \tag{2.39}$$

在一般情况下,$\mu \approx 1$,则

$$R \approx \frac{(n-1)^2}{(n+1)^2} \tag{2.40}$$

根据法拉第电磁感应定律可知,随时间变化着的电磁场能够产生电场;根据麦克斯韦—安培定律,随时间变化着的电场又能够产生磁场;这样周而复始的循环使得电磁波能够以光速传播于空间之中。从经典电磁理论可以看出,若介质对一定波长的光的吸收系数比较大,那么该介质对这个波长的光的反射率也会非常大。

若金属表面有涂层,假设涂层为介质1,金属物质为介质2,当毫秒脉冲激光通过涂层辐照到金属物质上时,则有

$$R = \frac{(n_1 - n_2)^2 + (k_1 - k_2)^2}{(n_1 + n_2)^2 + (k_1 + k_2)^2} \tag{2.41}$$

由式(2.39)和式(2.41)可以得出,当介质材料比较厚时,进入介质内部的部分激光几乎全被吸收。此时,介质对激光的吸收率的表达式可以写为

$$A = 1 - R = \frac{4n}{(n+1)^2 + k^2} \tag{2.42}$$

当涂层厚度为光波长量级范围时,其反射率 R、吸收率 A、透射系数 T 与波长无关,当激光进入金属物质时,反射率 R、吸收率 A 都很大,可以看出与激光波长 λ_0 有明显关系。

这时,

$$n^2 \approx k^2 \approx \frac{2\pi\sigma}{\omega} \approx \frac{\sigma\lambda_0}{c} \tag{2.43}$$

从而有

$$\alpha \approx 4\pi\sqrt{\frac{\mu\sigma}{c\lambda_0}}, \quad R \approx 1 - \frac{2}{n} \approx 1 - 2\sqrt{\frac{c}{\sigma\lambda_0}} \tag{2.44}$$

式(2.44)称为 Hagen-Rubens 公式,表明 λ_0 变小是因为 R 降低,即短波长激光更易于被靶物质吸收。λ_0 短到一定的截至波长,R 变为零,反射消失。表面良好的金属的反射率计算值与实验值比较接近。几种金属在不同激光作用下的 δ 和 R 见表2.1。

表 2.1　几种金属在不同激光作用下的 δ 和 R

波长/μm	0.25		0.5		1.06		4.0		10.6	
光学性质	δ/nm	R/%	δ/nm	R/%	δ/nm	R/%	δ/nm	R/%	δ/nm	R/%
Ag	20	30	14	98	12	99	11	99	12	99
Al	8	92	7	92	10	94	11	98	12	98
Au	18	33	22	8	13	98	15	98	14	98
Cu	13	37	14	62	13	98	14	99	13	99
Ni	11	38	12	55	15	67	33	86	37	97
W	7	51	13	49	23	58	—	95	20	98

2.3.2　物质对激光的吸收和反射

1. 材料吸收激光的规律

激光束作用到材料表面,会在材料表面产生反射、散射和吸收等物理过程。要进行材料的激光加工,必须清楚材料对激光的反射与吸收特性。

在许多情况下,材料的吸收特性是通过计算材料的发射率得到的,因为材料的发射率 $\varepsilon_\lambda(T)$ 是由下式给出的:

$$\varepsilon_\lambda(T) = 1 - R_\lambda(T) \tag{2.45}$$

式中,λ 是激光波长;R_λ 是反射率;T 是材料的表面温度。一般来说,$\varepsilon_\lambda(T)$ 是随 λ 和 T 的改变而改变的。

对于一种金属材料,假定表面没有氧化,且处于真空中,则可计算其发射率。垂直入射的材料的发射率为

$$\varepsilon_\lambda(T) = \frac{4n_1}{(n_1+1)^2 + K_2^2} \tag{2.46}$$

式中,n_1 是复发射率的实部;K_2 是消光系数。对于金属材料,n_1 和 K_2 均是 λ 和 T 的函数。

2. 材料吸收激光的影响因素

(1)波长的影响

金属材料的复折射率的实部和虚部是波长和温度的函数。图 2.7 所示为 300 K 时钛

的发射率(即对激光的吸收率)参数与波长的关系。从图中可看出,λ 在 $0.4 \sim 1.0\ \mu m$ 范围内,n_1、K_2 变化较慢,而发射率 ε_λ 在这个区域变化较大。在长波区域,n_1、K_2 随 λ 的增加迅速增加,而相应的 ε_λ 则减小。表 2.2 列出了几种常用金属在不同波长下的发射率。

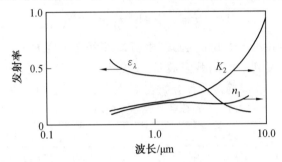

图 2.7　钛的发射率参数与波长的关系(300 K)

表 2.2　几种常用金属在不同波长下的发射率

激光器	氢离子	红宝石	YAG	CO_2
波长	500 nm	700 nm	$1.06\ \mu m$	$10.6\ \mu m$
铝	0.09	0.11	0.08	0.019
铜	0.56	0.17	0.10	0.015
金	0.58	0.07	—	0.017
铁	0.68	0.64	—	0.035
铅	0.38	0.35	0.16	0.045
钼	0.48	0.48	0.40	0.027
镍	0.40	0.32	0.26	0.03
铌	0.58	0.50	0.32	0.036
铂	0.21	0.15	0.11	0.036
银	0.05	0.04	0.04	0.014
锡	0.20	0.18	0.19	0.034
钛	0.48	0.45	0.42	0.08
钨	0.55	0.50	0.41	0.026
锌	—	—	0.16	0.027

　　一般情况下,金属对激光的吸收随着波长的缩短而增加。YAG 激光器和 CO_2 激光器的波长分别为 $1.06\ \mu m$ 和 $10.6\ \mu m$,大部分金属对 CO_2 激光的吸收率一般只有 10% 左右,而对 $1.06\ \mu m$ 的 YAG 激光的吸收率在 $30\% \sim 40\%$。

　　(2)材料性质的影响

　　在可见光及其邻近区域,不同金属材料的反射率呈现出错综复杂的变化(如 2.3.2 节所示)。但在 $\lambda > 2\ \mu m$ 的红外光区,所有金属的反射率都表现出共同的规律性。在这个波段内,光子能量较低,只能和金属中的自由电子耦合。自由电子密度越大,自由电子受迫振动产生的反射波越强,反射系数越大。同时,自由电子密度越大,该金属的电阻率越低。因此,一般来说,导电性越好的材料,对红外光的反射率越高。计算表明,发射率与电阻率之间存在以下关系:

$$\varepsilon_\lambda(T) = 0.365 \left[\rho_{20}(1+\gamma T)/\lambda\right]^{\frac{1}{2}} - 0.066\ 7 \left[\rho_{20}(1+\gamma T)/\lambda\right] + 0.006 \left[\rho_{20}(1+\gamma T)/\lambda\right]^{\frac{3}{2}}$$

(2.47)

式中,ρ_{20} 是 20 ℃时金属的电阻率;γ 是电阻率随温度的变化系数;T 是温度。

对于 $\lambda = 10.6\ \mu m$ 的红外光,式(2.47)可变换并简化为

$$A = 11.2\rho^{1/2}$$

(2.48)

(3)温度的影响

在不同的光波波段内,发射率与温度的关系呈现出不同的趋势。

①$\lambda < 1\ \mu m$ 时,发射率与温度的关系比较复杂,但总体来说,其变化比较小。在可见光区,吸收率通常随温度的升高而稍有减小。图 2.8 所示为波长为 1 μm 时几种金属材料的发射率 $\varepsilon_\lambda(T)$ 随温度的变化。

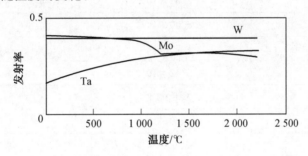

图 2.8 几种金属材料的发射率($\lambda = 1\ \mu m$)随温度的变化

②$\lambda > 1\ \mu m$ 时,发射率与电阻率间存在的关系如式(2.47)所示,电阻率随温度升高而加大,有

$$\rho = \rho_{20}(1+rT)$$

(2.49)

式中,ρ 为室温下的电阻率;r 为电阻率的温度系数;T 为温度。将式(2.49)代入式(2.48),即可计算不同温度下的发射率。发射率随温度升高而增加。对于 CO_2 激光,$\lambda = 10.6\ \mu m$ 时,有

$$A = 11.2\left[\rho_{20}(1+rT)\right]^{1/2}$$

(2.50)

发射率为

$$\varepsilon_{10.6}(T) = 11.2\left[\rho_{20}(1+\gamma T)/\lambda\right]^{\frac{1}{2}} - 62.9\left[\rho_{20}(1+\gamma T)/\lambda\right] + 174\left[\rho_{20}(1+\gamma T)/\lambda\right]^{\frac{3}{2}}$$

(2.51)

这个关系同时适用于固态金属和液态金属。

图 2.9 所示为波长为 10.6 μm 时几种金属材料的发射率随温度的变化。

在测出材料的电阻率后,即可计算出材料的发射率,表 2.3 列出了部分材料的电阻率及其随温度的变化系数。

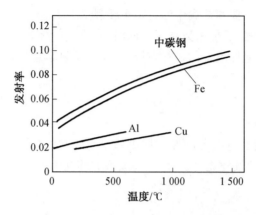

图 2.9 几种金属材料的发射率($\lambda = 10.6~\mu m$)随温度的变化

表 2.3 部分材料的电阻率及其随温度的变化系数($\lambda = 10.6~\mu m$)

金属材料	$\rho_{20}/(\Omega \cdot cm)$	$\gamma/(\Omega \cdot cm \cdot ^\circ\!C^{-1})$
Al	2.82×10^{-6}	3.6×10^{-3}
磷青铜	8.00×10^{-6}	3.5×10^{-3}
Cu	1.72×10^{-6}	4.0×10^{-3}
Au	2.42×10^{-6}	3.6×10^{-3}
Fe	9.8×10^{-6}	5.0×10^{-3}
Mg	4.40×10^{-5}	1.0×10^{-5}
Mo	5.6×10^{-6}	4.7×10^{-3}
Ni	7.2×10^{-6}	5.4×10^{-3}
Pt	1.05×10^{-5}	3.7×10^{-3}
低碳钢	16.2×10^{-5}	3.6×10^{-3}
合金	1.50×10^{-5}	1.5×10^{-3}
中碳钢	1.20×10^{-5}	3.2×10^{-3}
W	5.50×10^{-6}	5.2×10^{-3}

（4）激光功率密度的影响

激光作用在材料表面，功率密度的不同，导致材料的不同变化，进而影响材料对激光的吸收率。较低的激光功率密度只能引起材料表层的温度升高，吸收率会随着材料表层温度的升高而缓慢增加。功率密度为 $10^4 \sim 10^6~W/cm^2$ 数量级范围，材料表层发生融化。功率密度大于 10^6 数量级时，在激光束的照射下，材料表面强烈汽化并形成小孔，材料对激光的吸收率急剧增加，将达到 90% 左右，当激光功率密度超过 $10^7~W/cm^2$ 数量级时，则激光被等离子体屏蔽。另外，等离子体会吸收一些激光辐射，然后激光又通过等离子体将能量耦合到大面积材料上，但是，这个过程对激光束焦点处的打孔、切割均不利。

当高强度长脉冲激光作用于材料时，一般通过以下三个步骤实现耦合效率的增加：

①激光开始作用到材料的表面时，材料表面出现强反射。

②等离子体形成，吸收激光能量，屏蔽激光。

③等离子体被消耗，材料耦合效率提高。

在激光脉冲开始辐射材料表面时，材料表面被加热，反射率较高，$\varepsilon_\lambda(T)$ 较小。随后，材料表面产生金属蒸气，形成等离子体，并形成激光维持燃烧波（ISC 波）和爆发波（LSD 波）。这种类型波能强烈吸收入射激光辐射，并屏蔽激光。随着激光束向前移动，等离子体减少，材料表面又暴露在激光的辐射下，且此时材料的耦合效率提高。

材料发射率在激光束作用的初始阶段一般是很重要的，但在有些实际的激光热加工应用中，当材料被激光束作用形成一个锁孔时，它就不重要了。因为在这种情况下，锁孔腔作为一个黑体辐射体，其发射率将达到 1；在另一种情况下，也就是在形成等离子体后，尽管材料上不产生锁孔，其发射率也可接近 1。

热转换计算表明：激光辐照块状材料，其聚焦光斑中心的极限温度可由下式计算：

$$T = \frac{\varepsilon I_0 d \pi^{1/2}}{K} \tag{2.52}$$

式中，I_0 是初始峰值激光光强；d 是高斯光束半径；K 是热导率。

最佳的聚焦光斑 $d \propto \lambda$，λ 是激光波长；$I_0 \propto P/\lambda^2$，这里 P 是激光功率，这时有

$$P \propto \frac{KT\lambda}{\varepsilon} \tag{2.53}$$

如果假定当 $T = T_m$ 或者 $T = T_b$ 时得到热学参数，那么上述表达式可用来估算不同条件下激光加工的相关参数（如激光功率等）。

根据关系 $P \propto \dfrac{KT\lambda}{\varepsilon}$，假定 $\varepsilon = 1$，可以看出，同一种激光辐射加热不同材料到其熔沸点，所需的激光功率不同。同时还可看出，所需激光功率与波长和材料热学参数有关，如 $p(CO_2)/p(Ar^+) \approx 20:1$。

（5）表面熔化和汽化的影响

激光照射过程中，金属表面升温，引起激光反射率 R 下降。在表面达到熔化温度但尚未发生相变的一段时间内，R 保持不变，熔化之后 R 继续下降。激光加工中往往采用（预脉冲＋主脉冲）的波形结构，使工件表面在窄而高的预脉冲作用下提前升温或熔化，降低反射率，以便更好地吸收激光主脉冲的能量。

在横向激励 CO_2 激光束照射下，不锈钢表面的吸收率随时间而上升。由于热变形、相变及表面化学变化的作用，在激光照射一定时间之后，样品表面初始时的粗糙度将失去影响。在很长或很短激光脉冲作用下，样品的反射率随时间呈现下降的趋势，事实上在高功率短脉冲激光作用下，靶表面已成为接近固体密度的高温等离子体。激光强度超过材料汽化阈值不多时，材料蒸气的温度较低、密度较小，对入射激光基本透明。较高的光强作用下，材料或喷溅的液滴将产生吸收或散射作用。在很高的光强作用下，周围气体或材料蒸气发生光学击穿（电离），强烈吸收激光，对固态样品表面造成屏蔽。

对激光加工和热处理质量有不良影响的表面周期性花纹现象，则是工件表面的一种非线性光学和不稳定过程的结果：激光照射激起工件表面的极化声子（表面电磁波），并与入射光波发生干涉，使得表面光强分布形成一种周期性的结构，再通过周围气体的局部击穿、表面热变形和局部汽化，使小尺度的扰动得以发展，形成工件表面周期性花纹。目前，

在金属、半导体、电介质和液晶等材料表面都已观察到了这类现象。

(6)激光辐照半导体和绝缘材料

当激光辐照半导体和绝缘材料时,其吸收率是波长的函数。激光作用于半导体材料时,晶格振动或有机固体分子的相互碰撞作用使吸收率增加。在这些材料中,吸收率在 $10^2 \sim 10^4 \, \mathrm{cm}^{-1}$ 范围。在可见光区域,如果晶体中含有杂质(如气泡孔、缺陷中心等),或者由于强烈的紫外光吸收在分子晶体中(如有机材料),其吸收率也会因电子的跃迁而增加。这些材料的典型吸收率为 $10^3 \sim 10^6 \, \mathrm{cm}^{-1}$。图2.10给出了几种耐熔材料在可见光和紫外光区域的吸收率。

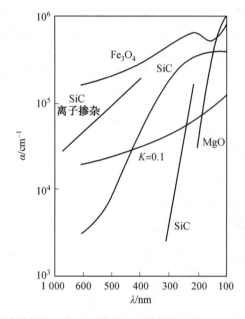

图 2.10　几种耐熔材料在可见光和紫外光区域的吸收率($\lambda = 100 \sim 700 \, \mathrm{nm}, K = 0.1$)

图2.11为几种绝缘体在红外光区域的透射率。表2.4列出了几种绝缘体和半导体材料对红外辐射的透明范围。从图2.12中可以看到,许多材料在 $\lambda = 1 \, \mu\mathrm{m}$ 区是不透明的,而在红外区是部分透明的。这是因为在可见光区域有带隙之间吸收的影响,在红外区吸收主要是自由载体的吸收和跃迁的杂质能级,这也是半导体激光退火常采用 Nd∶YAG 激光的重要原因。

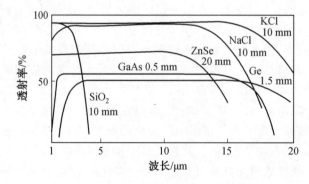

图 2.11　几种绝缘体在红外光区域的透射率

表 2.4　几种绝缘体和半导体材料对红外辐射的透明范围

材料	10％切割点之间的透明范围/μm
Al_2O_3	0.15～6.5
As_2O_3	0.6～13
BaF_2	0.14～15
CdSe	0.72～24
CdS	0.5～16
CdTe	0.3～30
CaF_2	0.13～12
CsBr	0.2～45
CuCl	0.4～19
金刚石	0.225～2,6～100
GaAs	1～15
Ge	1.8～23
InAs	3.8～7.0
PbS	3～7
MgO	0.25～8.5

3. 激光的反射

在激光入射到工作表面时,首先发生的不是光的吸收,而是光的反射。材料的反射率可通过测量电阻率求得,但有时也采用直接测反射率的方法。材料的反射率随入射波长的变化而改变,图 2.12 所示为几种金属材料的反射率与波长的关系。可以看出,在短波长区域,反射率较低;而在长波长区域,特别是激光波长大于 2 μm 时,反射率均在80％以上,其中 CO_2 激光(10.6 μm)的反射率均在 90％以上。从激光与材料相互作用的耦合效率角度看,采用短波长激光器较好,故目前对准分子激光器,即具有更短波长的自由电子激光器的研究较多。

上面已经提到,随着激光能量密度的增加,材料的反射率会逐渐下降,一旦材料到达它的熔点或沸点,材料的反射率将急剧下降。此外,材料的反射率还与激光的入射角和偏振状态有关。

图 2.13 给出了 Cu 在 20～1 000 ℃ 范围内 CO_2(10.6 μm)激光辐射下的不同偏振矢量对材料反射率的影响,从图中可看出,两种偏振状态的反射率 R_s 和 R_p 是不同的,这意味着偏振光的反射参数将与入射金属表面的激光偏振矢量的取向有关。从图中还可看出,R_s 对所有入射角均较高,然而 R_p 在靠近切向入射时变得非常小,那么在偏振光垂直入射时的发射率 ε 最大。

在激光清洗过程中,真正起到清洗作用的部分是吸收的光,只有入射激光被吸收了,

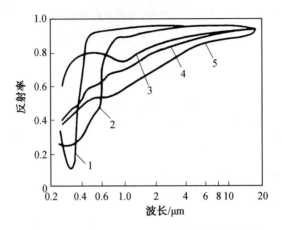

图 2.12 几种金属材料的反射率与波长的关系
1—银;2—铜;3—铝;4—镍;5—碳钢

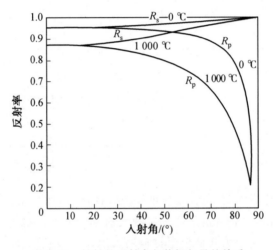

图 2.13 材料的反射率与偏振矢量的关系

才能转化为各种清洗机制中起作用的能量,而反射的激光能量基本被浪费。因此,在激光清洗过程中,要尽量减少光的反射,这样才能综合运用激光吸收后出现的各种有益于清洗过程的光转化过程,从而提高激光清洗的效果。清洗过程中,激光的反射量与激光波长和清洗过程中的激光所作用的材料关系很大,有的材料的激光反射率可以达到甚至超过 50%。

但是,若在激光清洗过程中做到没有反射,即激光的完全吸收是不可能的,但这些反射的光也不是完全没有作用的。在激光清洗过程中,由于激光作用的材料不同,导致散射不同,因此从具体清洗过程来说,通过分析反射的光,可以判断清洗过程中随着时间的推进,其中的材料发生了什么变化。也就是说,可以通过检测反射的光来进行清洗过程的在线实时监测,这种技术对于精细清洗过程和大型应用具有实际应用意义。希腊电子结构与激光研究所的研究人员采用激光诱导击穿光谱(LIBS)技术控制污染的砂岩和中世纪的彩色玻璃的清洗过程,同时确定材料的元素成分和污染成分,为艺术品的清洗过程提供了重要的信息,避免清洗不干净和过度清洗损害艺术品。

2.3.3 激光作用下材料的物态变化

1. 激光能量变化过程

物体对激光的吸收就是其内部电荷或振子与激光单色电磁场相互作用的问题,但是实际物质的情况更为复杂,了解其内部结构及光的吸收或发射特征,主要依靠吸收光谱的测量。原子气体的吸收光谱一般表现为吸收线,只在某些频率附近有强烈的吸收,它们对应于气体原子内各个振子的共振频率。吸收线的宽度为 $10^0 \sim 10$ nm 的量级。分子气体的吸收光谱一般表现为带光谱,由位于不同频率区域的若干组密集的吸收线组成,每一组吸收线构成一个吸收带。分子光谱能级的特征起因是组成分子的原子间的电场,分子具有较复杂的结构和较多的自由度,因而具有较多的能级和可能的跃迁方式。分子中束缚原子的转动形成转动光谱线,通常位于大于 25 μm 的远红外区。原子之间相互振动的频率要比转动频率高得多,对应于波长约 1 μm 的振动光谱,每一种振动跃迁都可以被重叠的转动能级引起的精细结构所调制,形成吸收带。另外,电子可在分子键结构内跃迁,它的波长位于紫外区 0.1 μm 附近,电子跃迁也可以包含重叠的振动以及转动谱带或谱线的精细结构。当气体的压力或密度增大时,原子、分子间的相互作用加强,吸收线的宽度随之增大,吸收光的频率范围加宽。

液体和固体中分子间相互作用很强,一般把它们的光谱作为原子和分子光谱模型的引申加以研究,并不完全反映它们真实的微观结构。固体中存在大量的密集的吸收中心,其光谱由若干频率范围较大的连续区组成。如一般金属在可见光和红外波段有很强的连续吸收带,自由电子起主要作用。对于紫外波段以及更高频率的辐射,束缚电子的作用比较显著,金属实际上表现出与电介质相似的光学性质。

激光能量向固体金属的传输就是固体金属对激光的吸收。固体金属是金属键结合。金属键是金属离子点阵(晶格)与公有化电子(电子云)之间相互作用的库仑吸力与泡利斥力之间的平衡。一旦激光光子入射到金属晶体中,在入射激光强度(能量密度)不引起金属晶体结构发生根本性重构的情况下,金属对激光的吸收将由光子与公有化电子的相互作用决定。入射到金属晶体中的激光光子将与公有化电子发生非弹性碰撞,即光子被电子吸收,使电子由原来的能级状态跃迁到高能级状态。这时,激光对金属做正功,便将能量传递给金属。显然,入射到金属内部的光子面对着数量非常多的公有化电子,它们之间通过一次或多次非弹性碰撞,光子总会在距表面一个很薄的厚度内被电子吸收。对于大多数金属来说,金属吸收光子的深度都小于 0.1 μm。由于金属中公有化电子之间也是在不停地相互碰撞,其碰撞的平均时间为 10^{-13} s 数量级,因此,吸收了光子处于高能级状态的电子将在与其他电子相互碰撞和与晶格声子(晶格振动量子)相互作用的过程中进行能量的传递,即进行了能量以热的形式转移。这样,可以认为金属内部在吸收光子的作用点上,光能转变成热能是在非常短的瞬间完成的。

总体而言,固体材料中在趋肤深度内被吸收的激光能量直接转化为自由电子或束缚电子平均动能的增加,其中大部分再通过电子与晶格或离子的相互作用转化为材料表面层的热能,但也存在一些其他的转化机制,如各种粒子的发射效应。

（1）热电子发射

激光照射下或多或少总有电子从物质表面发射出来，其主要机理是热发射和光电效应。激光加热下物质表面迅速升温，按照 Richardson－Smith 方程即有热电子发射。如果表面未达到熔点温度，加热时间短促，热电子发射不会改变物质表面状况。使用专门的材料如铯、钨等，激光引起的热电子发射可以产生很大的脉冲电子束流，可作为高性能的光阴极用于加速器技术。如用能量为 0.3 J 的红宝石自由振荡激光束照射钽靶，可获得的 10 A 电子束流，密度达到 $10^5 A/cm^2$。专门研制的激光光阴极电子枪，束流可达千安培以上。激光功率密度为 $10^9 \sim 10^{10} W/cm^2$，发射的热电子具有明显的方向性，束流强度呈瓣状分布，其边缘位置与激光的波形和焦斑有关。

（2）光电效应

在很弱的激光照射下，物质表面没有明显的温升，但仍可观察到单或多光子吸收导致的电子发射。例如，一个电子同时吸收两个光子，获得了跳过物质功函数势垒的能量，从表面发射出来。CsSb 的表面功函数约为 2 eV。钛玻璃激光光子能量为 1.17 eV，这时就会出现双光子效应，在 $10 \sim 100 W/cm^2$ 光照下，发射的电子束流密度为 $10^{-3} \sim 10^{-2} \mu A/cm^2$。钠的表面功函数为 1.95 eV，小于两个砷化镓激光光子能量（1.48 eV）之和；金的表面功函数为 4.8 eV，小于三个红宝石激光光子能量（1.78 eV）之和。这些情形都存在多光子吸收引起的电子发射。

（3）热离子发射

激光加热金属表面也可能引起正离子的发射，离子流可用 Richardson－Smith 方程或者平衡电离的萨哈（Saha）方程计算，通常要求靶表面温度达到 2 000 K 以上。用简单的方法估计，Al 和 Cu 的正离子功函数分别为 5.7 eV 和 6.7 eV，相应的实验值分别为 5.3 eV 和 7.25 eV。用功率为 6 Mw、脉宽为 80 ns 的红宝石激光照射钨靶，光斑面积约为 0.08 cm^2。可观察到正离子流的强度约为 750 mA/cm^2，持续时间约为 100 ns。对应表面温度为 5 300 K。物质在激光照射下发射离子、原子的现象称为激光的解吸效应，可应用于质谱仪技术，用来研究有机化合物的组成。

2. 激光引起材料的熔化

（1）固－液态界面的移动速度

与激光加工和材料表面处理关系更密切的物理问题是：激光引起材料的熔化，入射激光的强度及脉宽必须限制在一定范围内，才能符合只发生熔化的要求，因此需分析了解工件内部的温度场、工件表面熔化发生的时刻、熔化区熔池的深度，以及固－液态界面的形状和移动速度等。

由于热性质的不同，固态（下标为 s）和液态（下标为 m）材料区域分别具有各自的热传导方程及边界条件。未熔化时只存在固态区，当最高温度处（一般位于入射表面）首先达到熔化温度 T_m 时，开始进入熔化过程。这个时刻记为 t_m，自此以后固态区和液态区要分别计算。然而，激光熔化问题的主要特点在于带有待定边界位置的非线性边界条件，即固－液态界面条件，其两边材料的温度都是熔化温度 T_m，界面位置 X_m 向固态区移动时，相应方向的热流恰好提供新熔化质量所需的熔化潜热；反之 X_m 向液态区移动时，热流则来自新凝固质量放出的潜热。

在一维情况下,假定熔化后液态材料密度不变,上述界面条件可表示为

$$x = X_m(t): \left\{ T_s = T_m = T_M - K_m \frac{\partial T_m}{\partial x} + K_s \frac{\partial T_s}{\partial x} = \rho \Omega_m \frac{dX_m}{dt} \right\}, t > t_m \qquad (2.54)$$

式中,ρ 为密度;k 为热导率;Ω 为电阻率。

式(2.54)是与固、液态区热流耦合的决定 X_m 的微分方程式。设最先熔化点位于入射表面 $x = 0$ 处,则此方程的初始条件是 $t = t_m$,$X_m = 0$。如下式所示:

$$\begin{cases} T(0,t) = \frac{2AI_0}{K} \sqrt{\frac{Dt}{\pi}}, & t < t_p \\ \frac{2AI_0}{K} \left[\sqrt{\frac{Dt}{\pi}} - \sqrt{\frac{D(t-t_p)}{\pi}} \right], & t \geqslant t_p \end{cases} \qquad (2.55)$$

式中,A 为表面吸收率;I_0 为激光束的功率密度(光强);K 为热导率;D 为热扩散率,$D = K/\rho c$;c 为比热容,通常为比定压热容 c_p;t_p 为脉冲宽度。其中,ρ、c、K 热物理常数与位置及温度有关。

在连续波激光均匀面源照射下,需做如下假定:

$$t_m = \frac{\pi K_s^2 T_M^2}{4 D_s A_s^2 I_0^2} \qquad (2.56)$$

激光熔化问题的精确求解十分困难,但在一些近似之下可以得到有价值的结果。最简单的近似认为,X_m 以定态速度 U_m 均匀地向固态区推进,熔液被完全喷射出去,不影响激光直接照射在界面 X_m 上。从而得出这种完全喷射定态熔化模型的熔化速度:

$$U_m = \frac{AI_0}{\rho(\Omega_m + c_s T_m)}, \quad X_m = U_{m(t-t_m)}$$

固态区的温度场:

$$T = T_m \exp \frac{-AI_0(x - X_m)}{\rho D_s(\Omega_m + c_s T_m)}, \quad x \geqslant X_m \qquad (2.57)$$

某些高分子材料在激光照射下被烧蚀,烧蚀产物很快喷出并飞散,不影响激光入射,完全喷射模型可以描述这类过程。如果式中熔化潜热等系数采用实验标定值,测量被烧蚀材料的质量或烧蚀速度就可确定入射激光束的强度。

如果不计熔化潜热,并假定固态和液态时材料的热性质相同,对于连续波均匀面热源模型,可得到熔化深度 X_m 与入射表面温度 $T_m(0,t)$ 的关系为

$$X_m(t) = 2\sqrt{\frac{D_m t}{\pi}} \left[1 - \frac{T_m}{T_m(0,t)} \right], \quad t \geqslant t_m \qquad (2.58)$$

对应的入射表面达到汽化温度的时刻为

$$t_v \approx \frac{\pi K_m^2 T_v^2}{4 D_m A_m^2 I_0^2} \qquad (2.59)$$

这时 X_m 达到单纯熔化阶段的最大值:

$$X_{m,max} = \frac{K_m T_v}{A_m I_0} \left(1 - \frac{T_M}{T_v} \right) \qquad (2.60)$$

式中,T_v 为汽化温度。

常用材料的热导率随温度变化见表 2.5。在金属熔点以下,K 值随温度的变化不很

显著。而在熔点，其热导率 K 常成倍地变化，液态金属 K 值随温度的变化常小于固态的。常用材料的比热容随温度的变化见表 2.6。常用材料的热扩散率随温度的变化见表 2.7。

表 2.5　常用材料的热导率随温度的变化

材料	$K/(W \cdot cm^{-1} \cdot K^{-1})$				
	273 K	500 K	1 000 K	2 000 K	3 000 K
铝	2.36	2.38	—	—	—
铬	0.948	0.85	0.65	—	—
钴	1.04	0.745	—	—	—
铜	4.01	3.88	3.56	1.82	1.80
金	3.18	3.09	2.78	1.20	1.25
铁	0.835	0.615	0.325	0.425	0.46
铅	0.335	0.325	0.215		
钼	1.39	1.30	1.12	0.88	—
镍	0.94	0.72	0.72	—	—
铂	0.715	0.72	0.785	—	—
银	4.28	4.12	3.74	1.97	1.91
锡	0.682	0.595	0.405	0.64	0.665
钛	0.224	0.197	0.207	—	—
钨	1.82	1.49	1.20	1.0	0.91
钒	0.313	0.313	0.385	0.51	—
锌	1.22	1.22	0.67	—	—

表 2.6　常用材料的比热容随温度的变化

材料	$c/(J \cdot g^{-1} \cdot K^{-1})$				
	273 K	500 K	1 000 K	2 000 K	3 000 K
铝	0.83	1.0	—	—	—
铬	0.5	0.49	0.58	—	—
铜	0.38	0.417	0.417	—	—
金	0.135	0.135	0.151	—	—
铁	0.43	0.54	0.98		
铅	0.129	0.136	—	—	—
钼	0.245	0.261	0.288	0.39	—
镍	0.44	0.52	0.56	—	—

续表2.6

材料	$c/(\mathrm{J \cdot g^{-1} \cdot K^{-1}})$				
	273 K	500 K	1 000 K	2 000 K	3 000 K
铂	0.132	0.138	0.152	0.18	—
银	0.234	0.243	0.272	—	—
钛	0.226	0.264	—	—	—
钨	0.52	0.58	0.74	0.7	—
钒	0.132	0.138	0.15	0.175	0.203
锌	0.47	0.51	0.62	0.83	—

表 2.7　常用材料的热扩散率随温度的变化

材料	$D/(\mathrm{cm^2 \cdot s^{-1}})$				
	273 K	500 K	1 000 K	2 000 K	3 000 K
铝	1.03	0.88	—	—	—
铬	0.27	0.235	0.16	—	—
铜	1.19	1.04	0.85	—	—
金	1.22	1.19	0.93	—	—
铁	0.28	0.145	—	—	—
铅	0.24	0.21	—	—	—
钼	0.54	0.49	0.38	0.22	0.13
镍	0.2	0.17	0.14	—	—
铂	0.255	0.21	0.24	0.27	—
银	1.74	1.61	1.3	—	—
钛	0.097	0.075	0.062	—	—
钨	0.7	0.56	0.41	0.295	0.23
钒	0.112	0.108 5	0.104	0.104	—
锌	0.45	0.36	—	—	—

(2)液态物质质量迁移

如果作用激光强度较高,材料汽化加剧,蒸气压力升高,压迫其下方或周围的熔液沿熔池孔边缘或汽化井壁喷溅出来,造成液态物质质量迁移,这种效应可以大大提高激光加工的效率。另外,当熔孔长径比很大时,由于热扩散的作用,孔的形状是钉子形的。孔中激光束的传播发生"深孔"现象,进入孔里的激光束基本不会反射出来而被吸收,孔底部光强集中于孔的轴线而不发散。

深孔中的蒸气外流运动与液—固态孔壁相互作用导致不稳定现象,或者因温度升高发生蒸气的光学击穿,强烈吸收激光,引起液滴甚至固态粒子随着蒸气向外喷溅。这种深孔喷射现象使得迁移的材料质量明显增加。

材料蒸气的挤压作用是液态质量迁移的重要原因,这里认为蒸气是由气-液界面处的平衡汽化产生的,蒸气本身的能量和动量可忽略不计,只考虑其蒸气压 p_v。蒸气类似于半径 R_s、压力为 p_v、向周围膨胀的活塞,挤压一定厚度的无黏性、不可压缩的熔液层,所做的功全部转化为被挤出熔液的动能。仿照式(2.57)建立透明蒸气条件下的定态汽化模型,就可得到熔液层厚度的估计值,从而导出环境气压 p_0 下单位时间内从单位光斑面积上迁移的液态材料质量,即液态质量迁移率功 $\dot{m}_m$ 为

$$\dot{m}_m \approx \left[\frac{2}{R_s}\frac{D_m}{\ln\left(\frac{T_v}{T_m}\right)}\right]^{1/2} \rho_m^{3/4} \left[2(p_v - p_0)\right]^{1/4} \tag{2.61}$$

3. 激光引起材料的汽化

(1)激光汽化的物理机制

材料从熔液(或直接从固相)转变为蒸气属于一级相变。在温度-压力平面上,在临界点以下的气-液相平衡线上,这两相的压力和温度相等,平衡曲线的斜率同汽化时温度、相变时的体积变化和熵变化有关。这条曲线给出了平衡汽化时蒸气压力与温度的关系,称为蒸气压方程,此时的蒸气称为饱和蒸气。在激光汽化、质量迁移、蒸气光学击穿和激光烧蚀等问题的研究中,材料的蒸气压力对温度的依赖关系有着重要作用。当激光强度不高时,材料汽化不剧烈,饱和蒸气压力与环境气压平衡,蒸气粒子运动速度分布各向同性,处于动平衡的麦克斯韦分布。这时应用蒸气压方程或德拜-爱因斯坦理论,可以建立各种激光平衡汽化的模型,确定材料汽化速率-激光强度的关系。假定蒸气粒子单向朝外飞散,对激光透明,液态材料热性质与固态时相同,不计熔化潜热,利用简单的力学守恒关系可以得出蒸气对熔液表面的压力为

$$p = \frac{AI_0\sqrt{R_g T_v / D_a}}{L_v + c_m T_v} \tag{2.62}$$

式中,R_g 为气体常数;D_a 为克原子(分子)量;L_v 为相应潜热;蒸气的飞散速度是 $(R_g T_v D_a)^{0.5}$,即声速飞散。

20世纪六七十年代,一些苏联学者建立了若干激光平衡汽化模型,较著名的有 AHNCNMOB 模型,所给出饱和蒸气粒子数密度 u_v 与熔液表面温度 T_{m0} 的关系为

$$n_v = \left(\frac{2\pi m}{k_b T_{m0}}\right)^{3/2} \gamma_D^3 \exp\left(-\frac{L_v m}{k_b T_{m0}} - 1\right) \tag{2.63}$$

式中,$m = D_a/N_A$、k_b、$L_v m$ 和 γ_D 分别为原子质量、玻尔兹曼常数、原子从熔液表面的溢出功以及德拜频率,N_A 是阿伏伽德罗常数。

当作用激光强度较大时,材料汽化比率增大,蒸气压力增高并明显高于环境压力,蒸气中返回熔液的粒子数比例减少,速度分布偏离平衡的麦克斯韦分布。离开液面的气体粒子必须经过一段距离,通过彼此之间相互碰撞才能重建平衡。液面之上蒸气处于不平衡向平衡状态过渡的薄层称为克努森(Knudsen)层。

在强烈汽化极限,克努森层外表面蒸气做声速流动。设金属蒸气为单原子气体,可得出此处蒸气温度约为熔液表面饱和蒸气温度的 65%,密度则下降为 31%,也就是说向外

流动的蒸气比相界面上的饱和蒸气明显地冷且稀薄。这时大约有 18％ 的蒸气粒子重新返回熔液表面,纯汽化率只有平衡汽化假定下计算值的 82％。

激光照射吸收系数较小的物质,较深一层的物质被加热。如果入射表面存在对流换热等冷却因素,最高温度也可能出现于表面以内的部位。这种体加热方式也可导致物质的熔化,并且熔液可继续加热超过汽化温度,形成不稳定的过热溶液,它的汽化机制和方式与上述平衡的面汽化不同,属于沸腾类型。沸腾即体积汽化,这时有越来越多的小气泡在过热溶液中成核、长大,最后导致蒸气爆炸。金属的过热溶液中小气泡成核的弛豫时间约 10^{-8} s,刚成核的临界气泡直径为 $1 \sim 100$ nm。当激光脉冲较长,材料吸收深度较大时。才有可能形成过热熔液层,并允许气泡成核、生长、发生沸腾式汽化。激光加热下,这种情形十分少见,也难以做理论分析或实验研究。

激光照射吸收系数较大的物质,引起其表层的相变,发生熔化、汽化或升华。这种面汽化的主要特点是存在一个蒸气-凝聚态物质之间明确的分界面,称为汽化阵面,它向凝聚态区中推进的速度又称为该区的后(回)退速度。这个速度决定了物体的气态质量迁移率以及激光汽化过程的其他特征。如果激光脉冲很短,物体表面的热扩散层很薄,蒸气的总质量很小,但温度和压力高,膨胀速度快,对凝聚态区的反冲冲量较大,引起的力学效应将占主导地位。这里只讨论激光强度不十分高、脉冲宽度较宽的连续或准连续激光束作用的情景,此时物质蒸气基本透明,汽化阵面处的热辐射损失及蒸气的压力对凝聚态靶中物理过程的影响均可忽略不计。当作用激光强度不变时,后退速度和气态质量迁移率也基本不变的汽化过程,称为定态汽化过程。

如前所述,激光引起材料面汽化的物理机制可以用相变方程、平衡汽化模型和克努森层的理论描述。但是对于工程技术有关的问题,如后退速度、质量迁移及汽化阵面到达材料后表面的烧穿时间等,最合适的途径是采用传热学的方法结合实验进行研究。依据物质的真实的热物理特征进行传热学数值计算,也可以得到激光汽化过程的较准确的定量结果。此时的理论模型大都考虑透明蒸气,忽略液态与固体材料性质的差别,并以强度不变的连续激光作为典型加载条件,得到对激光汽化主要规律及参数的理解和定量估计。

(2)汽化开始时间

从激光开始照射到物质表面到达汽化温度 T_v 的时间称为汽化开始时间,可以用激光加热公式(2.64)进行估算。如果吸收的光强与物体厚度的乘积 $AI_0 l$ 大于 $3k_s T_v$,则表面汽化发生在热扩散到达物体后表面之前;反之则汽化发生在后,后表面的状况将对前表面处汽化过程产生影响。这两种情况下汽化开始时间分别近似为

$$t_v \approx \begin{cases} \dfrac{\pi}{4 D_s}\left(\dfrac{K_s T_v}{AI_0}\right)^2, & AI_0 l \geqslant 3K_s T_v \\ \dfrac{K_s T_v l}{D_s AI_0} - \dfrac{2}{3}\dfrac{l^2}{D_s}, & AI_0 l < 3K_s T_v \end{cases} \tag{2.64}$$

对于低汽化点金属 Bi、Pb、Zn 等,当 AI_0 为 $10^4 \sim 10^6$ W/cm²,t_v 为若干毫秒至微秒左右;对于高汽化点金属 Al、Fe、Cu、Ni、W 等,当 AI_0 为 $10^5 \sim 10^7$ W/cm²,t_v 为若干毫秒至几百纳秒。所以在 $10^6 \sim 10^7$ W/cm² 的光强下,相对于脉冲宽度较宽的激光束($t_p = 10^{-4} \sim 10^{-3}$)而言,金属表面的汽化可认为是在开始照射时立即发生的。

在连续激光照射下，汽化阵面速度（后退速度）从零很快增长到近似不变的状况，汽化进入定常状态。定态汽化的建立时间 t_{sv} 与定常后退速度 U_v 有关。为了达到定态汽化，凝聚态区中热扩散层的厚度 D_s/U_v 应相等于汽化阵面推进的距离 $U_v t_{sv}$，这意味着：

$$t_{sv} \approx \frac{D_s}{U_v^2} = \frac{1}{D_s} \left(\frac{K_s T_v}{A I_0} \right)^2 \left(1 + \frac{L_v}{C_s T_v} \right)^2 \qquad (2.65)$$

对于常用金属，有 $L_v/c_s T_v = 4 \sim 5$，所以 t_{sv} 比 t_v 大几十倍。例如，吸收光强为 10^7 W/cm² 时，铝靶的后退速度计算值约为 2.34 m/s，对应于 $t_{sv} \approx 15$ μs，而不是 0.3 μs。

如果不考虑热扩散，$t > t_{sv}$ 后定常后退速度 U_v 可由热能平衡估计，由于 $c = c_s = c_m$，则有

$$U_v = \frac{A I_0 \left(\frac{t}{t_v} - 1 \right)}{\rho (L_v + c T_v)} \left[1 - \frac{1}{2} \left(3 + \frac{c T_v}{L_v} \right) \left(\frac{t}{t_v - 1} \right) \right], \quad 1 \leqslant \frac{t}{t_v} \leqslant \frac{5}{3} \qquad (2.66)$$

定态汽化时凝聚态区的温度分布：

$$T = T_v \exp - \frac{U_v (x - X_v)}{D}, \quad x > X_v \qquad (2.67)$$

式中，x 和 X 分别是以初始入射面为起点的坐标距离和汽化阵面位置。

激光在 $10^6 \sim 10^7$ W/cm² 光强范围，金属的汽化阵面温度比正常汽化点高出不多；当吸收光强为 $10^8 \sim 10^{10}$ W/cm²，前者上升为后者的若干倍至几十倍。T_v 随光强而增高导致金属的后退速度 U_v 在 10^8 W/cm² 以上范围中随光强增大而减小，在 10^{10} W/cm² 以上这种下降更为明显。另外，高光强照射下蒸气变为等离子体，强烈吸收激光，也使得定态汽化难以维持。因此，定态汽化的概念只适应于一定的光强范围。

（3）气态质量迁移

气态质量迁移率 $\dot{m}_m$ 取决于后退速度，即 $\dot{m}_m \approx \rho U_v$，总的气态迁移质量则为 $\rho \int_{t_v}^{t} U_v dt$。光强较低时热扩散损失的热量对 U_v 有明显的影响，气态质量迁移也较低。当自由振荡激光的强度为 $10^6 \sim 10^7$ W/cm² 时，相对于汽化潜热来说金属中的热扩散损失可忽略不计。

后退速度和气态质量迁移率的计算往往与实验结果差别较大，一方面是由于物体的反射率、吸收率及热物理性质与温度有关，实际的激光波形很不规则等；另一方面质量迁移实际是多种机制造成的综合结果。应当指出，目前激光汽化的理论模型过于简单，只有定性的意义，定量的认识主要依靠实验。

实际上，为了达到汽化所要求的光强，激光加工中激光束必须聚焦，靶面光斑尺度通常小于板材的厚度，汽化后形成喷口或切槽。喷口不深时，其张角取决于聚焦激光束之锥角；喷口较深时将出现类似于深层熔化情形，二者差别在于这里应考虑蒸气的迁移和膨胀运动，并导致激光打孔的效果。如果在扫描激光束扫过其光斑尺度的时间中板材即可烧穿，则可实现激光切割。通常必须用惰性气体喷射，迅速清除蒸气或溶液，使光束能有效地耦合于孔底或槽底的后退表面，并防止孔（槽）壁过热引起的不良后果。

以钢铁材料，CO_2 激光为例，当激光功率密度较低（功率密度 $I < 10^4$ W/cm²）、辐照时间较短时，被辐照材料由表及里温度升高，但维持固相不变。随着激光功率密度的提高

（$10^4\,W/cm^2 < I < 10^6\,W/cm^2$）和辐照时间的加长，材料表面逐渐熔化，其液相、固相分界面以一定速度向材料深处移动。进一步提高功率密度（$I = 10^6\,W/cm^2$）和加长作用时间，材料表面不仅熔化，而且汽化，汽化物聚集在材料表面附近并微弱地电离形成等离子体，有助于材料对激光的吸收。在汽化膨胀压力下，液态表面变形，形成凹坑。再进一步提高功率密度（$I > 10^6\,W/cm^2$）和加长辐照时间，材料表面强烈汽化，形成较高电离度的等离子体，它阻隔激光对材料的辐照，在较大的汽化膨胀压力下，材料表面生成小孔，它有利于增强材料对激光的吸收。

就材料对激光的吸收而言，材料的汽化是一个分界线。若表面没有汽化，则不论材料处于固相还是液相，其对激光的吸收仅随表面温度的升高而有较慢的变化。而一旦材料出现汽化并形成等离子体和小孔，材料对激光的吸收会发生突变，其吸收率取决于等离子体与激光的相互作用和小孔效应等因素。

4. 激光引起温度场分析的基本方法

（1）解析解法求解导热问题

解析解法以数学分析为基础，得到用函数形式表示的解。在整个求解过程中，物理概念及逻辑推理清楚，所得到的解能比较清楚地表示出各种因素对热传导过程或温度分布的影响。但不利于考虑边界条件和相变潜热以及材料热物性参数随温度变化等因素对温度场的影响。基于以上原因，采用解析解法时研究者们往往假定激光能量为高斯分布、材料的物理参数为常数、不考虑相变热和辐射热等因素，这在一定程度上影响了求解的准确性。

激光与材料相互作用的复杂性和影响因素的多样性，使温度场模型在热传导定律下保持一致，但各自不同的"历史"条件和"环境"条件，使模拟结果有很大差异。研究者们对于激光与材料相互作用的温度场各影响因素处理方式不尽相同，各种研究结果都有其合理的一面，每一种特定条件下的温度场都应具体问题具体分析。

在复杂的定解条件下，很难求出激光加热温度场的解析解，用有限元法、有限差分法和数值积分法等数值解法求解温度场的数值解是常用方法。

（2）温度场分析的数值解法

数值解法以离散数学为基础，以计算机为工具，其理论基础虽不如解析解法那样严密，但对于实际问题有很大的适应性。一般稍复杂的热传导问题，几乎都能通过数值解法求解。常用的数值解法有有限差分法和有限元法。

差分法就是利用差分方程计算系统内预先选定的温度。利用数字方法可以满足具体问题的边界条件，取得较为精确的解。

有限差分法是目前求解导热问题的各种数值方法中最有价值和广泛采用的一种方法。这种方法的实质是将微分方程中未知函数的导数用温度场各个节点上的有限差分值的近似关系式来代替。通过这种替代的结果得到有限差分方程，有限差分方程的求解归结于简单的代数运算。计算关系式整理成这样的形式，即所研究节点在下一瞬时的温度是时间与该点上现时温度以及相邻点上现时温度的函数。

有限元法是在差分法和变分法的基础上发展起来的一种数值方法，其中，变分法是利用变分原理求解边值问题的一种方法。变分原理是指微分方程边值问题的解等价于相应泛函极值问题的解。有限元法吸取了差分法对求解域进行离散处理的启示，又继续了里兹法的范畴，多数问题的有限元方程都是利用变分原理建立的。但由于有限元法采用了离散处理，所以它计算更为简单，处理的问题更为复杂，因而具有更广泛的实用价值。

有限元法的基本思想可归结为两个方面，一是离散，二是分片插值。此外还有用其他方法研究温度场数值模型的数值解，如小波变换法和神经网络法等。

2.3.4　激光作用下材料产生的物理化学效应

物质吸收激光能量后，会引起一系列物理化学效应，对于长波长激光而言，热效应是主要的物理效应，而对于短波长激光而言，光致分解是主要的化学效应，此外还有光致电离效应。

1. 光致电离效应

光致电离效应主要分为两种，一种是多光子吸收导致的电离，另一种是雪崩电离（级联电离）。多光子电离过程是指介质同时吸收多个光子，使原子中电子从基态或激发态跃迁到连续态，从而使原子发生电离的过程，这是一个多阶非线性过程。多光子电离主要与激光光强相关，激光光强越强，多光子电离过程越明显。雪崩电离是指物质中本身存在的自由电子或光致电离产生的自由电子在激光光场作用下发生轫致辐射逆过程加热，再与物质中其他原子发生碰撞，使原子发生电离，新的自由电子再次吸收能量，继续与周围原子发生碰撞，从而周而复始，发生类似雪崩的效应。等离子体冲击波清洗即利用该效应，会聚的激光束击穿介质，使介质电离产生高温高压的等离子体，等离子体再通过轫致辐射逆过程吸收激光能量，使等离子体体积膨胀，在介质分界面上形成物理突变层，产生冲击波。

激光击穿气体介质后产生一个球状膨胀等离子体冲击波，可利用泰勒（Taylor）与塞多夫（Sedov）的理论计算结果表征冲击波的半径：

$$r_x(t) = t^{\frac{2}{5}} \left(\frac{W}{\rho_1} \right)^{\frac{1}{5}} Y(\gamma) \tag{2.68}$$

式中，W 是激光的能量；ρ_1 是未扰动时介质的密度；γ 是比热比，为定压热容与定容热容之比。对于气体，γ 的理论值为 $(n+2)/n$，n 为气体分子微观运动自由度的数目。$Y(\gamma)$ 是一个无量纲的经验常数，其值与 γ 相关。对于理想气体，满足方程 $\rho_1 = p_1/T_1 R$，其中 p_1、T_1 分别为未扰动理想气体的压强和温度，R 为气体普适常数，代入式（2.68）让 $r_s(t)$ 对时间求导，得到冲击波膨胀速度：

$$v_s(t) = \frac{2}{5} t^{-\frac{3}{5}} \left(\frac{WRT_1}{p_1} \right)^{\frac{1}{5}} Y(\gamma) \tag{2.69}$$

冲击波膨胀速度与未扰动气体中的声速 $\sqrt{\gamma R T_1}$ 之比即为冲击波的马赫数：

$$M_s(t) = \frac{v_s(t)}{\sqrt{\gamma R T_1}} = \frac{2}{5\sqrt{\gamma R T_1}} t^{\frac{3}{5}} \left(\frac{WRT_1}{p_1} \right)^{\frac{1}{5}} Y(\gamma) \tag{2.70}$$

利用冲击波的关系式 $p_2/p_1 = 2\gamma M_s^2/(\gamma+1) - (\gamma-1)(\gamma+1)$，可以得到扰动气体压强以及扰动气体与未扰动气体压强差的关系式：

$$p_2 = \frac{p_1}{\gamma+1}\left[\frac{8}{25}(RT_1)^{-\frac{3}{5}}\left(\frac{W}{p_1}\right)^{\frac{2}{5}}Y(\gamma)t^{-\frac{6}{5}}-(\gamma-1)\right]$$

$$\Delta p = p_2 - p_1 = \frac{8}{25}\frac{1}{\gamma+1}\frac{W}{r_s^3}Y^4(\gamma)-\frac{2\gamma}{\gamma+1}p_1 \tag{2.71}$$

式(2.71)只在冲击波传播距离 r_s 较小时成立,此时 Δp 表达式中 $2\gamma p_1/(\gamma+1)$ 项相比其前一项小很多,可忽略计算。当等离子体冲击波作用于物体表面,由于极大的压强差,产生极强的对物体表面的作用力。

2. 光致热效应

物质吸收激光能量后的热效应表现为晶格或离子的振动,在宏观上表现出物体的温度。一般情况下,激光作用下物体的温度场可通过傅里叶热传导方程求解:

$$\rho c_p \frac{\partial T}{\partial t} = \nabla \cdot (K\nabla T) + Q \tag{2.72}$$

式中,ρ、c_p 和 K 分别为密度、比定压热容(对于固体而言,比定压热容与比定容热容相近,一般不做区分)和热导率;T 为物体的宏观温度;Q 为热源项。对于均匀、各向同性的介质,在柱坐标系下,式(2.72)可表示为

$$\rho c_p \frac{\partial T}{\partial t} = K\left(\frac{\partial^2 T}{\partial r^2} + \frac{1}{r}\frac{\partial T}{\partial r} + \frac{\partial^2 T}{\partial z^2}\right) + Q \tag{2.73}$$

对于极端热传递条件下的非稳态导热过程,如极高(低)温条件下的传热问题、超急速传热问题及微空间或微时间尺度条件下的传热问题等,由于在这些条件下温度是突然发生的,傅里叶热传导定律不再合适。皮秒甚至飞秒脉冲作用下的物体升温即属于超急速传热问题。金属及其他大部分材料的弛豫时间(电子与离子或晶格碰撞的平均自由时间)为 $10^{-13}\sim 10^{-11}$ 量级,皮秒及飞秒脉冲激光的脉宽已经等于甚至远低于该时间,电子温度与晶格或离子温度并不是平衡的,此时在物体的温度场计算上傅里叶热传导方程并不适用,在这种情况下,提出了双温模型(微观两步模型)、动力论理论模型、双曲型热传导方程等非傅里叶热传导方法用于计算皮秒甚至飞秒激光与物质作用后的物体温度场。其中使用最多的是双温模型以及双曲型热传导方程。

在一维条件下,双温方程可表述为

$$\begin{cases} C_e \dfrac{\partial T_e}{\partial t} = \dfrac{\partial}{\partial x}\left(k_e \dfrac{\partial T_e}{\partial x}\right) - G(T_e - T_1) + Q \\ C_1 \dfrac{\partial T_1}{\partial t} = G(T_e - T_1) \end{cases} \tag{2.74}$$

式中,C_e 和 C_1 分别是电子和晶格(或离子)单位体积热容(其值为比热容与密度的乘积);T_e 和 T_1 分别是电子和晶格(或离子)的温度;G 是耦合系数;k_e 是电子的热导率;Q 是热源项。

在一维条件下,双曲型热传导方程可表述为

$$\rho c\tau_0 \frac{\partial^2 T}{\partial t^2} + \rho c\frac{\partial T}{\partial t} = \frac{\partial}{\partial x}\left(K\frac{\partial T}{\partial x}\right) + Q \tag{2.75}$$

式中,c 是物体的比热容;ρ 是物体的密度;T 是物体的宏观温度;K 是物体热导率;Q 是热源项;τ_0 是弛豫时间。

对于飞秒激光与物质的相互作用,不仅有激光作用下的温度场变化,而且由于飞秒激光脉宽非常短,激光峰值光强非常大,多光子电离、雪崩电离等效应也将一并发生。

3. 光化学分解效应

激光具有波粒二象性,激光的光化学分解效应主要是光粒子性决定的。当物质分子结合能小于辐射激光光子能量时,结合键在激光作用下发生破坏,从而物质产生分解、剥蚀的效应。例如,有机物中的 C—H 键,可以利用准分子激光器中的紫外波长进行打断,短脉冲激光的作用使其结合力大大减弱,有利于有机物层的分解破坏。

相比于热效应而言,这个过程可以称为"冷"过程,它同样吸收激光能量,但产生很少的热量。光化学反应与一般热化学反应相比有许多不同之处,主要表现在:加热使分子活化时,体系中分子能量的分布服从玻尔兹曼分布;而分子受到光激活时,原则上可以做到选择性激发,体系中分子能量的分布属于非平衡分布。因此,光化学反应的途径和产物往往与基态热化学反应不同,只要光的波长适当,能为物质所吸收,即使在很低的温度下,光化学分解反应仍然可以进行。

光化学反应的种类很多,它们的发生机制各不相同,但它们的一个最基本的规律是,特定的光化学反应要特定波长的光子来引发。激光的单光子能量为 $E = hc/\lambda_0$(h 为普朗克常数,c 为光速,λ_0 为真空中的波长),因此对于波长较短的激光而言,光子能量更高,光致分解效应更明显。表 2.8 所示为工业中常用激光器的光子特性。

表 2.8　常用激光器的光子特性

激光装置	激发源	波长/μm	频率/Hz	光子能量	
				/eV	/(kJ·mol^{-1})
准分子激光	电子	0.249(紫外线)	1.2×10^{15}	4.9	471.97
氩离子激光	轨道	0.488	6.1×10^{14}	2.53	243.69
He/Ne 激光	—	0.632	4.7×10^{14}	1.95	187.82
Nd—YAG 激光	分子	1.06	2.8×10^{14}	1.16	111.73
CO 激光	振动	5.4	5.5×10^{13}	0.23	22.15
CO$_2$ 激光	—	10.6	2.8×10^{13}	0.12	11.56

4. 由热效应引起的其他效应

物质吸收激光能量升温后,同样会产生许多效应。

一种是物态变化效应,包括烧蚀或相爆炸等,主要表现为物质的熔融、汽化等。物质吸收激光能量后迅速升温达到熔点,若继续吸收激光能量,吸收激光能量大于熔化潜热时,便开始发生熔融;在熔融状态下继续吸热,温度达到汽化点,若继续吸收激光能量,吸收激光能量大于汽化潜热,便开始发生汽化。这是烧蚀效应的主要表现。若激光对物质的作用是剧烈的,则物质吸收激光能量后会迅速发生物态的变化,产生相爆炸。激光湿式清洗即属于该机制。激光湿式清洗时需要在清洗对象表面预涂覆液膜层,液膜或基底吸收巨大的激光能量,最后使液膜发生爆炸性的沸腾,产生冲击力,从而产生清洗作用。

另一种是热膨胀效应。物体的热膨胀效应与物体的性质相关,若物体为弹性体,在静力平衡条件下,物体膨胀发生的热应变、产生的热应力可由平衡微分方程、几何方程以及物理方程(广义胡克定律)描述。

参 考 文 献

[1] 俞宽新,江铁良,赵启大. 激光原理与激光技术[M]. 北京:北京工业大学出版社,1998.

[2] 徐国昌,凌一鸣. 光电子物理基础[M]. 南京:东南大学出版社,2000.

[3] 钱梅珍,崔一平,杨正名. 激光物理[M]. 北京:电子工业出版社,1990.

[4] 中井贞雄. 激光工程[M]. 北京:科学出版社,2002.

[5] 陆建,倪晓武,贺安之. 激光与物质相互作用物理学[M]. 北京:机械工业出版社,1996.

[6] 闫毓禾,钟敏森. 高功率激光加工及其应用[M].天津:天津科学技术出版社,1994.

[7] 陈钰清,王静环. 激光原理[M]. 杭州:浙江大学出版社,1992.

[8] 石顺祥,过已吉. 光电子技术及其应用[M]. 成都:电子科技大学出版社,1994.

[9] 周炳琨,高以智,陈倜嵘,等. 激光原理[M]. 7 版. 北京:国防工业出版社,2017.

[10] 盛新志,娄淑琴. 激光原理[M]. 北京:清华大学出版社,2010.

[11] 唐秦汉. 离心压缩机叶轮叶片表面硫化变性层激光清洗机理与试验研究[D]. 合肥:合肥工业大学,2016.

[12] 余晓畅. 基于脉冲固体激光器的激光清洗设备研制[D]. 武汉:华中科技大学,2018.

[13] 吕百达,张彬,蔡邦维. M^2 因子概念和激光光束质量控制[J]. 激光技术,1992,(5):278-284.

[14] 田健,邓念平,吴传昕. 高能激光光束质量评价参数适用性探讨[J]. 计量与测试技术,2017,44(2):26-28.

[15] LIN Z, ZHIGILEI L V. Electron-phonon coupling and electron heat capacity of metals under conditions of strong electron-phonon nonequilibrium[J]. Physical Review B, 2008, 77:075133.

[16] THOMAS D A, LIN Z B, ZHIGILEI L V, et al. Atomistic modeling of femtosecon laser-induced melting and atomic mixing in Au film-Cu substrate system[J]. Applied Surface Science, 2009, 255:9605-9612.

[17] 刘璇,王杨,赵丽杰. 飞秒激光蚀除金属的分子动力学模拟[J]. 微细加工技术,2004,4:56-63.

[18] 梁建国,倪晓昌,杨丽,等. 超短激光脉冲烧蚀铜材料的数值模拟[J]. 中国激光,2005,32(9):1291-1294.

[19] 陆建. 激光与材料相互作用物理学[M].北京:机械工业出版社,1996.

[20] 吴庆州. 毫秒脉冲激光辐照下金属靶材温度场的实测与模拟[D]. 南京:南京理工大学,2012.

［21］WISSONBACK K. Transformation hardoning by CO_2 Laser Radiation［J］. Laser and Optoelectronic，1995，45：291-296.

［22］MARNO H. Effect of heating condition in laser hardening carbon steel proceeding of the first international［C］. Laser Processing Conference，America，1991.

［23］JIMBON R. A method for laser alloying and transormation hamening using a uniform intensity rectangular bear［J］. High Temperature Society of Japan，1997，78：667-689.

［24］吴雪萍. 激光熔覆过程数值模拟［D］. 长春：长春理工大学，2011.

［25］王洋. 长脉冲激光与金属相互作用分析［D］. 长春理工大学，2008.

［26］DAUSINGER F，RUDLAFF T. Novel Transformation Hardening Technique Exploiting Browster Absorption ［C］. High Temperature Society of Japan，Osaka，1997.

［27］KAUTEK W，KRUGER J. Femtosecond pulse laser ablation of material，semi-conducting，ceramic and biological materials［J］. SPIE，1994，2207：600-611.

［28］VOGEL A，BUSCH S，PARLITZ U. Picosecond and nanosecond shock wave emission and cavitation bubble generation byoptical breakdown in water［J］. Journal of the Acoustical Society of America. 1996，100(1)：148-165.

［29］ZYSSET B，FUJIMOTO J G，DEYTSCH T F. Time-resolved measurements of picosecond optical breakdown［J］. Applied Physics，1989，B48：139-147.

［30］ FRISCH U，D'HUMIERES D，HASSLACHER B，et al. Lattice gas hydrodynamics in two and three dimensions［J］. Complex Systems，1987(1)：694-707.

［31］刘智，李儒新，余玮，等. 飞秒超短脉冲激光加热金属平面靶［J］. 光学学报，2000，20(10)：1297-1304.

［32］黄国秀. 激光与金属相互作用的温度场分析［D］. 长春：长春理工大学，2008.

［33］伏云昌，凌东雄，李俊昌. 薄板表面激光处理温度场有限元计算及半解析模拟［J］. 应用激光，2002.3 (22)：76-78.

［34］CHENG J C，ZHANG S Y，WU L. Excitations of thereto elastic waves in plates by a pulsed laser［J］. Applied Physics A，1995，61(4)：311-319.

［35］彭劲松，黄索逸. 基于小波变换的三维温度场重建［J］. 华中理工大学学报，2000，28(9)：76-78.

［36］李瑜煜. 基于 BP 神经网络的激光加工模拟参数预测［J］. 广东工业大学学报，2000，17(3)：26-30.

［37］赵莹. 书画类文物激光清洗试验研究［D］. 北京：北京工业大学，2009.

［38］徐佳维. 激光清洗陶瓷表面污染层的工艺参数研究［D］. 苏州：苏州大学，2019.

［39］叶亚云. 光学元件表面的激光清洗技术研究［D］. 成都：中国工程物理研究院，2010.

［40］ TAYLOR G. The formation of a blast wave by a very intense explosion Ⅰ：

Theoretical discussion[J]. Proceedings of the Royal Society of London，1950，201 (1065)：175-186.

[41] LAMMERS N. Laser shockwave cleaning of EUV reticles[J]. Proceedings of SPIE，2007，6730.

[42] 李金峨. 非傅里叶热传导方程及热应力的数值解[D]. 哈尔滨：哈尔滨工业大学，2010.

[43] ANISIMOV S，KAPELIOVICH B，PERELMAN T. Electron emission from metal surfaces exposed to ultrashort laser pulses[J]. Soviet Physics Jetp，1974，39 (776)：776-781.

[44] OZSUNAR A. Entropy generation during laser short-pulse heating process[J]. Heat & Mass Transfer，2006，43(2)：111-115.

[45] CATTANEO C. A form of heat-conduction equations which eliminates the paradox of instantaneous propagation[J]. Comptes Rendus，1958，247：431-433.

[46] VERNOTTE P. Les paradoxes de la theorie continue de l'equation de la chaleur [J]. Compt. Rendu，1958，246：3154-3155.

[47] SAMI Y. Heating of metals at a free surface by laser irradiation-an electron kinetic theory approach[J]. Laser and Particle Beams，1986，4(2)：275-286.

第3章 激光清洗系统与成套装备

激光清洗技术具有可控性好、安全便捷、清洗效率高等独特优势,可以通过调节激光清洗系统的技术参数、成套设备性能参数等方法进行清洗作业。激光清洗过程是依靠激光清洗设备来实现的,激光清洗设备是一个复杂的系统集成,激光清洗设备的自动化、成本、效率、准率等都要优于传统的清洗技术。

一套通用的激光清洗机的构造主要包括激光器系统、光束调整传输系统、移动平台系统、实时监测系统和自动控制操作系统等。但根据不同用途,激光清洗设备的具体组成也略有不同,如有些激光清洗设备不含移动平台系统、实时监测系统及自动控制系统等。其中,激光器是激光清洗机的核心部分,主要有红宝石激光器、CO_2激光器、准分子激光器、Nd:YAG激光器和光纤激光器等,其参数主要有输出波长、工作方式(脉冲、连续)、重复频率、脉冲长度(毫秒量级、微秒量级、纳秒量级)、输出功率/能量。通常根据实际清洗任务的需要决定清洗方式,进而选择所需的激光器和相应的工作参数。光束调整传输系统一般由一些光学元件构成,其功能为用 W 调整激光器输出激光的光斑形状、大小和能量分布。传输方式一般有光纤传输和机械臂传输。光纤传输激光束具有适用范围广、操作方便灵活、输出光斑能量分布比较均匀的特点,但会损失一些能量。机械臂传输可以最大限度地保证光束质量。移动平台系统主要用于放置激光器或被清洗物体,通过步进电机等驱动装置带动清洗平台移动。

3.1 激光清洗用激光器

激光器一直是激光清洗技术的重要环节,是激光清洗系统和设备中的核心部件,其技术的发展与进步直接影响着激光清洗技术的发展和应用。同时,激光清洗技术的发展及需求也对激光器的发展起到了积极的推动作用。经过 200 多年的发展,目前激光器已经研制出了上百种不同的类型,它们特点各不相同,用途也不同。目前用于清洗的激光器主要有气体激光器和固体激光器等。下面简要介绍激光器的发展、分类及典型激光器。

3.1.1 激光器的发展

随着激光加工技术的发展,激光器也在不断向前发展,出现了许多新型激光器。其中,固体激光器具有功率高、输出能量大、使用时间长等特点,发展迅猛,应用领域广泛。固体激光器可分为三个发展阶段:20 世纪 60 年代初期、80 年代中后期与 90 年代。60 年代初期,调 Q 技术与锁模技术的诞生标志着激光技术的高速发展。80 年代中期,啁啾脉冲放大技术的出现使固体激光器的功率得到了极大提升。90 年代,光参量啁啾脉冲放大技术带来了重大的技术突破,脉冲激光技术逐渐向着超短超强方向发展。

但是,早期激光工程应用激光器主要是大功率 CO_2 气体激光器和灯泵浦固体 YAG 激光器。从激光工程应用技术的发展历史来看,首先出现的激光器是在 20 世纪 70 年代中期的封离型 CO_2 激光器,发展至今,已经出现了第五代 CO_2 激光器——扩散冷却型 CO_2 激光器。表 3.1 为 CO_2 激光器的发展状况。从表 3.1 中可看出,早期的 CO_2 激光器趋向于激光功率提高的方向发展,但当激光功率达到一定要求后,激光器的光束质量受到重视,激光器的发展随之转移到提高光束质量上。接近衍射极限的扩散冷却板条式 CO_2 激光器具有较好的光束质量,一经推出就得到了广泛的应用,受到了众多企业的青睐,激光清洗行业同样十分重视 CO_2 气体激光器。

表 3.1　CO_2 激光器的发展状况

激光器类型		封离型	慢速轴流	横流	快速轴流	涡轮风机快速轴流	扩散型板条状激光器(SLAB)
出现年代		20 世纪 70 年代中期	20 世纪 80 年代早期	20 世纪 80 年代中期	20 世纪 80 年代后期	20 世纪 90 年代早期	20 世纪 90 年代中期
目前功率/W		500	1 000	20 000	5 000	10 000	5 000
光束质量	M^2	不稳定	1.5	10	5	2.5	1.2
	K_f /(mm · mrad)	不稳定	5	35	17	9	4.5

注:M^2—光束传输比;K_f—光束传输因子。

CO_2 激光器具有体积大、结构复杂、维护困难,金属对 $10.6~\mu m$ 波长的激光不能够很好地吸收,不能采用光纤传输激光以及焊接时光致等离子体严重等缺点。其后出现的 $1~064~nm$ 波长的 YAG 激光器在一定程度上弥补了 CO_2 激光器的不足。早期的 YAG 激光器采用灯泵浦方式,存在激光效率低(约 3%)、光束质量差等问题,随着激光技术的不断进步,YAG 激光器不断进步发展,出现了许多新型激光器。YAG 激光器的发展状况见表 3.2。

表 3.2　YAG 激光器的发展状况

激光器类型		灯泵浦固体	半导体泵浦	光纤泵浦	片状 DISC 固体	半导体端面泵浦	光纤激光器
出现年代		20 世纪 80 年代	20 世纪 80 年代末期	20 世纪 90 年代中期	20 世纪 90 年代中期	20 世纪 90 年代末期	21 世纪初
目前功率/W		6 000	4 400	2 000	4 000 样机	200	10 000
光束质量	M^2	70	35	35	7	1.1	70
	K_f 值 /(mm · mrad)	25	12	12	2.5	0.35	25

从表 3.1 和表 3.2 中可看出,激光器的发展除了不断提高激光器的功率以外,另一个重要方面就是不断提高激光器的光束质量。激光器的光束的锋利程度,在特定的激光清洗过程中往往起着比激光功率更为重要的作用。

3.1.2　激光器的分类

随着科学技术的发展,现已开发的激光器超过 200 种,种类繁多,特点各异,一般可以按照以下方法进行分类:

(1)按激活介质分类

激光器按激活介质不同可主要分为气体激光器、固体激光器、液体激光器和半导体激光器 4 种类型。

①气体激光器。气体激光器是以气体作为工作介质产生激光的器件。工作介质可以是常温常压的气体,也可以是工作时加热由液体(如水、汞)或固体(如铜、镉等)变成的气体。气体激光器中除了发出激光的工作气体之外,为了延长器件的工作寿命及提高输出功率,还加入了一定量的辅助气体与工作气体混合。气体激光器所采用的工作物质可以是原子气体、分子气体或离子气体。在原子气体激光器中,产生激光作用的是没有电离的气体原子,所用的气体主要是几种惰性气体(如氦、氖、氩、氪、氙等),有时也可采用某些金属原子(如铜、锌、镉、铯、汞等)蒸气,或其他元素原子气体等。原子气体激光器的典型代表是 He-Ne 气体激光器。在分子气体激光器中,产生激光作用的是没有电离的气体分子,所采用的主要分子气体工作物质有 CO_2、CO、N_2、H_2 和水蒸气等。分子气体激光器的典型代表是二氧化碳(CO_2)激光器和氮分子(N_2)激光器。离子气体激光器利用电离化的气体离子产生激光作用,主要的有惰性气体离子和金属蒸气离子,这方面的代表型器件是氩离子激光器、氦离子微光器等。气体激光器具有结构简单、造价低、操作方便、激活介质均匀、光束质量好以及能长时间较稳定地连续工作的优点。因此,它是目前品种最多、应用最广泛的一类激光器,市场占有率达 60% 左右。

②固体激光器。固体激光器的激活介质是在作为基质材料的晶体或玻璃中均匀掺入少量激活离子,除了用红宝石和玻璃外,常用的还有在钇铝石榴石(YAG)晶体中掺入三价钕离子(Nd^{3+})的激光器,它发射 1 060 nm 的近红外激光。固体激光器连续功率一般可达 1 000 W 以上,脉冲峰值功率可达 10^9 W。一般固体激光器具有器件小、坚固、使用方便、输出功率大的特点。近年来发展十分迅猛的光纤激光器,其工作物质是一段光纤,光纤中掺杂不同的元素,能够产生波段范围很宽的激光。

③液体激光器。常用的液体激光器是染料激光器,采用有机染料作为激活介质。大多数情况是把有机染料溶于溶剂(乙醇、丙酮、水等)中使用,也有以蒸气状态工作的。利用不同染料可获得不同波长的激光(在可见光范围)。染料激光器一般使用激光作泵浦源,常用的有氩离子激光器。液体激光器的工作原理比较复杂,它的优点是输出波长连续可调且覆盖面宽。

④半导体激光器。半导体激光器以半导体材料作为激活介质,目前较成熟的是砷化镓激光器,发射 840 nm 的激光。另有掺铝的砷化镓、硫化铬、硫化锌等激光器。半导体激光器的激励方式主要有 3 种,即电注入式、光泵式和高能电子束激励式。电注入式半导体激光器一般是由 GaAs(砷化镓)、InAs(砷化铟)、InSb(锑化铟)等材料制成的半导体面结型二极管,沿正向偏压注入电流进行激励。光泵式半导体激光器一般用 N 型或 P 型半导体单晶(如 GaAs、InSb 等)作工作物质,以其他激光器发出的激光作光泵激励。高能电

子束激励式半导体激光器一般也是用 N 型或 P 型半导体单晶（如 PbS、CdS、ZnO 等）作为工作物质，通过由外部注入高能电子束进行激励。在半导体激光器件中，目前性能较好、应用较广的是具有双异质结构的电注入式 GaAs 二极管激光器。半导体激光器体积小、质量轻、寿命长、结构简单而坚固，特别适于在飞机、车辆、宇宙飞船上使用。20 世纪 70 年代末，光纤通信和光盘技术的发展大大推动了半导体激光器的发展。

（2）按波长分类

现有激光器覆盖的波长范围包括远红外、红外、可见光、紫外直到远紫外，此外还包括新研制的 X 射线激光器和正在开发的 γ 射线激光器。

（3）按激励方式分类

激光器按照不同激励方式可分为光激励（光源或紫外光激励）、气体放电激励、化学反应激励、核反应激励等类型。

（4）按输出方式分类

激光器输出的激光有连续激光、单脉冲激光、连续脉冲激光和超短脉冲激光，其中脉冲激光的峰值功率可以非常大。

（5）按激活介质的粒子结构分类

根据激活介质的粒子结构不同，激光器可分为原子、离子、分子和自由电子激光器。氦－氖激光器产生的激光是由氖原子发射的，红宝石激光器产生的激光则是由铬离子发射的，另外还有二氧化碳分子发射的激光器。激光的频率可以连续变化，而且可以覆盖很宽的频率范围。

3.1.3　典型激光器

1. CO_2 激光器

采用 CO_2 作为主要工作物质的激光器称为 CO_2 激光器，它的工作物质中还需加入少量的 N_2 和 He 以提高激光器的增益、耐热效率和输出功率。CO_2 激光器是目前激光加工领域应用最广、种类最多的一种气体激光器。它具有一些突出的优点：

①输出功率大、能量转换效率高。一般的封闭管 CO_2 激光器可有几十瓦的连续输出功率，远远超过了其他的气体激光器；横向流动式的电激励 CO_2 激光器则可有几十万瓦的连续输出。CO_2 激光器的能量转换效率可达 30% ～40%，也超过了一般的气体激光器。

②它是利用 CO_2 分子的振动－振动能级间的跃迁，有比较丰富的谱线，在 10 μm 附近有几十条谱线的激光输出。近年来发现的高气压 CO_2 激光器，甚至可做到从 9～10 μm 间连续可调谐的输出。

③它的输出波段正好是大气窗口（即大气对这个波长的透明度较高）。此外，它还具有输出光束的光学质量高、相干性好、线宽窄、工作稳定等优点。

（1）CO_2 激光器的基本结构

CO_2 激光器的基本结构之一如图 3.1 所示，这一结构称为封闭式结构。

CO_2 放电管常用硬质玻璃制成的套筒式结构，是激光器的主体。放电管中央是空心

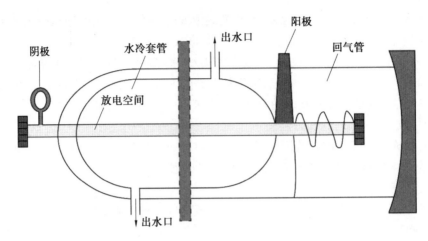

图 3.1 CO_2 激光器结构图

的毛细管,激光束在空心管内形成,沿其轴传播。CO_2 激光器毛细管直径比 He－Ne 激光管大。例如,1 m 长的 He－Ne 激光毛细管内径为 1.8～2 mm,而 CO_2 放电毛细管内径为 6～8 mm。CO_2 激光器输出功率对放电毛细管内径不很敏感,冗余性很强。毛细管往外为水冷套管。水冷套管内有冷却水流过,带走毛细管内放电电流生成的热量。最外是储气管。CO_2 激光器发射激光的是 CO_2。但除了充 CO_2 外,还要充氦气和氮气作为辅助气体,辅助气体帮助把 CO_2 泵浦到高能级。一般还有少量的氢气或氙气。通常,总气压 30～50 Torr(1 Torr＝133.322 Pa)。一个典型的充气压和各种气体的比值:CO_2 充 1.5～3 Torr,氮气充 1.5～3 Torr,氦气充 6.0～20 Torr,水蒸气充 0.2 Torr。

CO_2 激光器常用平凹谐振腔,谐振腔镜面上镀有金膜。全反射镜在波长 10.6 μm 处的反射率不低于 98.8%。因为 CO_2 激光器发出 10.6 μm 的光,为红外光,所以输出端反射镜基片使用可透红外光的锗(或砷化镓),镀以金膜。全反射镜的基片一般用硅。CO_2 激光器不能使用可见光材料,如 K9、石英玻璃作为输出镜基片,它们强烈吸收 10.6 μm 波长的光,几毫米厚的石英玻璃会把 10.6 μm 的光完全吸收。

封闭式 CO_2 激光器的放电电流较小,阴极用钼片或镍片做成圆筒状。0.5 m、1 m 长的 CO_2 激光器的工作电流是 30～40 mA,阴极圆筒的面积为 500 cm^2。为了不污染镜片,常在阴极与镜片之间加一光阑,阻挡从阴极高速飞出的电子直接冲到反射镜片上造成反射镜损坏。

(2)CO_2 的能级及激发过程

①CO_2 的能级。CO_2 激光器利用 CO_2 分子的电子基态的两个振动能级之间的跃迁形成光放大,产生激光 CO_2 分子结构:CO_2 分子是线形的三原子分子(即三个原子在一条直线上),碳原子在中间,氧原子在两侧各一个,形成一条分子连线,如图 3.2(a)所示。图中黑圆圈代表碳原子,白圆圈代表氧原子。三原子之间的相互运动(振动)有三种振动方式。

①两个氧原子同步做垂直于分子连线的振动,而碳原子则向相反的方向做垂直于分子连线的振动,称为弯曲振动,如图 3.2(b)所示。

②两个氧原子沿分子连线向相反方向振动,即两个氧原子在振动中同时达到振动的

最大值和平衡值,而此时碳原子静止不动,因而其振动称为对称振动,如图 3.2(c)所示。

③氧原子沿分子连线做相同方向的振动,称为非对称振动,如图 3.2(d)所示。

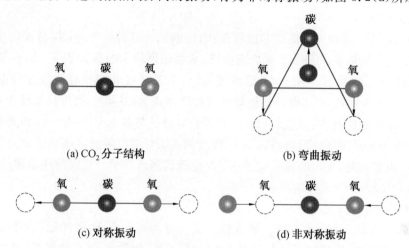

(a) CO₂ 分子结构　　　　　　(b) 弯曲振动

(c) 对称振动　　　　　　(d) 非对称振动

图 3.2　CO₂ 分子的振动方式

CO₂ 分子的这三种不同的振动方式确定了其有不同组别的振动能级。与激光产生相关的 CO₂ 分子激光器的能级跃迁如图 3.3 所示。各能级不是一条单一的振动谱线,而是由许多谱线组成的谱带。其中最强的也是最有实用价值的仅有两条:一条是 00^01 态→10^00 态的跃迁,波长约为 $10.6~\mu m$;另一条是 00^01 态→02^00 态的跃迁,波长约为 $9.6~\mu m$。

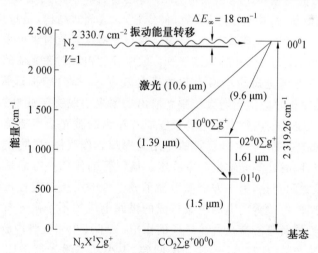

图 3.3　CO₂ 分子激光器能级图

②CO₂ 激光的激发过程。在 CO₂ 激光器中,主要的工作物质由 CO₂、氮气、氦气等气体组成。其中 CO₂ 是产生激光辐射的介质,氮气及氦气为辅助性气体,辅助抽运 CO₂ 到激光上能级。CO₂ 激光器利用气体放电泵浦,使放电管中 CO₂ 气体达到粒子布居数反转状态(00^01 能级的原子多于 10^00 能级)。将直流电源电压加到 CO₂ 激光放电管的两电极上,当不加电压或电压很低时,两电极间的气体完全绝缘,内阻为无穷大,没有电流流过;随着电压的升高,气体中开始有带电粒子移动,当达到某一电压值时,气体被击穿,内阻急

剧减小:电流迅速增加,CO_2 放电开始,这一电压值称为着火电压。为了使放电能够稳定地工作在放电管电流—电压特性曲线的某一点上,需在放电管的供电电路中采用限流技术,如串联电阻等。

抽运 CO_2 分子到激光上能级的过程是:CO_2 激光放电管放电时,N_2 分子与电子碰撞获得电子的能量而被激发到一个亚稳态能级,从而积累较多的激发态 N_2 分子,而激发态 N_2 分子的能级与 CO_2 分子的 00^01 能级很接近,二者通过非弹性碰撞发生能量共振转移,把 CO_2 分子激发到 00^01 态。共振转移过程概率很大,从而在激光上能级(00^01)积累 CO_2 分子。下能级的抽空:下能级(10^00)和(02^00)通过与基态 CO_2 分子碰撞落到(01^10)能级,这个碰撞概率很高。但是,从(01^10)能级到基态(00^00)能级衰减很慢。为了克服下能级的出空阻塞问题,充入的氦气加速(01^10)能级到基态(00^00)能级的热弛豫过程,使激光下能级(10^00)和(02^00)快速出空。

(3)CO_2 激光器分类

CO_2 激光器有多种分类方法。按运转方式可分为连续 CO_2 激光器、脉冲 CO_2 器与可调谐 CO_2 激光器;按结构可分为封离式 CO_2 激光器、快轴流 CO_2 激光器、横流 CO_2 激光器与扩散冷却 CO_2 激光器等;按激励方式可分为电激励 CO_2 激光器和热激励 CO_2 激光器。工业用 CO_2 激光器主要为电激励 CO_2 激光器。

①封离式 CO_2 激光器。

最早的 CO_2 激光器的结构是封离式的,它是广泛应用且最成熟的一种结构形式。典型的封离式 CO_2 激光器基本结构由放电管、水冷套管、储气管、回气管、谐振腔镜与电极等部分组成。三层套管(放电管、水冷套管、储气管)为套筒式结构,是封离式 CO_2 激光器中的关键部件,通常由硬质玻璃管制成,有稳定腔长等特殊要求时也可采用熔石英。最里层为放电管,中间为水冷套管,外层为储气管。放电管的粗细对激光器的输出功率影响不大,但太细时需要考虑到光斑大小所引起的衍射效应,选择时应根据管长而定,通常为 $8\sim10$ mm,当管长较长时应适当增大。激光输出功率主要取决于放电管的长度,并与其呈正比例关系,在一定范围内每米放电管长度能够输出的激光功率随总的放电管长度而增加(通常为 $50\sim80$ W/m)。水冷套管的作用是冷却工作气体,以防止放电激励的过程中放电管受热炸裂,同时使激光输出功率稳定。储气管的作用一方面是减少放电过程中工作气体成分和压力的变化,另一方面又增强了放电管的机械稳定性。回气管是连接两电极空间的细螺旋管,可改善由电泳现象造成的极间电压的不平衡分布。回气管的管径和长短应严格规定,使其既能满足气体导通的作用,又不产生回气管内放电现象。

封离式 CO_2 激光器的谐振腔通常为平凹腔,中小功率激光器的凹面反射镜常采用 K9 光学玻璃或硅片加工而成,镜面上镀有高反射率的金属膜——金膜,对 CO_2 激光波段的反射率达 99%,化学性质稳定。而对于高功率输出的 CO_2 激光器常采用以铜为基底的镀金反射镜或经表面抛光的钼镜。输出镜通常采用能透 10.6 μm 的红外光学材料作基底,表面镀多层介质膜,以控制输出镜的透过率和反射率。常用的输出镜材料有锗(Ge)、硒化锌(ZnSe)和砷化镓(GaSe)等。封离式 CO_2 激光器的放电电流较小,电极通常用铝片或镍片做成圆筒状。

②快轴流 CO_2 激光器。

快轴流 CO_2 激光器是 20 世纪 70 年代初开发成功的一种高功率激光器,由于具有优异的光束质量和相对较小的体积,迅速成为激光材料加工系统的首选激光源,并得到了普及和发展,现在已经发展为第三代产品。第一代采用罗茨风机(Roots-Blower)产生快轴流和内置电极放电管的结构设计,这种结构的放电气流回路中由于有罗茨泵,所以不可避免地产生了油污染、气体分解、电极溅射等一系列问题。此外,罗茨泵的质量不稳定,故障率较高。为克服这些影响稳定运行的问题通常采取自动充排气等一系列补救措施,因此轴流激光器结构复杂,运行可靠性较差,且氦气(He)消耗量大导致运行成本很高(气体成本 30~40 元/h)。第二代为高速旋转的涡轮风机产生快轴流和内置电极放电管设计,基本消除了放电气流回路中的油污染,改善了部分性能。第三代为涡轮风机和外置电极射频放电,消除了油污染和电极溅射问题,是目前最先进的轴流激光器,国际上正在推广使用。轴流 CO_2 激光器的主要问题是技术复杂、可靠性较差、生产成本和运行成本较高,其最大的优点是光束质量好,可以进行精密切割、焊接、打孔等加工,加工范围很广。迄今为止,国际上 0.5~4 kW 的 CO_2 激光切割系统几乎全部选用快轴流 CO_2 激光器。

快轴流 CO_2 激光器结构都是由放电管、谐振腔、激励电源、高速风机和热交换器组成的,气流方向和激光器输出方向一致,都是商用激光器常见结构。快轴流 CO_2 激光器与其他类型的激光器相比,最大的特点是光束质量好,通常在 2 kW 以下均可以基模(TEM_{00})输出,更高的功率也多为低阶模输出。这一特性使其在激光加工中比其他种类的激光器更具有优势。另外,快轴流激光器的转换效率也是自持放电 CO_2 激光器中最高的,通常可以达到 15% 以上。可通过优化工作气体的配比,调整气压,选择透镜的最佳透过率等获得最佳的电光转化效率。快轴流 CO_2 激光器可实现连续、脉冲和超脉冲激光输出。

③横流 CO_2 激光器。

横流 CO_2 激光器的基本特征是工作气体的流动方向与光光轴相互垂直。由于气体流动的路径短,通道截面积大,较低的流速即可达到轴流激光器的冷却效果。横流 CO_2 激光器通常采用电场与光轴垂直的横向激励方式,即形成三轴(光、电、气)正交。横流 CO_2 激光器也是一种可产生高功率输出的气体激光器,每米的输出功率达到数千瓦。目前商业化的器件输出功率可以达到 20 kW。但是此种激光器的光束质量稍差,不适合精密加工,但在激光熔覆、激光淬火、表面强化以及激光焊接等领域得到了广泛运用。

2. 半导体激光器

半导体激光器(Laser Diode,LD),又称激光二极管,诞生于 1962 年。之后,半导体激光器逐渐发展,成为应用面最广、发展最迅速的一种激光器件。它的特点是体积小、效率高、寿命长、功率大、成本低、波长范围宽,以及可集成。它的泵浦方式也简单,仅在半导体 PN 结(或 NP 结)注入低压电流即可,不同于固体激光器需要另一个光源泵浦,也不同于 He-Ne 激光器需要几千伏高电压。半导体激光器是光纤通信的主要光源,同时,在光存储、激光打印、测距、激光雷达和医疗等方面有着广泛的应用。半导体激光器的缺点是其发射光束发散角大,光束截面上光强不均匀,这一缺点是催生 LD 泵浦的固体微片激光器的动因之一。

半导体激光器是以一定的半导体材料做工作物质而产生激光的器件。其工作原理是通过一定的激励方式,在半导体物质的能带(导带与价带)之间,或者半导体物质的能带与杂质(受主或施主)能级之间,实现非平衡载流子的粒子数反转,当处于粒子数反转状态的大量电子与空穴复合时,便产生受激发射作用。半导体激光器的激励方式主要有三种,即电注入式、光泵式和高能电子束激励式。电注入式半导体激光器一般是由砷化镓(GaAs)、硫化镉(CdS)、磷化铟(InP)、硫化锌(ZnS)等材料制成的半导体面结型二极管,沿正向偏压注入电流进行激励,在结平面区域产生受激发射。光泵式半导体激光器一般用 N 型或 P 型半导体单晶(如 GaAS、InAs、InSb 等)作工作物质,以其他激光器发出的激光作光泵激励。高能电子束激励式半导体激光器一般也是用 N 型或 P 型半导体单晶(如 PbS、CdS、ZhO 等)作工作物质,通过由外部注入高能电子束进行激励。在半导体激光器件中,性能较好、应用较广的是具有双异质结构的电注入式 GaAs 二极管激光器。

(1)半导体激光器的基本结构

如图 3.4 所示,一个典型的同质结半导体激光器主要有 5 个功能部分。

A:一层 P 型半导体(在 GaAs 中掺入 Zn 元素)。P 型半导体中有大量的空穴,每个空穴可以容纳一个电子。

B:一层 N 型半导体(在 GaAs 中掺入 Te 元素)。N 型半导体中有大量自由电子。自由电子不受核或晶格束缚,可以自由运动。

尽管 P 型半导体中有空穴,N 型半导体中有自由电子,但总正电荷和总负电荷数量上是相等的,即半导体仍是电中性的。

C:P 型半导体和 N 型半导体接触面的两侧薄层,称为 PN 结区。

D:和与之相对的表面为解理面。两个解理面平行,构成半导体激光器的谐振腔。同质结半导体激光器中,解理面通常是 GaAs 与空气的分界面。GaAs-空气界面反射率较高,可达 35%(玻璃-空气界面反射率仅 4% 左右)。

E:磨砂面。消除这个界面的反射。

F:导线。电流从"+"的一端流向"-"的一端。

工作过程:电流从正极流入,从负极流出。激光从解理面出射。两个解理面之间的距离即谐振腔长,约为 0.3 mm,宽度和厚度约为 0.1 mm。

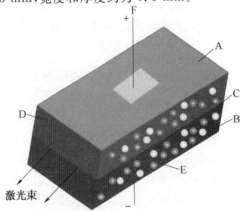

图 3.4　同质结半导体激光器的基本结构

（2）GaAs 半导体材料的能级（带）和 PN 结

①半导体的能带。

图 3.5 所示是 GaAs 半导体的能带结构。半导体中电子的能级较宽,称为能带,能带分为导带、价带和禁带。

a. 导带。该区域内的电子能量大,处于自由状态,即不受原子核或晶格束缚可以自由运动,这也是导带名称的由来。导带事实上包括一系列分立的能级(如图 3.5 中右上角的一系列横线所示)。电子可以位于上述任何一分立的能级上,但是不能处于分立的能级之间(即各横线之间的区域是违禁的)。

b. 价带。该区域内的电子能量较小,具有的能量不足以挣脱原子核的束缚。这种由价电子形成的能带称为价带。和导带类似,价带也具有一系列分立的能级。

c. 禁带。在价带和导带之间的区域称为禁带,是电子所不能具有的能量值。

d. 费米能级（E_F）。费米能级是具有统计学意义的物理概念,并不是真实存在的能级。在费米能级上电子占据的概率是 1/2。

能级图仅仅说明了电子有可能具有哪些能量值(即能级)。对于具体的某一半导体材料,假设它有 N 个电子,这些电子在各能级上是怎样分布的呢? 统计力学已证明:半导体材料中的电子在各能级的分布满足费米－狄拉克统计规律。

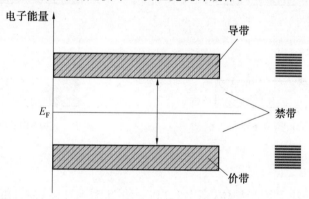

图 3.5　GaAs 半导体的能带结构

②费米－狄拉克统计。

a. 在一个由 N 个电子构成的物质系统中,任何两个电子都不能具有相同的能量。即在一个能级上不可能有两个或两个以上状态相同的电子,最多只能容纳电子自旋方向相反的两个电子。

b. 热平衡状态下,在上述物质系统中,电子位于能量为 E 的能级上的概率 $F(E)$ 为

$$F(E) = \frac{1}{e^{\frac{E - E_F}{kT}} + 1} \tag{3.1}$$

式中,T 是绝对温度;k 是玻尔兹曼常数;E_F 是费米能级的能量,它在导带和价带之间。式(3.1)说明能量值小于费米能级的能级,每个能级上基本都有一个电子,而大于费米能级的能级上,电子存在的概率很小。

因为导带所有能级都高于费米能级 E_F,所以整个本征半导体导带上的电子是很少的

（很少有电子有导带能量）。价带所有能级都低于费米能级 E_F，所以电子基本都处于价带（价带也就很少有空穴）。上述分析说明了本征半导体中，导带缺少自由电子，价带缺少空穴。

③高掺杂半导体。

通过在半导体材料中掺杂不同杂质，使费米能级升高或下降，以实现导带内有自由电子、价带内有空穴。

a. 在半导体 GaAs 中掺入 Zn，将使半导体中的费米能级下降，甚至降到价带里面。由于电子全部在费米能级之下，因此在费米能级到价带顶部之间区域出现了空穴，如图 3.6(a) 所示，这就是 P 型半导体。

b. 在半导体 GaAs 中掺入碲（Te），将使半导体中的费米能级上升到导带中。由于电子全部在费米能级之下，因此在费米能级到导带底部之间的区域出现了自由电子，如图 3.6(b) 所示，这就是 N 型半导体。

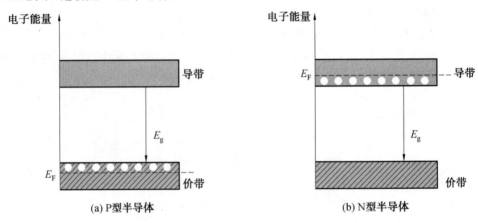

图 3.6　高掺杂的 P 型和 N 型半导体

④PN 结。

a. 结合。把一块 P 型半导体（多空穴）和一块 N 型半导体（多自由电子）结合在一起组成一个 PN 结。

b. 扩散。P 型半导体中多空穴，N 型半导体中多自由电子，一旦它们连在一起就要发生扩散，电子从 N 型半导体向 P 型半导体扩散，空穴从 P 型半导体向 N 型半导体扩散。

c. 自建场的建立。本来两种半导体都为中性，这种扩散的结果使 N 型半导体中的电子迁移到 P 型半导体中，所以它就带了正电。同样，P 型半导体带负电。有净电荷的出现就要形成电场，电场是从正电荷指向负电荷，这样的电场称为自建场（即势垒）。当自建场的电场强度达到一定数值时，这个电场的存在将阻止电子从 N 型半导体向 P 型半导体的扩散，扩散运动将停止。空穴从 P 区向 N 区的扩散也将停止。自建场是位于 P 型半导体和 N 型半导体交界面两侧的一个区域，称为"空间电荷区（即 PN 结区）"，在此区域中，电子和空穴同时存在。

从另一方面看，当 N 型半导体和 P 型半导体组成一个 PN 结时，作为一个整体，要求组成 PN 结的两型半导体的费米能级必须处在同一能量水平。因此，如图 3.7(a) 所示，原来 P、N 型半导体中不等的两个费米能级,在组合成 PN 结后,P 型半导体的费米能级升高,而 N 型半导体的费米能级降低,最后形成一个统一的费米能级,如图 3.7(b)所示。这样,就在 PN 结区出现一个斜坡,这个斜坡就是一个电位的强势垒。这就意味着,在 N 区的自由电子迁移到 P 区,需要跨过这个势垒,其势能变化为$(-e)\times(-E_g)=\Delta E > 0$。也就是说,需要外部激励源对电子做功,才能克服这个势垒。解决的办法是,加正向偏置电压,削弱势垒,使电子能自由扩散到 P 区。

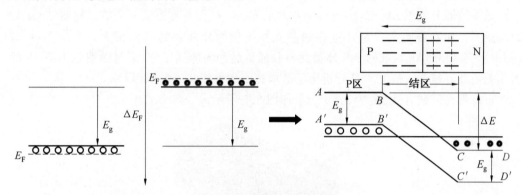

图 3.7　PN 结的能级演变图

(3)半导体激光器的工作过程

①当 PN 结加正向偏置电压时(P 加正电压,N 加负电压),势垒降低,引起电子和空穴扩散。

a.外场是由 P 区指向 N 区,外场正电压将大部分抵消结区 P 型半导体的负电位;外加负电压将大部分抵消结区 N 型半导体的正电位。

b.这样,结区两边的电位差大大降低,即 BC 和 $B'C'$ 的斜度下降,N 区内的费米能级相对于 P 区的费米能级被抬升,这样就形成了一个作用区(也常称为激活区或有源区),区内存在大量处于高能级的自由电子和大量处于低能级的空穴,如图 3.8 所示。

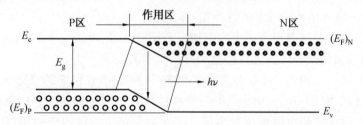

图 3.8　正向偏置 PN 结半导体激光器

②电子、空穴在作用区相遇,导带电子的能量大于价带空穴的能量,复合时,电子把多余的那部分能量释放出来形成光辐射。

③在谐振腔的反馈下(由两个解理面组成),上述光辐射形成激光:

$$h_v = E_{导带底} - E_{价带顶} = E_c - E_v \tag{3.2}$$

(4)半导体激光形成的条件

①半导体必须是高掺杂的,N 区的掺杂使费米能级进入导带,P 区的掺杂使费米能级进入价带。

②在 PN 结上加的正向电压必须足够高,以便使结区空穴位能大大低于电子位能,这是形成"粒子布居数反转"的条件。

由以上可知,半导体激光器中的粒子布居数反转和红宝石以及 He－Ne 中的粒子布居数反转有着完全不同的含义。

(5)双异质结半导体激光器

①同质结 GaAs 激光器的缺点。

同质结即 P 型 GaAs 和 N 型 GaAs,两层 GaAs 对在一起形成一个结。同质结 GaAs 激光器不尽如人意的地方是使这样的激光器工作需要注入的电流很大。实际上,P 型 GaAs 和 N 型 GaAs 制成的半导体激光器只能以脉冲的形式工作,重复频率也不高,一般为几千～几万赫兹。研究人员分析出了造成这么大电流注入的原因:

一是发光区域 d 太宽,为 2～4 μm,如图 3.9 所示。

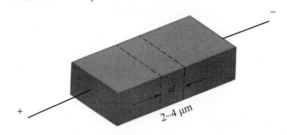

图 3.9 同质结 GaAs 激光器的结构示意图

二是在无源区,光有衍射损失。一旦加在 PN 结上的电流等于或超过阈值电流,激光束即形成。激光实际上并不仅限于有源区,而要向有源区两侧(即无源区)衍射,在无源区中光只能被吸收,使电子从价带跑到导带中。

因此,研究人员提出了一种新方法,制成了新的半导体激光器,即双异质结半导体激光器。

②双异质结半导体激光器的原理。

既然 GaAs 半导体激光器发光区太宽,那么可以把它设计得窄一点;既然激光的光会向无源区衍射,在无源区和有源区边界上加一个反射面,阻断激光从有源区向无源区的衍射。这就是双异质结半导体激光器产生的背景和思路。

具体来说:取一层很薄(通常约为 1 μm)的 P 型 GaAs,在它的右边做一层 P 型的 GaAlAs。请注意,它和 GaAs 相比是另一种材料。由 P－GaAs 和 P－GaAlAs 结合成的结称为异质结,因为它是由两种材料构成。而在同质结半导体激光器中,P 型和 N 型半导体是同一种材料 GaAs,两者对比如图 3.10 所示。

 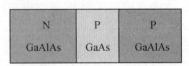

图 3.10 双异质结半导体激光器的结构对比

在上述单个异质结的基础上,再用一层 N 型 GaAlAs 做在 P 型 GaAs 的左边,这是由两种不同半导体材料组成的异质结:P－GaAs 和 N－GaAlAs。这样,就有了两个异质结,称为双异质结。中间 $1\ \mu m$ 厚的一层 P 型 GaAs,就组成了这个双异质结半导体激光器最核心的部分。

③异质结的作用。

两异质结面是两个反射面,把光阻止在 $1\ \mu m$ 的 P—GaAs 区域中,这样,光要出 GaAs 区是从光密媒质(GaAs 的折射率为 3.6)传播到光疏媒质(GaAlAs 的折射率为 2.9),以一定角度从中间层 P—GaAs 入射到两侧的 GaAlAs 区的激光将在界面上发生全反射,即构成一个波导,从而阻断了激光从有源区向无源区的衍射。

异质结的能级结构如图 3.11 所示。在 P—GaAs 和 p—GaALAs 的界面处会形成一个势垒,以阻止从 N 区进入 P—GaAs 区的电子向 p—GaAlAs 扩散。p—GaAlAs 区得不到电子,所以不可能形成激光,从而大大减少了发光区的宽度。在 P—GaAs 区和 n—GaAlAS 的界面处也形成一个势垒,阻止空穴从 P—GaAs 向 N—GaAlAs 扩散,这是因为 P—GaAs 上的价带能级高于 N—GaAlAs 价带最高能级,所以在 N—GaAlAs 找到空穴的可能性很小。

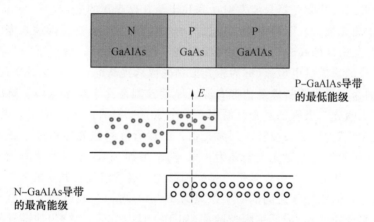

图 3.11　异质结的能级结构

总之,在 P—GaAs 区两侧,要么没有电子,要么没有空穴,所以不存在电子和空穴复合发光。于是,发光区仅仅存在于 P—GaAs 区,而它只有 $1\ \mu m$ 厚。

总结:作用①和作用②的共同作用结果,使光衍射损失和发光区厚度减小,所以半导体激光器阈值电流也减小。同质结 GaAs 激光器阈值 $I=(3\sim5)\times10^4\,A/cm^2$,双异质结 GaAs 激光器阈值 $I=2\times10^3\,A/cm^2$。

(6)半导体激光器的波长

半导体激光器(激光二极管,LD)的光波长非常丰富,覆盖了从红外到可见,再到紫外的大量的波长,因此应用非常广泛。半导体激光介质和波长见表 3.3。

红外光激光二极管是高密度光信息处理系统,如光盘、激光打印机的光源,也是光纤通信系统最重要的光源,因为通信光纤的低损耗波长(光纤的通光窗口)正是红外光,即 $0.85\ \mu m$、$1.3\ \mu m$ 和 $1.55\ \mu m$ 的光。在更高存储密度光信息处理系统中,红外光激光二极管会被紫外光半导体激光器所取代。

表3.3 半导体激光介质和波长

发光介质	衬底	激射波长/μm	波段
InGaN	GaAs	0.480~0.490	可见光
InGaAlP	GaAs	0.630~0.680	可见光
AlGaAs	GaAs	0.720~0.760	可见光
AlGaN	GaAs	0.760~0.900	近红外光
InGaN	GaAs	0.980	近红外光
InGaAsP	InP	1.3、1.48、1.55	近红外光

可见光激光二极管更适合用于需要可见的场合,如条形码读出器、激光教具等。紫外光半导体激光器用于荧光激发、光致发光、全息存储、生物检测、共聚焦显微、材料分析等领域。

一般单个腔二极管激光器只能发射功率几十至几百毫瓦的光,对于一些应用来说,需要提高功率,如激光加工。阻碍激光二极管产生大功率的原因,一是随注入电流产生的结温升,二是端面激射区的高光功率密度引起的突发性光学损伤。解决第一个问题的办法是降低激光形成的最低供电电流(称为激光振荡阈值),提高电—光转化效率(又称为量子效率)。实现的途径是采用特殊工艺把有源区厚度控制在几十纳米以内。解决第二个问题的办法是扩大激光二极管的发光区面积。单个激光二极管的输出功率总是有限的,为了获得高激光功率,发展了二极管阵列激光器。二极管阵列激光器由多个激光二极管组成,所有激光三极管发射的激光束合并为一束,功率增加,所以称为大功率激光二极管阵列。常见的激光二极管阵列由许多平行排列的激光二极管组成。其中的每一个二极管的发光面宽度约1 μm,二极管之间的中心距离为10 μm,每一个线阵由几十至几百个二极管组成。阵列可连续工作,或低重频长脉冲(如100 Hz、200 μs脉宽)地准连续工作。一个1 cm长的线阵二极管激光器在连续工作时的输出功率可大于12 W。在准连续工作状态下,输出功率达100 W,可以满足相当多的应用需求。

与其他激光器相比,半导体激光器具有体积小、效率高、结构简单而坚固、可直接调制等优点。近年来,随着半导体材料外延生长技术、半导体激光波导结构优化、腔面钝化技术、高稳定性封装技术、高效散热技术以及激光器叠阵技术等一系列新技术的开发与应用,半导体激光器的输出光束质量和功率水平得到了极大的提高。目前可直接用于工业加工的半导体激光器输出功率已达到10 kW,输出功率5 kW的半导体激光器的光束质量已超过灯泵固体激光器。由此可以相信,随着半导体激光器关键技术的进一步发展,其工业化水平将得到进一步提高,在工业加工领域将占据重要的位置。

3. Nd:YAG 固体激光器

从1964年第一台连续运转的Nd:YAG激光器的实现到今天,它一直因输出功率高而受到与加工相关领域的重视,广泛用于军事、工业和医疗等行业。Nd:YAG晶体是目前综合性能最为优异的激光晶体,典型的发射波长是1.064 μm,也可以发射0.940 μm、1.320 μm和1.440 μm波长的激光。Nd:YAG激光器有连续和脉冲两种工作方式。连续方式运转的 Nd:YAG 激光器输出功率超过 1 000 W。每秒 5 000 次重复频率运转的 Nd:YAG 激光器输出峰值功率可达千瓦以上。每秒几十次重复频率的调 Q 激光器的峰值功率可达几百兆瓦。高强度的激光脉冲可以通过倍频技术实现绿光 0.532 μm、紫外光 0.355 μm 和深紫外光 0.266 μm 的激光输出。

传统的固体 Nd:YAG 激光器通常由掺钕钇铝石榴石晶体棒、泵浦灯、聚光腔、光学谐振腔、电源及制冷系统组成,和图 3.12 所示红宝石激光器结构大致相同。这一结构至今仍然被采用以满足某些应用需求。

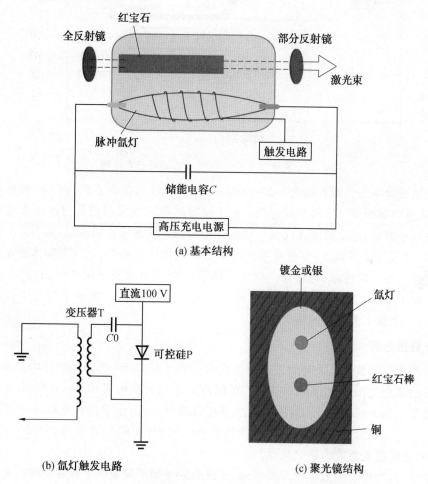

图 3.12　红宝石激光器的基本结构、氙灯触发电路和聚光镜结构

脉冲氙灯作为泵浦也有不尽如人意的地方。脉冲泵浦灯发射的光谱只有一部分被晶体棒所吸收并转换成激光能量,大部分注入电能转换成热能,所以转换效率低,一般为 2%~3%。而且大量的热能堆积会造成激光晶体不可避免的热透镜效应,使激光束质量变差,所以整个激光器需要庞大的制冷系统,体积很大。泵浦灯的寿命为 300~1 000 h,操作人员需要花很多时间中断系统工作换灯。

二极管泵浦固体激光器(全固化固体激光器)发明出来并获得迅速发展和广泛应用。普通灯泵 Nd:YAG 激光器的基本结构如图 3.13 所示,主要由工作物质(Nd:YAG 晶

体)、聚光腔、光学谐振腔、泵浦源(氙灯或氪灯)、电源系统和冷却系统等部分组成。对于
调 Q 输出的 Nd:YAG 激光器,腔内还装有 Q 开关。

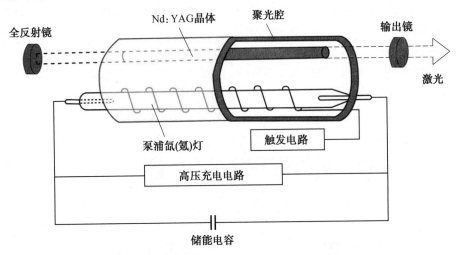

图 3.13　普通灯泵 Nd:YAG 激光器的基本结构

极管泵浦固体激光器既解决了 LD 光束严重的发散,又提高了 Nd:YAG 激光器寿命
问题,其优点归纳如下。①转换效率高。由于半导体激光的发射波长与固体激光工作物
质的吸收峰相吻合,加之泵浦光模式可以很好地与激光振荡模式相匹配,从而光－光转换
效率很高,可达到 50% 以上,整机效率也可以与 CO_2 激光器相当,比灯泵固体激光器高出
一个数量级。②性能可靠、寿命长。激光二极管的寿命大大长于闪光灯,达到 15 000 h
以上。③输出光束质量好。由于二极管泵浦激光的高转换效率,减少了激光工作物质的
热透镜效应,改善了激光束的输出质量。

4. 光纤激光器

光纤激光器的发展几乎与激光器并驾齐驱。早在 1961 年,美国光学公司就开始了光
纤激光器的研究工作。20 世纪 80 年代,英国南安普顿大学的 S. B. Pooie 等用金属有机
化合物化学气相沉积(MOCVD)法制成低损耗的掺铒光纤,由于掺铒光纤激光器激射波
长恰好位于光通信的低损耗窗口,随着掺铒光纤放大器(EDFA)在光通信领域中的地位
不断提高,光纤激光器成为研究热点。

近年来,高功率光纤激光器发展迅速,已成为激光加工领域中不可或缺的新型激光设
备。光纤激光器是指采用光纤作为激光介质的激光器。光纤作为光束传输的媒介已广为
人知和应用,但实际上作为激光器的增益介质也早在激光诞生不久就被发现。按照激励
机制,光纤激光器可分四类:

①稀土掺杂光纤激光器,通过在光纤基质材料中掺杂不同的稀土离子(Yb、Er、Nd、
Tm 等),获得所需波段的激光输出。

②利用光纤的非线性效应制作的光纤激光器,受激拉曼散射(SRS)等。

③单晶光纤激光器。其中有红宝石单晶光纤激光器、Nd:YAG 单晶光纤激光器等。

④染料光纤激光器,通过在塑料纤芯或包层中充入染料,实现激光输出,目前还未得

到有效应用。

在这几类光纤激光器中,以掺稀土元素离子的光纤激光器和放大器最为重要,且发展最快,已在光纤通信、光纤传感、激光材料处理等领域获得了应用,通常说的光纤激光器多指这类激光器。

光纤激光器的光束质量非常好,250 W 光纤激光器的 M^2 值可达到 1.04(M^2 值是描述激光质量的一个特征参数,通常在 1～10 之间,较小的 M^2 对应更好的光束质量),远远优于 CO_2 和 YAG 激光,因此能够获得更小的光斑,加工更为精细的结构。其波长与 YAG 非常接近(1.07 μm),因此金属材料对它的吸收率也较高,而且其光束也是通过光纤进行传输的,加工的灵活性与 YAG 激光相同。由于光纤激光器具有上述突出的优点,一些公司的快速成型设备已经开始采用光纤激光器作为光源。目前,IPG Photonics 公司所生产的光纤激光器的输出功率已经达到 10^4 W 量级,其光束质量远远优于同级别的 CO_2 激光器。

光纤激光器连续、脉冲输出功率高,现单纤光纤激光器的功率已超过 1 kW,不久将出现功率超过 10 kW 的单纤光纤激光器。而光纤集成的激光器功率已可达 50 kW;光纤激光器的转换效率非常高,可达 20%～40%。泵浦阈值低(如 Yb^{3+} 光纤激光器泵浦阈值功率可小于 10^{-4} W);光纤激光器光束质量好,由于光纤激光器的光束限制在细小的光纤纤芯内,衍射损耗大,因此光束质量较好,容易接近衍射极限。一台 2 kW 光纤激光器的光束质量(M^2)可达 1.4;光纤激光器的稳定性和可靠性高,平均无故障时间大大高于传统激光器;光纤激光器的光束传输稳定性好,传输材料为光纤,可实现远距离柔性传输。

光纤耦合半导体激光器利用二极管作为泵浦源,利用光纤耦合激光输出,综合了光纤激光器和二极管激光器的优点。光纤激光器通常由掺杂光纤、光学谐振腔(M1、M2)、光束耦合器、泵浦源(LD)和激光准直滤波系统组成(图 3.14)。其中,掺杂光纤是激光增益介质,通常由掺杂稀土离子的玻璃纤维制成;M1、M2 组成光学谐振腔,实际中通常由光纤的两个断面经抛光、镀膜构成,需要注意的是,端面的平行度要求较高(<1°)。

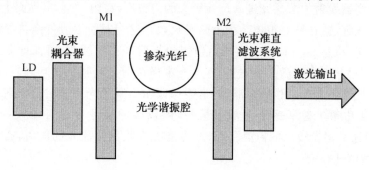

图 3.14　光纤激光器结构示意图

半导体激光模块的种类很多,但其基本结构均属于双异质结(DH)平面条形结构。它是由三层不同性质的半导体材料构成的,不同材料发射的光波长也不同。结构中间一层称为有源层,是厚度为 0.1～0.3 μm 的窄带隙 P 型半导体;两侧称为限制层,分别为宽带隙的 P 型和 N 型半导体。三层半导体置于基片(衬底)上,构成由前后两个晶体解离面作为反射镜的法布里—珀罗(FP)谐振腔。

　　早期的光纤激光器是将作为泵浦的半导体激光束直接耦合进入直径小于 10 μm 的掺铒光纤激光器单模光纤纤芯中,这就要求半导体激光输出光也必须为单(横)模,否则,很难把泵浦光耦合到掺铒光纤的纤芯。因此,早期的光纤激光器输出功率较低,有报道的最高功率也就几百毫瓦。为了提高光纤激光器的输出功率,1988 年有人提出泵浦光由包层进入掺铒光纤的方案。初期的设计是圆形的内包层,但圆形内包层完美的对称性,使得泵浦吸收效率不高。直到 90 年代初矩形内包层的出现,使光纤激光转换效率提高到50%,输出功率达到 5 W。随后出现了双包层光纤制作工艺和高功率半导体激光器泵浦技术,光纤激光器的输出功率大幅度提高,目前采用的单根掺铒光纤已经实现了万瓦量级的激光输出。双包层光纤是由纤芯、内包层、外包层、保护层四部分组成,如图 3.15 所示。与常规的光纤相比,双包层光纤多了一个专门传输泵浦光的内包层。纤芯是掺了稀土元素的单模光纤,作为激光振荡的通道。一般情况下,纤芯是单模光纤。内包层由横向尺寸和数值孔径都比纤芯大得多、折射率比纤芯小得多的光波导组成,是泵浦光通道,对应泵浦光波长是多模,用以传输高功率的泵浦光。外包层由折射率比内包层小的材料构成。保护层可由硬塑料制成,起保护光纤的作用。

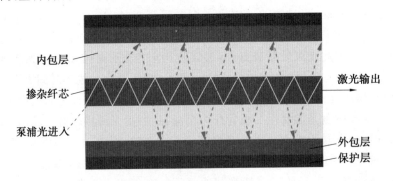

图 3.15　双包层光纤截面图

　　半导体激光器发射的泵浦光进入尺寸较大的内包层,在内、外包层界面上多次内反射并穿越界面进入纤芯,在纤芯被掺杂稀土离子吸收。这一双包层光纤结构显著提高了泵浦光的使用效率,可达 90% 以上。由于内包层的折射率小于纤芯,可保证激光仅在单模纤芯中传输,使得其输出的激光束质量高(即光束横截面上光强分布均匀)。即使选用大功率的多模激光二极管阵列作为泵浦源,也能保证输出激光光束质量近衍射极限的情况下,仍能获得高功率。为了适于高功率运转,内包层的尺寸应尽可能大(一般应大于100 μm),同时还应保持较大的数值孔径,这样能提高收集泵浦光的能力,有利于泵浦光的耦合(一般数值孔径大于 0.36)。

　　光纤激光器的腔镜多采用光纤光栅,光纤光栅反射镜就制作在光纤内,是光纤激光器的重大改进。

　　光纤激光器具有波导式的结构,与固体材料激光器相比光纤激光器具有一些独特的优点:

　　①光纤作为导波介质,耦合效率高,纤芯直径小,纤内易形成高功率密度,可方便地与目前的光纤通信系统高效连接,构成的激光器具有高转换效率、低激光阈值、输出光束质

量好和线宽窄等特点。

②由于光纤具有很高的"表面积/体积"值,散热效果好,环境温度允许在 $-20 \sim 70$ ℃之间,不需要庞大的水冷系统,只需简单的风冷即可。

③可在恶劣的环境下工作,作为激光介质的掺杂光纤,掺杂稀土离子(如 Yb^{3+}、Er^{3+} 等)和承受掺杂的基质(如硅化物玻璃、卤化物玻璃光纤等)具有相当大的可调性和选择性,可以通过改变基质玻璃的组分来调节输出波长,并且得到较宽的荧光谱,如在高冲击、高振动、高温度、有灰尘的条件下可正常运转。

④由于光纤具有极好的柔性,激光器可设计得小巧灵活、外形紧凑体积小,易于系统集成,性价比高,同时可在恶劣环境下工作,适合于野外施工。

⑤具有相当多的可调谐参数和选择性。例如,在双包层光纤的两端直接刻写波长和透过率合适的布拉格光纤光栅来代替由镜面反射构成的谐振腔。全光纤拉曼激光器是由一种单向光纤环即环形波导腔构成的,腔内的信号被泵浦光直接放大,而不通过粒子数反转。

⑥方便地通过控制纤芯尺寸来控制横模,若光纤仅支持一个横模,它将一直保持这种状态,甚至在很高的泵浦功率下也是如此。这种设计为高功率工作的光纤激光器带来很大的方便。

⑦光纤输出与现有通信光纤匹配,易于耦合且效率高,可实现传输光纤与有源光纤一体化,是实现全光通信的基础。

5. 其他类型的激光器

(1)准分子激光器

准分子激光器指的是在激发态结合为分子、基态离解为原子的不稳定缔合物,激活介质一般为 XeCl、KrF、ArF 和 XeF 等气体物质。对于放电激励系统来说,这种方式对电路中的各个元件要求较高。准分子激光器具有波长短、能量高、重复频率高及可调谐等特性。激光波长属于紫外波段,范围为 $193 \sim 351$ nm(XeCl 为 308 nm、KrF 为 248 nm),其单光子能量高达 7.9 eV。目前准分子激光器主要为脉冲工作方式,商品化的平均功率为 $100 \sim 200$ W,最高功率可达 750 W。准分子激光器能够以较低的重复频率、较高的单脉冲能量运行方式来获得高平均功率输出。另外,准分子激光器的高重复频率运行有利于满足微细领域加工严格的剂量要求。

准分子激光器可分为惰性准分子激光器、惰性卤化物准分子激光器、惰性氧化物准分子激光器、惰性金属蒸气准分子激光器和金属蒸气准分子激光器,目前商品化的准分子激光器采用的大都是惰性气体卤化物准分子,包括 XeCl、KrF、ArF 和 XeF 等气态物质。

准分子激光器的基本结构与 CO_2 激光器相同,主要包括放电室、光学谐振腔、预电离针、放电电路、风机、热交换口、水冷却系统或油冷泵、充排气系统等。结构复杂、体积大、运转成本较高以及输出功率只达百瓦级的缺点,限制了准分子激光器工业应用面的扩展。目前国际上有 Labe Physic 和日本三菱电机等公司生产的商用准分子激光器。

(2)碟片激光器

碟片激光器(disk laser)又称圆盘激光器,它与传统的固体激光器的本质区别在于激光工作物质的形状。将传统的固体激光器的棒状晶体改为碟片晶体,这一创新理念将固体激光器推向了一个新时代。

激光器设计过程的一个重要问题是激光工作物质的冷却,冷却效果直接关系到激光器的质量。由于传统的棒状激光晶体只能侧面冷却,即冷却须通过晶体棒的径向热传导来实现,因此棒内温度呈抛物线形分布,导致在棒内形成所谓的热透镜。这种热透镜效应会严重影响激光束的质量,并随抽运功率的变化而变化。抽运功率越大,热透镜效应越大,热透镜的焦距越短,激光甚至可能由稳态变为非稳态,从而严重限制了固体激光器向高功率方向的发展。

碟片 YAG 激光器主要针对 YAG 激光散热性改善而进行的优化设计,YAG 晶体为薄碟片形状,较棒状 YAG 晶体而言散热条件大大改善,结构热变形降低。碟片激光晶体的厚度只有 200 μm 左右,抽运光从正面射入,而冷却在晶体的背面实现。因为晶体很薄,径厚比很大,因此可以得到及时有效的冷却,这种一维的热传导使得晶体内的温度分布非常均匀,因此碟片激光晶体从根本上解决了上述热透镜问题,大大改善了激光束质量、装换效率及功率稳定性。

(3)化学激光器

化学激光器是利用工作物质的化学反应所释放的能量激励工作物质产生激光,其工作物质可以是气体或液体,其主要的特点如下:

①比能量高,可达 $500\sim1\,000$ J/g;易制成高功率激光器(能制成数百万瓦或千万瓦功率的激光器)。

②光束质量好,不需要外电源等,特别是氟化氘(DF)激光器,输出波长为 3.8 μm,气传输特性好。

③激光波长丰富。

化学激光器在各个领域都有广阔的应用前景,尤其是在要求大功率输出的场合,如同位素分离和激光武器等方面。可用作激光武器的化学激光器有氟化氘激光器、氟化氢激光器和氧一碘激光器等,利用氟化氘激光器击落靶机已见报道。此外,氧一碘激光器作为激光武器,完成了从实验室向实际应用的过渡。化学激光器的主要缺点是要排放有害气体。

(4)高功率 CO 激光器

CO 激光器的波长为 5 μm,它的主要优点如下:

①波长 5 μm,为 CO_2 激光波长的 1/2,发散角为 CO_2 激光的 1/2,能量密度比 CO_2 激光高 4 倍。

②许多材料对 5 μm 波长的吸收率很高,对激光加工极为有利。

③CO 激光的量子效率接近 100%,而 CO_2 激光只有 40%,其电效率比 CO_2 激光提高 20%。

但 CO 激光存在以下两个明显的缺点:

①要想获得较高的效率,工作气体必须冷却到 200 K 左右的低温。

②工作气体的劣化较快,因此,CO 激光器的投资较高,实际运行费用也较高,故在一定程度上限制了这种激光器的发展。尽管如此,CO 激光良好的加工优势使它仍然受到人们相当的重视,其主要发展方向为快速流动结构,是下一代最有希望的加工激光器

之一。

(5)染料激光器

常用的染料激光器是以液体染料(有机染料)为工作物质,大多数情况是把有机染料溶于溶剂(酒精、丙酮、水等)中使用,也有以蒸气状态工作的,所以染料激光器也称为"液体激光器"。染料激光器一般使用激光作泵浦源,如常用的有氩离子激光器等。染料激光器的稳定性和可靠性都已达到了一定水平,其突出的特点是它的输出激光波长连续可调,利用不同染料可获得不同波长的激光(在可见光范围),一台染料激光器犹如一台单色仪。其次,激活粒子密度较大,因而增益系数大,输出功率可与固体激光器相比,其光学质量好,冷却方便。另外,染料激光器种类繁多,价格低廉,在相同的输出功率条件下,染料激活介质价格只有固体介质的千分之一。因此,染料激光器在生物学、光谱学、光化学、化学动力学、同位素分离、大气和电离层光化学、全息照相和光通信等方面得到日益广泛的应用。

(6)He—Ne 激光器

He—Ne 激光器是最常用的原子激光器,也是发展最早的气体激光器。He—Ne 激光技术兴起于 20 世纪 60 年代,70 年代后得到快速发展,到 90 年代 He—Ne 激光技术已日臻成熟。

1961 年,He—Ne 激光器作为世界第一台连续波激光器在贝尔电话实验室诞生,它的研制者是贾范(Javan)、贝内特(Bennett)和赫里奥特(Herriott)等。1971 年,史密斯(Smith)首次设计出波导 He—Ne 激光器,波导是由 20 cm×0.43 mm 的毛细管口径管子构成的。70 年代末,国外 He—Ne 激光器的研制已转向产业部门。

He—Ne 激光器成本低、寿命长、结构简单、使用方便,便于制造和推广。20 世纪 70 年代,我国 He—Ne 激光器在医疗领域已有应用;在 80 年代后期,浙江大学研制了折叠式 He—Ne 激光器(共三段,每一段放电长度为 1.2 m),获得 100 mW 的激光功率;在 90 年代初,又有 2.3 m 直管 He—Ne 光器获得 100 mW 的激光功率的报道;在 80 年代后期,牡丹江光电技术研究所首先用十余支 1 m 长 He—Ne 激光管输出耦合单束光纤,并绞合成多股光纤获得 200 mW 以上的激光输出,作激光医疗用,此类激光器至今仍在应用。早在 1981 年北京大学就研制出了可见光多谱线 He—Ne 激光器。

He—Ne 激光器的最大连续输出功率可达几瓦,寿命可达 10 000 h 以上。借助调节放电流大小,使功率稳定性达到 30 s 内的误差为 0.005%,10 min 内的误差为 0.015% 的功率稳定度,发散角仅为 0.5 mrad。He—Ne 激光器除了具有一般气体激光器固有的方向性好、色性好、相干性强等诸多优点外,还具有结构简单、使用寿命长、价格低廉等特点。

3.1.4　正确选用激光器

在激光清洗中,固体激光器、气体激光器以及半导体激光器的应用最为广泛,这些激光器在波长、功率等重要参数上均存在差异,分别适用于不同清洗领域。不同应用领域所要清洗的污染物不同,对功率的要求以及激光波长的吸收率也不同,导致实际清洗工作中存在一定的选择困难性。学者对不同领域各种类型的激光器清洗效果进行了大量研究。

激光清洗的应用实例最早始于文物保护领域,期间,Nd:YAG 激光的应用得到了广泛深入的研究。但由于清洗对象的不断拓展以及对精度要求的不断提高,Nd:YAG 激光的应用受到限制。1997 年,Ryu 成功使用 ArF 准分子激光对 GaAs 表面的 ZnSe 膜进行了清洗。Fourrier 等分别使用 193 nm 的 ArF 和 248 nm 的 KrF 准分子激光对聚合物表面的清洗进行了研究,发现既不被基底吸收,也不被表面颗粒物 SiO_2 吸收的紫外线准分子激光能以超过 90% 的单脉冲清洗效率对表面进行清洗。此后,准分子激光被越来越多地应用于激光清洗,如 Delaporte 使用准分子激光对核设施表面进行了清洗。但由于准分子激光器工作原理使其容易产生对人体有害的物质,故其应用受到一定限制。随着制造技术的不断提高,气体激光特别是 CO_2 激光器在工作寿命以及功率上的优点,使其得到广泛应用。Chen 等研究了使用板条 CO_2 激光器对低碳钢上船舶油漆的激光清洗,成功去除了表面油漆层并得出了最佳工艺参数。Kan 将 CO_2 激光器的激光清洗应用范围拓展到了新的领域:使用 CO_2 激光对牛仔面料的清洗进行了研究,发现牛仔面料颜色的去除不仅受到激光功率的影响,还受到分辨率和像素时间组合的影响。由于气体激光无法使用光纤对光束进行传送,只能使用复杂的光学传送系统,故灵活性较差,使其应用也有一定限制。

随着对激光清洗研究的不断深入以及科技发展水平的不断提高,人们将目光重新集中到便携性好的固体激光尤其是 Nd:YAG 激光上,发现,若采用合适的参数,Nd:YAG 激光不仅适用于岩石表面的清洗,同样适用于金属表面的清洗。Singh 首次使用纳秒 Nd:YAG 激光对金膜表面的碳层进行了清洗,并通过原子力显微镜观察清洗前后金膜表面形貌,发现,洗后表面粗糙度减小且碳层被去除。Lee 研究了镀金铜制品表面的腐蚀层被 Nd:YAG 激光清洗后的形貌变化,发现,清洗后表面发生了轻微变化,但腐蚀层被成功去除。Kumar 使用 Nd:YAG 脉冲激光成功去除了钨带表面的氧化薄膜以及锆合金表面的 ThO_2 颗粒,发现采用基谐波(1 064 nm)和第三谐波(355 nm)时对锆合金表面 ThO_2 颗粒的去除效果最好。

伴随着科技水平的提高及制造水平的发展,激光器从低效、笨重的 CO_2 激光器到轻便、小巧的光纤激光器,手持式、移动式激光清洗设备使激光清洗技术适用的领域更加广泛;从连续输出激光器到纳秒甚至皮秒、飞秒的短脉冲激光器,从可见光输出到长波红外线及短波紫外线输出,激光器无论是在能量输出、波长范围还是在激光品质、转能效率上都有了飞跃式的进展。随着大功率半导体激光器技术的日臻成熟,半导体激光(LD)和以其为泵浦源的光纤激光器、固体激光器技术发展迅速,成为激光清洗应用的重要发展方向。表 3.4 给出了激光清洗系统中的激光器分类。

由表 3.4 可以看出,激光清洗技术可以清洗钢铁、钛合金、铝合金、碳纤维、硅材料、玻璃等多数材料,能应用于电子、半导体、建材、航空航天、飞机、轮船、材料表面预处理等众多领域。针对涂层和微小颗粒的激光清洗研究,绝大多数都选择了波长为 1 064 nm 的纳秒脉冲光纤激光器;针对漆层的激光清洗,激光器的选择逐渐从过去的波长为 $10.6\mu m$ 的高功率 CO_2 激光器向波长为 1 064 nm 的脉冲光纤激光器转变,需要综合考虑不同颜色漆层对激光的吸收能力以及清洗效率来选择合适波长的激光器;针对树脂、油污及其他有机物的清洗,脉冲光纤激光器、连续 CO_2 激光器和准分子激光器等均有使用。表 3.4 中各式各样的清洗激光器的出现,主要是应用需求推动产生的,并满足了不同的清洗物质的目的。目前,我国使用最多的且最为典型的清洗用激光器是 CO_2 气体激光器和 Nd：YAG 激光器,另外,近年来随着大功率光纤激光器制造技术的发展,其在清洗中的应用也逐渐增多。

表 3.4　激光清洗系统中的激光器分类

基体	清洗材料	激光器类型	波长	应用背景	年份
船用钢铁	锈	脉冲光纤激光器	1 064 nm	船舶制造业	2014
	锈,氧化膜				
热压成型钢	锈,氧化膜	脉冲光纤激光器	1 064 nm	船舶制造业	2016
	涂层,氧化膜	脉冲光纤激光器		汽车制造业	2017
		Nd：YAG 激光器			2016
	锈	脉冲绿光激光器	532 nm	工业除锈	2016
不锈钢	涂层,氧化膜	脉冲光纤激光器	1 064 nm	压缩机叶轮	2015
	油,润滑油漆	Nd：YAG 激光器		钢铁制造业	2012
		脉冲光纤激光器		船舶制造业	2015
碳素钢	锈,氧化膜	Nd：YAG 激光器	1 064 nm	工业除锈	2014
					2013
铜	氧化膜	Nd：YAG 激光器	1 064 nm	电子行业	2015
	涂层	脉冲光纤激光器			2014
钛合金	涂层	飞秒激光器	800 nm	航空航天	2013
		准分子激光器	248 nm	医药产业	2012
	氧化膜	脉冲光纤激光器		焊接预处理	2010
	薄层	Nd：YAG 激光器	1 064 nm	建筑材料	2013
					2014
铝合金	氧化膜	脉冲光纤激光器	1 064 nm	工业制造业	2017
	涂料			电子行业 航空航天	2017
				工业脱漆	2015
	微粒,氧化膜	Nd：YAG 激光器	532 nm	焊接预处理	2016
	涂层,润滑剂		1 064 nm		2014
			1 064 nm	胶接预处理	2016
	基材表面	脉冲光纤激光器	1 064 nm	工业制造业	2015

续表3.4

基体	清洗材料	激光器类型	波长	应用背景	年份
碳纤维	油,润滑剂	脉冲光纤激光器	1 064 nm	飞机制造业	2018
					2016
	污染物,环氧树脂	准分子激光器	308 nm	胶接	2015
		CO_2 激光器	10.6 μm	建筑材料	2013
		紫外激光器/近红外激光器	308 nm/1 064 nm		
	涂料	TEA-CO_2 激光器	10.6 μm	飞机制造业	2007
玻璃	微粒,油	Nd:YAG 激光器	532 nm	建筑材料	2011
		CO_2 激光器	10.6 μm	电子行业	2012
		飞秒激光器	1 024 nm	建筑材料	2017
抗冲击性聚苯乙烯	微粒	Nd:YAG 激光器	1 064 nm	建筑材料	2014
		XeCL 准分子激光器	308 nm	融合核反应堆	2009
硅晶片	微粒	Nd:YAG 激光器	1 064 nm	半导体行业	2005、2007、2009
镍基超级合金 AM1	基材表面	固体激光器	532 nm	表面预处理	2016
钨丝带	氧化膜	Nd:YAG 激光器	1 064 nm/532 nm/355 nm	热电子发射应用	2014

因此,清洗时需要根据不同的清洗对象和清洗标准、清洗工艺选择合适的激光器。

在实际激光清洗加工中正确选用合适的激光器十分重要。一般遵循以下原则:

(1)了解清洗对象基本性能及清洗技术指标要求;

(2)全面了解激光清洗用激光器的性能参数,如激光输出波长、激光输出模式、激光输出功率及其他参数;

(3)综合考虑激光器的安全可靠性;

(4)对比分析激光器的投资与运行费用,如安装调试、维护维修等;

(5)供应商的经济与技术实力,设备易损消耗配件保障,供应渠道是否畅通等。

目前用于激光清洗的激光器较为广泛的是 CO_2 激光器、Nd:YAG 激光器和准分子激光器等。一般来说,在高精度清洗时,准分子激光器是较为合适的工具;而在大体积和低成本清洗时,CO_2 和固体激光器是较佳的选择。对于微电子工业来说,一般选用准分子激光器,如 KrF 准分子;对于模具的清洗则采用 CO_2 或 Nd:YAG 激光器比较好;而对于激光覆层的清除,CO_2 激光器的效果最好,特别是 TEA CO_2 激光器在这一领域极具发展前途。由于 CO_2 激光器不能用光纤传送,远程清洗受到很大限制,这为 Nd:YAG 激光器的应用提供了广阔的空间。随着更多激活介质的发现以及激光控制技术的发展,固体激光在激光清洗领域具有广阔的前景。在实际应用中,应综合考虑清洗对象、操作性、成本等,根据国内外研究成果而选择合适的光源类型。另外,如果事先知道表面污染物的成分,则可以根据污染物最佳吸收波长来选择激光器的种类。

3.2　光束整形与传输系统

在实际的激光清洗过程中,并非激光光束从激光器出来后就可以用于目标物的清洗,还需要对激光光束进行整形以适应不同清洗环境的要求。光束整形与传输系统是激光清洗系统的重要组成部分之一,其作用是将激光束从激光器的输出窗口引导至清洗工件表面,并在待清洗部位获得所需的激光光斑形状、尺寸及功率密度,它的特性直接影响激光清洗系统的性能。通常,光路系统包括光束直线传输信道,光束的折射部分、聚焦或散射系统。直线传输信道主要是光镜的反射和光纤传输。现在采用光纤传输的主要是紫外波至近红外波范围内的光波,这种传输方式既方便又安全。但大部分光路系统是采用光镜的反射,这种方法在传输高能量的激光时,必须遮蔽激光,否则会造成危险。小功率系统中多采用透镜作聚焦或散射之用,但在高功率系统中,则多用金属反射、折射系统,以免产生热透镜效应。此外,清洗过程也是一个工业控制过程,需要配套的外围设备对清洗过程进行有效管理,从而提高清洗效率并防止基底损伤。

3.2.1　激光光束整形

光束整形系统通常是由多种类型的光学透镜等器件组合而成,其目的是根据实际清洗工作要求来调整激光器输出激光的光斑形状、大小、功率密度。激光束通过传输到达工件表面前,必须对光束进行聚焦处理,并根据需要调整光斑尺寸使其达到所需要的功率密度,满足不同类型加工要求,这些整形要根据实际清洗过程的要求确定,因为在整形的过程中会不可避免地产生能量损耗。激光的整形既包括聚焦,也包括将高斯光转变成矩形或平顶光的整形手段。

激光光束整形技术的范畴非常广泛,一般可分为时间整形和空间整形。时间整形是指改变激光能量在时间上的分布,典型的应用是改变脉冲型激光器的脉宽,通过不断压缩脉冲时间,可以获取更高输出功率的激光光束,如锁模技术、脉宽展宽及压缩技术都可以归结为激光时间整形技术。激光空间整形则是改变激光能量在空间上的分布,如半导体激光器发出的光束,其快轴和慢轴上的束散角差别很大,故通常利用柱透镜或者自聚焦透镜改善半导体激光的传输质量。更为广泛的空间整形技术则是根据需要,将光强改变为均匀分布的平顶光束、环形光束或矩形光束等。激光束具有能量呈高斯分布的特征,这就造成在其辐射面积内,光束的能量密度并不是均匀分布的,中心附近的能量密度要远高于周围的能量密度,导致清洗样品时必须以中心附近的能量密度为基准,从而使周围部分无法清除干净造成能量浪费,影响清洗效率。如果使用光学器件使其能量均匀分布,如将光斑形状变为矩形,则可充分利用激光的能量,提高清洗效率。

3.2.2　光束传输系统

光束传输系统是将光束从激光器传输到被加工工件上的光学系统。它涵盖了传统的光束传输设备以及先进的光纤传输系统。

激光清洗时,激光束必须通过光束传输系统到达被清洗位置才能完成清洗任务。光束传输系统一般分为两类,一类为镜组传输系统,另一类为光纤传输系统。由于CO_2激光器光束波长的原因,CO_2激光束必须通过镜组进行传输。固体激光器、光纤光器、碟片激光器一般为光纤传输系统。

CO_2激光束从激光器出光口传输到清洗位置通常经过十几个光镜的传输才能完成。在光束传输的不同位置,不仅光束横截面能量分布会发生变化,加工质量也会有很大的不同,其原因是聚焦光束的焦点位置会发生漂移。而焦点漂移对激光清洗过程有很大的影响。因此,在通过光镜组传输的激光清洗系统设计时必须额外设计补偿光学系统,设备会更加复杂、难以维修。

由于玻璃纤维具有良好的柔性弯曲能力,相比于镜组传输,光纤传输具有明显的优势,具有结构简单、易于加工、操作简单的特点,而且光纤可以和机器手组成柔性化的激光加工系统,机器手操纵加工头可以自由灵活地伸展,实现多维加工。随着光纤生产工艺的不断完善,对于 1 064 nm 的 Nd:YAG 激光和光纤激光器,人们在对激光进行传输时多数都选择光纤。光纤由高纯硅制作,为了避免因铜或钴或其他杂质的影响,光纤通常在$SiCl_4$或Cl_2气体中制作,其纯度保持在 99.9999% 以上。光纤的结构是由光纤芯组成的,纤芯四周覆有低折射率材料,且外面有塑料保护层。传输的光束在光纤纤芯与低折射率覆层之间的界面反射。目前有两种类型的光纤,即阶梯型光纤和梯度型光纤。在阶梯型光纤中,光束在光纤中以 z 字路径传输,直至光线均匀地填充在纤芯内。尽管光纤是弯曲的,光纤传输后输出光束的强度分布呈矩形。而在梯度型光纤中,影响折射率的掺杂量随穿过光纤直径而改变,通常折射率呈抛物线变化,光线在光纤内传输。

光纤传输也有几个问题要解决:①如何将激光束有效地耦合到光纤中去,光纤直径通常在微米数量级。②另一个问题是如何尽量减少光纤传输中的损耗,提高光纤传输效率。尤其是在传输高功率时光纤不至于破坏,例如,Nd:YAG 采用 $\phi0.5$ mm 直径的光纤传输,这时在光纤中承受的激光功率密度达到 10^6 W/cm²。

如果减少光纤承受的功率密度,需要增大光纤直径,那么就会降低激光光束的聚焦性能,并丧失激光束的主要特性。多模光纤的聚焦将成像在光纤的终端,采用准直光束也将不能聚得很小,通常只能限制到一半大小。此外光纤由于进行散射等非线性的影响,使光纤损耗很高。同时,为了保证激光光束发送到光纤中,激光束必须精确地聚焦到光纤纤芯的输入端。光纤纤芯的输入端部必须经高度抛光,并垂直于光束输入轴,使输入光束可以有效地进入。输入光束的焦斑直径一般不应超过表 3.5 中列出的光纤芯直径的 80%。

光纤传输系统在 Nd:YAG 激光加工中有很大的应用前景,目前许多大于 1 kW 的 Nd:YAG 激光加工系统均采用光纤传输。对于多模输出的 Nd:YAG 激光加工系统均采用小于 400 μm 的光纤直径来传输,则光纤可传输较远的距离,传输的距离可达到几千米甚至更远,且光纤可将激光器输出光束同时传输到几个工作台。

表 3.5　不同光纤尺寸与传输激光能量

激光能量(最大值)/W	光纤芯直径/mm	最小弯曲半径/mm
0～20	0.2	25～60
20～50	0.4	100～120
50～100	0.6	150～180
100～200	0.8	200～240
200～400	1.0	250～300

大多数光纤激光传输输出的激光具有较大的发散性,无法满足激光清洗需求,还需要经过二次光束整形处理,即光束准直输入输出系统。光束准直输入系统是将通过光纤传输的激光束通过扩束系统传输给激光输出系统,输出系统使光纤中的光束在聚焦透镜之前稳定地传输到聚焦镜中。实际工业加工应用中,常常将二次激光传输输入输出系统集成在一体,即所谓的激光加工头,并由专门的制造商制造。

3.2.3　激光束参量测量

激光束参量测量的目的是判定光源光束质量的好坏。它包括光束波长、功率、能量、模式、束散角、偏振态、束位稳定度、脉宽及峰值功率、重复频率及平均输出功率等 9 个主要方面。

(1)激光束功率、能量参数测量

功率、能量是激光束的主参量,它直接决定加工工艺的结果。激光束功率、能量测量是通过激光功率、能量计接收激光束,并显示其量值实现测量的。常用的激光功率、能量计主要分为热电型、光电型两种。

(2)激光束模式测量

激光束的空间形状是由激光器的谐振腔决定的,且在给定的边界条件下,通过解波动方程来决定谐振腔内的电磁场分布,在圆形对称腔中具有简单的横向电磁场的空间形状。腔内的横向电磁分布称为腔内横模,用 TEM_{mn} 表示,其中,m、n 为垂直光束平面上 x、y 两个方向上的模序数。

m 或 n 的序数判断,习惯上以 x、y 方向上能量(功率)分布曲线中谷(节点)的个数来定。那么,m 序数就是 x 方向趋近零的节点个数;n 即为 y 方向上趋近零的节点个数。模式又可以分为平面对称和旋转对称。当图形以 x 轴或 y 轴为对称平面,即轴对称。旋转对称是以图形中心为轴,旋转后图形可以得到重合。

大功率激光束的模式测量有:

①大功率激光束标准模式测量仪。

②几种适用的模式观测法:a. 烧斑法;b. 红外摄像法;c. 紫外荧光暗影法。

(3)激光束束宽、束散角及传播因子测量

①束径(束宽)测量是实现准确测定光束束散角、传播因子的必要手段。束径实测的技术难点是测腰径。

②束散角是激光束加工的重要参量。在设计激光谐振腔时,束散角成为必须考虑的几何参量。可以说束散角小模式趋于低价;多阶模则束散角必定大。所以,束散角小的转换含义就是加工时的聚焦光斑小,也容易实现聚焦,功率密度也高。

③束径、腰位、束散角二阶矩测算法。若不考虑窗口镜片的热变形因素,平常所称正束散角的腰径大多是在谐振腔内,所称负束散角的腰径位置大多在腔外。

④束径、束腰、束散角直接测量法。通过可以分辨 0.01 mm 束径的"标准束径测量仪"配合用长焦距聚焦器对光束进行人造束腰实现束散角的直接测量。

3.3 激光清洗控制装置

激光清洗的控制装置主要指激光清洗过程中的过程控制和效果监测装置。过程控制装置是整套激光清洗机的控制中枢,用于控制和协调其他各部分系统,使它们协同工作来完成清洗任务。它的核心部分一般是一台可以分析和处理各种数据信息的单片机或计算机,并辅以一套相应的控制软件,工作人员可以通过专业配套软件,输入简单的指令,改变激光清洗机的参数,如功率、扫描速度、扫描的光斑大小等来完成激光清洗的前期参数配置以方便更好地清洗工件。

在清洗过程中,通常清洗对象置于传动系统的控制中,传动系统可以分为主动式和被动式两种。主动式是指清洗对象较小时,可以设置在控制平台上,通过移动控制平台来带动清洗对象移动,实现清洗扫描过程。被动式通常用在清洗对象比较大的情况下,如大型航空器或船舶等,清洗对象保持不动,以激光光束引导部件相对于清洗对象移动实现对清洗目标的扫描过程。

激光清洗过程中的控制装置还包括清洗过程中的监测工具。在激光清洗过程中,激光能量过高会损伤基体,能量过低则不能清除干净,大部分激光清洗的研究都采用了离线的检测方式,离线检测较为容易实现,但是实时检测能够反馈激光清洗效果,更方便优化材料的激光清洗工艺参数,以减少不必要的浪费。例如,飞机蒙皮是包围在飞机骨架结构外,用黏结剂或铆钉固定于骨架上,形成飞机气动力外形的锥形构件。飞机蒙皮漆层一般有三层结构:第一层为 $5\sim15~\mu m$ 的氧化膜层或无机底漆;第二层为 $15\sim30~\mu m$ 的环氧聚酰胺或聚氨酯底漆;第三层为聚氨酯面漆。飞机蒙皮脱漆是指在保证蒙皮不受损的情况下,完全去除面漆层但留第一层底漆,便于再次喷涂面漆。传统的飞机蒙皮脱漆技术主要分为化学脱漆和机械脱漆两种。这两种方法非常耗时且无法实现自动化,对环境也会造成有害影响。激光清洗是一种新型的飞机蒙皮脱漆方式,具有快速脱漆、厚度可控、环保无毒等优点,近几年已开始广泛应用于飞机蒙皮的脱漆。由于飞机对安全性有着近乎苛刻的要求,在除漆过程中飞机蒙皮不能受到任何损伤,因此在线检测飞机蒙皮面漆激光清洗表面质量至关重要。在线检测的结果可反馈至激光清洗设备的控制系统,控制输出激光能量的大小,有效避免蒙皮损伤,确保表面的物理强度,同时激光清洗使底漆表面粗糙度增加,可大大提高再次涂漆的黏合强度。所以,对于激光清洗在线检测设备的研究和开发也很有必要,对于高端智能化激光清洗的成套装置而言也将是必不可少的。

在线检测设备主要用来在清洗过程中监测被清洗污物的清除效果,并将监测信息及时反馈给控制系统,由其决定清洗过程是否继续或终止,以及指导具体工艺参数的优化。对清洗过程的监测主要包括应用光学或光谱分析的方法,其特点是反应较为灵敏,但设备结构一般相对较为复杂,也有采取其他监测方法,如音频分析监测方法。在清洗过程中由于振动机制会产生声音信号,实践中监测还要与激光能量控制装置联动,以便实时调整清洗激光的相关参数。但是目前对于激光清洗的监测还没有一个公认的比较有效、准确且实用的方法。由于激光清洗的实质是激光与物质相互作用,闪亮的激光诱导等离子体在激光作用的瞬间产生,等离子体既包含光强度信息也包含光谱信息,可以通过将等离子发光信号转化为电压信号,进行激光诱导等离子发光强度监测,或者进行激光诱导等离子体光谱信号监测,判断激光清洗程度。激光清洗过程中伴随"啪啪"的响声,由于激光作用会在很短的时间内产生强烈的振动冲击波,并在空气中传播迅速衰减形成声波,可通过使用麦克风等声学仪器来收集和处理清洗过程中所发出的声信号,进行激光诱导声波监测,声波信号强度和频率等参数与激光清洗程度有关。激光清洗和表面改性复合作用,使微观表面性能发生改变,激光散斑图像分析激光清洗后金属表面的状态,也可达到激光清洗实时检测的目的。激光清洗过程中,被清洗工件吸收激光能量,其温度的变化严重影响工件的服役性能,因此也可通过温度检测装置及传感器检测工件的温度场,实现清洗过程的在线监测。在线监测系统一般比较复杂,且成本较高,主要针对清洗精度要求较高的特殊工件及场合。

除了以上必要部分外,根据不同的清洗方法和应用环境,激光清洗控制装置还包含一些辅助系统,比如,用于准确清除特定部位的激光光束定位系统,也包括喷气和抽尘设备用来收集或驱除已清除物质的灰尘或微粒以避免产生二次污染。激光清洗过程中,有时会产生粉尘、烟雾等,粉尘可能含有有毒气体以及细碎固体颗粒,这些都会对人体产生伤害,因此需要吸尘装置来处理激光清洗过程中产生的废气和灰尘。

另外,激光器工作时对温度的要求比较严格,充分、恒定的激光器内腔温度是激光输出功率稳定、激光腔无热变形、激光光束质量一致等的保证。激光设备在长时间运行过程中,激光发生器会不断产生高温,温度过高就会影响激光发生器的正常工作,所以需要冷却装置进行冷却控温。激光清洗时所使用的冷却装置大概分为风冷和水冷,其中冷水机应用较为广泛。激光冷水机主要是对激光设备的激光发生器进行水循环冷却,并控制激光发生器的使用温度,使激光发生器可以长时间保持正常工作。激光冷水机在激光加工过程中能够保护 CO_2 激光管、YAG 固体激光器晶体和灯管防爆,选择合适的激光器冷水机可大大提高激光器的使用寿命和加工精度,把激光设备的性能发挥到极致。

3.4　激光清洗加工平台

激光从激光设备产生之后,实现光束与工件的相对运动必须依靠激光加工运动设备。一般在激光清洗过程中都配备了数控加工系统,提供激光束与设备工件的相对运动。对于清洗效果要求较高的场合,一套稳定、准确的移动平台系统是必不可少的。按照工作过程中激光束和清洗工件的相对运动的方式,可以将激光清洗运动系统分为主动式、被动式和组合式。

（1）主动式

激光器保持位置不动,被清洗工件置于移动平台上,通过移动平台来清除样品的各个位置,工件的三维移动或回转运动依靠数控机床的控制实现,适用于小型零件的清洗或轴类等回转体零件的表面清洗。

（2）被动式

被清洗物体不动,移动平台带动激光器或激光输出端运动来进行清洗。激光器运动主要为小型的激光清洗系统,设备移动相对简单,多为手持式简易轻便清洗设备;光束运动依靠反射镜、聚光镜、光纤等光学元件的组合,匹配智能机械手或数控加工机器人实现光束的移动,激光器和被清洗零件固定不动。近年来发展起来的光纤激光器匹配智能机器人,可以实现柔性加工和激光清洗的精密控制。YAG 激光器可以通过光纤与 6 轴机器人组成柔性加工系统。CO_2 激光器输出的激光不能通过光纤传输,但其与机器人的结合可以通过外关节臂或者内关节臂光学系统来实现。这种加工方式适合大规模的工业应用。

（3）组合式

通过光束运动和工件运动两者的配合,实现激光清洗过程,保证激光清洗所需的相对运动和精度要求。

3.5 激光清洗设备

3.5.1 国外典型激光清洗设备

典型的国外激光清洗设备及采用的激光器见表 3.6。

表 3.6 典型的国外激光清洗设备及采用的激光器

国家	公司名称	设备型号	激光器类型	波长/nm	脉宽/ns	功率/W
法国	Quantel	Laser blast 50/500/1000/2000	Nd:YAG	1 064	25/10	10/20/40/75
	Thales	NL220	Nd:YAG	1 064	7	30
德国	Clean－Laser systeme GmbH	CL20Q/120Q	Nd:YAG	1 064	80～150	120
意大利	EL. EN. SpA	EOS1000/1340	Nd:YAG	1 064	50 000～120 000	20/14
意大利	Lambda Scientifica	Art laser	Nd:YAG	1 064	8	11.5
意大利	Quanta System	Cleaner 500	Nd:YAG	1 064	6	50
波兰	Military University of Technology	Re NOVA laser 1	Nd:YAG	1 064	6	1.2/5.5/8.5
英国	Lynton Lasers Advanced Laser Technology	compact ALT － LC－NP Series	Nd:YAG / Nd:YAG	1 064/532 / 1 064	5～10 / 100	7.5/10/20 / 100
西班牙	MPA	Maestro	Nd:YAG	1 064	7	6

在艺术品和文物的清洗中仅适用于采用脉冲激光,表 3.7 给出了欧洲制造商生产的用于文物清洗的激光设备。

表 3.7　欧洲制造商生产的用于文物清洗的激光设备

国家	机构组织	型号	类型	波长/nm	脉冲长/ns	功率/ns	传送方式
法国	光太公司	Laserblast50	Nd:YAG 激光	1 064	25	10	光纤
法国	光太公司	Laserblast500	Nd:YAG 激光	1 064	10~12	20	光纤
法国	光太公司	Laserblast1000	Nd:YAG 激光	1 064	10~12	40	光纤
法国	光太公司	Laserblast2000	Nd:YAG 激光	1 064	10~12	75	光纤
法国	泰雷兹公司	NL220	Nd:YAG 激光	1 064	7	30	光纤
德国	激光清洁公司	CL20Q	Nd:YAG 激光	1 064	100~120	20	光纤
德国	激光清洁公司	CL120Q	Nd:YAG 激光	1 064	80~150	120	光纤
意大利	ELEN 集团	Smart Clean	Nd:YAG 激光	1 064	20 000	20	光纤
意大利	ELEN 集团	EOS1000	Nd:YAG 激光	1 064	50 000~120 000	20	光纤
意大利	ELEN 集团	EOS1340	Nd:YAG 激光	1 341	60 000~120 000	14	光纤
意大利	ELEN 集团	Laser Welder DW400	Nd:YAG 激光	1 064	1~20 ms	40	显微镜
意大利	蓝布达公司	Artlight	Nd:YAG 激光	1 064	8	5	光纤
意大利	蓝布达公司	Artlaser	Nd:YAG 激光	1 064	8	11.5	直接
意大利	昆泰公司	Palladio	Nd:YAG 激光	1 064/532	6	10	支臂
意大利	昆泰公司	Michaelangelo	Nd:YAG 激光	1 064/532	6	12	支臂
意大利	昆泰公司	Clearner500	Nd:YAG 激光	1 064	6	50	支臂
荷兰	Art Innovation	LCS	受激准分子激光	248	20	30	支臂
波兰	华沙董布罗夫斯基军队技术学院	ReNOVALaser1	Nd:YAG 激光	1 064	6	1.2	光纤
波兰	华沙董布罗夫斯基军队技术学院	ReNOVALaser2	Nd:YAG 激光	1 064/532	8	5.5	支臂
波兰	华沙董布罗夫斯基军队技术学院	ReNOVALaser5	Nd:YAG 激光	1 064/532/355/266/213	8	5.5	支臂
波兰	华沙董布罗夫斯基军队技术学院	ReNOVALaser Erb2936	Er:YAG 激光	2 940	50 000~200 000	4	支臂
西班牙	Improgess/LsI	—	Nd:YAG 激光	1 064	15	8.4	支臂
西班牙	MPA	Maestro	Nd:YAG 激光	1 064	7	6	光纤
英国	林顿激光有限公司	Sparta	Nd:YAG 激光	1 064	5—10	5	支臂

续表3.7

国家	机构组织	型号	类型	波长 /nm	脉冲长 /ns	功率 /ns	传送 方式
英国	林顿激光有限公司	Athena	Nd：YAG激光	1 064/532	5—10	10	支臂
英国	林顿激光有限公司	Zenith	Nd：YAG激光	1 064/532	5—10	20	支臂
英国	林顿激光有限公司	Compact	Nd：YAG激光	1 064/532	5—10	7.5	直接

从表3.7可知,用于文物清洗的激光清洗机多为Nd：YAG激光器,主要波长为1 064 nm,有的为532 nm,少量使用准分子激光器(波长248 nm),主要应用于绘画作品的表面清洗。激光传输方式主要是机械臂和光纤两种。在这些科研机构和公司中,以法国的Quantel、德国的Clean－Lasersysteme GmbH和意大利的Eh.EN.SpA这几家公司的产品型号最多,推广最为广泛。法国Quantel公司从1994年起开发了用于表面清洗的Laserblast系列激光清洗机产品,Laserblast激光清洗系列产品的特色是通过使用光纤传输激光,使激光到达被清洗物表面,使之具有优良的清洗性能和较高的人体工学特点,并且可`或非常便捷地安装于机器手等自动化系统上。此外,由于采用了独有的光纤传输技术,输出激光束的能量分布呈平坦曲线状(即TopHat型),激光束中的所有能量都以最佳方式被充分利用,从而能够获得良好的清洗效果,提高了清洗效率。德国Clean－Lasersysteme GmbH公司推出的激光清洗机都使用Nd：YAG激光器,脉宽均为80～150 ns,采用光纤的方式传输激光,可分别用于模具、石材、文物、除漆、除锈、焊接面或喷漆面前处理等不同对象的清洗及表面处理。意大利EL.EN.SpA公司适用于文物的激光清洗机有多个型号,比较具有代表性的有EOS 1000 SFR、Smart Clean 2、Thunder Art,均使用Nd：YAG固体激光器,其中Smart Clean 2、EOS 1000 SFR为单波长激光清洗机,波长为1 064 nm,脉宽较宽,约50～130 μs,峰值功率较低,可用光纤传输。Thunder Art三波长的激光清洗机,是EL.EN.SpA公司最高端、最先进的激光清洗机,其脉宽很窄,具有很强的清洗力及清洗效率,由于其脉宽短,所以只能使用导光臂进行激光传输。

3.5.2　我国典型激光清洗设备

2016年以后,我国从事激光清洗设备研发的企事业单位层出不穷,激光清洗技术为更多的人所认知。最早的激光清洗设备都是手持式操作,具有较大的应用局限性。目前激光清洗正在向自动化控制方向发展,在提高了清洗效率的同时,其清洗质量和安全性也在不断提高。下面对我国主要的激光清洗设备生产公司以及清洗设备进行简要梳理。

(1)大族激光

大族激光典型清洗设备样机图如图3.16所示,其清洗设备参数见表3.8。

小功率激光清洗机

大功率激光清洗机

图 3.16   大族激光典型清洗设备样机图

表 3.8   大族激光清洗设备参数

类别	小功率			大功率			
激光功率/W	20	30	50	100	200	500	1 000
激光器类型	大族光纤激光器			IPG 激光器			
激光波长/nm	1 064						
冷却方式	风冷			水冷			
冷却水	—			去离子水			
水温/℃	—			19			
清洗头质量/kg	4.5			4.5			
整机质量/kg	27			260			
整机功率/W	≤500			≤1 500			
扫描宽度/mm	10～80						
工作温度/℃	15～35						
可选配套	手持式/自动化						

（2）国源激光

国源激光清洗设备参数见表 3.9。

表 3.9　国源激光清洗设备参数

型号	特点
背负式 B 系列激光清洗机	背负式设计:整机采用背负式设计,可随身携带;锂电池供电:采用锂电池供电,满功率续航大于 4 h;极致轻量化:整机重量低于 16 kg(含锂电池);适合户外或受限空间的清洗作业
便携式 P 系列激光清洗机	轻便小巧,便携性好:清洗头、主机均采用轻量化设计,便携更适用;超高性价比:使用知名品牌激光器、电源、电气配件的同时拥有最实惠的售价;小身材多用途:使用单模脉冲光纤激光器,广泛适用多种污染物清洗;适合局部清洗或选区清洗
中低功率 S 系列激光清洗机	柔性好:中低功率风冷设备,可手持可自动化工作;可定制平台或自动化方案,清洗更稳定,更均匀;提供外部控制接口,支持 232/485 串口通信,便于集成;可升级为防尘恒温(空调)机箱
高效率除锈/漆 D 系列激光清洗机	高功率,高效率;可手持可自动化清洗;超高性价比:较低的售价获取超高清洗效率;适用于重度污染或大幅面清洗
高功率 M 系列激光清洗机	清洗效率高;可手持可自动化清洗;基材损伤小;适用于多维度重度污染,尤其适用于各类模具清洗

(3)深圳市超快激光科技有限公司

深圳市超快激光清洗设备参数见表 3.10。

表 3.10　深圳市超快激光清洗设备参数

型号	50 W 手持式拉杆激光清洗机	100 W 柜式激光清洗机	200 W 柜式激光清洗机	500 W 柜式激光清洗机
最大功率/W	400	600	900	6 500
激光等级	4 级	4 级	4 级	4 级
脉冲能量	15 mJ	1.5 MJ	8 MJ	30 mJ
光纤长度	5 m 可定制	5 m 可定制	5 m 可定制	5 m 可定制
扫描宽度/mm	1~120	1~120	1~120	1~120
机器质量/kg	32	70	70	250
图片				

(4)P—LASER

P—LASER 激光清洗设备参数见表 3.11。

表 3.11　P－LASER 激光清洗设备参数

型号	小功率激光清洗	中大功率激光清洗	大功率激光清洗
特点	适用辊轮清洗,使用成本低、无磨损、无须化学药剂后处理;铝制箱体外壳,轻量化设计,方便携带运输	在保证清洗效果的前提下,有效避免清洗后产生的色差	适用辊轮清洗,使用成本低、无磨损、无须化学药剂后处理;铝制箱体外壳,轻量化设计,方便携带运
图片			

(5)苏州艾思兰光电有限公司

苏州艾思兰光电有限公司是以激光清洗技术为开端,扩展到模具清洗、核电站减废、交通运输、电网异物清除等领域的集研发、生产、销售于一体的高新技术企业。由现在的YAG 激光器扩展到高光束品质、高效率、小型轻量、可实现在线输出的光纤激光器设备。图 3.17 为该公司生产的轮胎清洗设备样机图。

图 3.17　苏州艾思兰光电有限公司轮胎清洗设备样机

参 考 文 献

[1] TEMPLE P A, MILAM D. Carbon dioxide laser polishing of fused silica surfaces for increased laser-damage resistance at 1064 nm[J]. Applied Optics, 1982, 21 (18): 3249-3255.

[2] RÖSER F, EIDAM T, ROTHHARDT J, et al. Millijoule pulse energy high repetition rate femtosecond fiber chirped-pulse amplification system[J]. Optics Letters, 2008, 32(24): 3495-3497.

[3] HERRMANN D, VEISZ L, TAUTZ R, et al. Generation of sub-three-cycle, 16 TW light pulses by using noncollinear optical parametric chirped-pulse amplification [J]. Optics Letters, 2009, 34(16): 2459-2461.

[4] RYU Y R, ZHU S, HAN S W, et al. Application of pulsed-laser deposition technique for cleaning a GaAs surface and for epitaxial ZnSe film growth[J]. Journal of Vacuum Science & Technology A: Vacuum, Surfaces, and Films, 1998, 16 (5): 3058-3063.

[5] FOURRIER T, SCHREMS G, Mü HLBERGER T, et al. Laser cleaning of polymer surfaces[J]. Applied Physics A, 2001, 72(1): 1-6.

[6] DELAPORTE P, GASTAUD M, MARINE W, et al. Dry excimer laser cleaning applied to nuclear decontamination [J]. Applied Surface Science, 2003, 208: 298-305.

[7] CHEN G X, KWEE T J, TAN K P, et al. Laser cleaning of steel for paint removal [J]. Applied Physics A, 2010, 101 (2): 249-253.

[8] KAN C. CO_2 laser treatment as a clean process for treating denim fabric[J]. Journal of Cleaner Production, 2014, 66(2): 624-631.

[9] SINGH A, CHOUBEY A, MODI M H, et al. Cleaning of carbon layer from the gold films using a pulsed Nd: YAG laser [J]. Applied Surface Science, 2013, 283 (14): 612-616.

[10] LEE H, CHO N, LEE J. Study on surface properties of gilt-bronze artifacts, after Nd: YAG laser cleaning [J]. Applied Surface Science, 2013, 284(11): 235-241.

[11] KUMAR A, BHATT R B, BEHERE P G, et al. Laser-assisted surface cleaning of metallic components [J]. Pramana, 2014, 82 (2): 237-242.

[12] TSUNEMI A, ENDO A, ICHISHIMA D J. Paint removal from Aluminum and composite substrate of aircraft by laser ablation using TEA CO_2 lasers[J]. Pro. SPIE, 1998, 3343:10181022

[13] OLTRA R, YAVAS O, CRUZ F, et al. Modelling and diagnostic of pulsed laser cleaning of oxidized metallic surface [J]. Applied Surface Science, 1996, 96-98: 484490.

[14] MEJA P, AUTRIC M, ALLONCLE P, et al. Laser cleaning of oxidized iron samples: The influence of wavelength and environment[J]. Appl Phys A, 1999, 69: 687690.

[15] 郑启光. 激光先进制造技术[M]. 武汉:华中科技大学出版社, 2002.

[16] PASQUET P, DELLOSO R, BOREBERG J, et al. Laser cleaning of oxide iron layer: Efficiency enhancement due to electrochemical induced absorptivity change [J]. Appl Phys A, 1999, 69: 727730.

[17] 辛承梁, 乔松. 激光清洗工作原理与应用[J]. 化学清洗, 1998, 14(6):3234.

[18] 郭为席, 胡乾午, 王泽敏, 等. 高功率脉冲 TEACO₂ 激光除漆的研究[J]. 光学与光

电技术，2006，4(3)：32-35.

[19] 蒋一岚，叶亚云，周国瑞，等.飞机蒙皮的激光除漆技术研究[J].红外与激光工程，2018，47(12)：29-35.

[20] 蔡志海，孙兴维.装甲兵工程学院自动化再制造技术设备获突破[J].表面工程与再制造，2017，17(1)：57.

第4章 激光清洗作用机制

目前对激光清洗的机理存在着一些分歧,根据大量的实验结果分析认为,激光清洗机理根据表面附着物和基体热物理参数差别大小而有所不同,但大多数机理都能对激光清洗实验中的一些现象进行合理的解释,激光清洗常常是多种机理同时作用的结果,主要包括材料表面发生的烧蚀、分解、汽化、熔化、燃烧、热振动、等离子体冲击、相爆炸、剥离脱落等物理化学变化过程。本章节主要对激光清洗作用机制进行阐述分析。

4.1 激光清洗的基础模型

4.1.1 激光清洗基础理论

(1)附着力

①干式激光清洗。

微米级颗粒在物体表面的附着力以范德瓦耳斯力为主,而尺寸大于 $50~\mu m$ 的颗粒则以静电力为主。对于小颗粒,其与基体之间的范德瓦耳斯力超过万有引力,其与固体表面单位面积上的附着力 F 可用如下公式计算:

$$F = \frac{hr}{8\pi z^2} + \frac{h\delta^2}{8\pi z^3} \tag{4.1}$$

式中,r 为颗粒半径;h 为材料的 Lifshitz—van der Waals 常数;δ 为黏着面积半径;z 为颗粒和物体表面间的原子间距,约为 0.4 nm。

②蒸气激光清洗。

当物体表面有液体薄膜存在时,除了范德瓦耳斯力外,还有表面张力,此时附着力 F 可由如下公式计算:

$$F = \frac{hr}{8\pi z^2} + \frac{h\delta^2}{8\pi z^3} + 4\pi\gamma r \tag{4.2}$$

式中,γ 为液体表面张力。

(2)清洗力

①干式激光清洗加速度模型。

干式激光清洗加速度模型认为,基体表面物质的清除是由于物质吸收激光能量后产生瞬时的热膨胀,使自身具备足够的加速度而从基底脱离。根据这种机制可以计算物质吸收热量后引起的温度升高 ΔT,并由此算出温升引起的物质的位移 $\Delta l = r \cdot c \cdot \int (\Delta T) \mathrm{d}z$($r$ 和 c 分别为待清洗物质的热胀系数与形状系数),进而求出这个过程中的加速度 $a = \mathrm{d}^2 (\Delta l)/\mathrm{d}t^2$,得到脱离力 $F = m \cdot a$(m 为待清洗物质的质量)。此模型相对简单粗糙并且做了很多假设,但是它明确给出了激光能量密度与清洗效果的定量关系,对于激光清洗的理论研究具有一定的影响,脱离加速度模型也被视为干式激光清洗的基本理论模型之一。

②干式激光清洗位移模型。

当激光作用于待清洗物质时,物质各部位的温度急剧升高且不均匀,待清洗物与基底的温度变化导致应力的产生。当待清洗物从基体表面脱离时,必然会有位移发生。根据应力和应变之间的相互关系,待清洗物实现清洗去除需满足以下条件:

$$\sigma(d,t)/\chi + \gamma \Delta T(d,t) = \varepsilon(d,t) > z \tag{4.3}$$

式中,γ 为线性热膨胀系数;χ 为弹性模量;d 为待清洗物与基底交界处距样品表面的深度;t 为时间;$\sigma(d,t)$ 为时间 t 瞬时在界面上的热应力;$\varepsilon(d,t)$ 为时间 t 瞬时在界面上的位移应变;$\Delta T(d,t)$ 为待清洗物和物体界面上的温升:

$$\Delta T(d,t) = T(d,t) - T_0 \tag{4.4}$$

其中,T_0 为待清洗物和物体界面上的原始温度。

由于待清洗物受基体表面附着力 F 的约束,故其热应力 $\sigma(d,t)$ 应满足下式关系:

$$\sigma(d,t) = -F$$

定义单位面积的清洗力 f 为

$$f = \gamma E \Delta T(d,t) \tag{4.5}$$

当 $f > F$,即单位面积上清洗力超过单位面积上的附着力时,待清洗物会从基体表面脱离,基体表面得到清洗。则 $f = F$ 称为清洗力阈值。但是,这种理论计算方法较为粗糙,存在弊端,仅能解释一些实验现象,可以作为定性的实验过程及理论分析。

③蒸气激光清洗。

当待清洗物体表面涂有不吸收清洗所用激光波长能量的液体薄膜时,在激光作用下,物体表面被加热,在固—液界面将会产生大量的高温蒸气泡,气泡内的压力和温度分析如下:

$$p_\infty \leqslant p_v \leqslant p_{sat}(T_\infty) \tag{4.6}$$

$$T_{sat}(p_\infty) \leqslant T_v \leqslant T_\infty \tag{4.7}$$

式中,p_∞ 为环境液体压力;p_v 为气泡内的蒸气压;p_{sat} 为饱和蒸气压;T_v 为气泡内温度;T_∞ 为周围液体温度。

在表面充分润湿条件下,$T_v \approx T_\infty$,则有 $p_v = p_{sat}(T_v) \approx p_{sat}(T_\infty)$。气泡长大速度为 $v(T)$,经理论分析得到下列关系式:

$$v(T) = \left[\frac{2p_v(T) - p_\infty}{3\rho_1(T)} \right] \tag{4.8}$$

式中,$v(T)$ 为气泡长大速度;$\rho_1(T)$ 为温度 T 时,液体的密度。

根据相关研究成果可推导出应力波产生的压力。假设:①在液—固界面上,由液体汽化建立的蒸气层作用如同平面活塞,压迫其周围的液体层产生应力波;②气泡内蒸气压近似认为是过热层的平均饱和蒸气压;③蒸气层的膨胀速度等于气泡长大速度,于是蒸气/液体界面的单位面积从蒸气层的膨胀得到的平均能量是 $\int(p_v - p_\infty) \cdot vf \, dt$,$v$ 和 f 分别是蒸气的膨胀速度和体积百分数。每单位面积产生的压力波能量 E 由下式计算:

$$E = \int \frac{p^2}{2\rho c} \mathrm{d}t \qquad (4.9)$$

式中，ρ 为液体密度；c 为应力波传播速度；p 为应力波产生的压力。

根据能量守恒定律，在液/固界面上的应力波压力 p 由下式计算：

$$p = [2\rho c(p_v - p_\infty)vf]^{\frac{1}{2}} \qquad (4.10)$$

清洗力等于黏着力时的激光能量密度定义为激光清洗的阈值能量。

1974 年，Fox 在树脂玻璃和金属基底上涂上油漆，然后用 Q 开关掺钕玻璃激光照射油漆时，发现激光产生了强烈的光致应力波，能够有效去除油漆层，且在有辅助液体水的情况下，由于水强烈吸收 1.06 μm 波长的激光，从而在漆涂层材料中产生较大的应力振荡波，并获得了大于激光光斑面积的清洗面积，这是湿式激光清洗方式在除漆方面的最早的研究。

1988 年，Assendel'ft 则发现液体辅助薄膜对激光清洗的效率具有明显的提高效应，选择了 1 064 nm 波长的脉冲激光对位于硅片基体表面的附着颗粒进行了清洗，实验证明了湿式激光清洗的清洗效率随附着液膜厚度的增加而减小，与此同时实验中产生了随激光作用而出现的振动波，研究认为这种振动波对微粒的激光清洗具有积极作用。2005 年 Hsin-Tsun Hsu 等基于激光清洗过程中产生表面应力波的原理，建立了基于表面应力波的平板表面微小颗粒的激光清洗数学模型，证明了激光功率/功率密度的提高可以提高表面应力波的加速度，有助于微粒的去除。

4.1.2 激光清洗的物理模型

(1)一维热传导模型

2007 年，南开大学宋峰等针对激光清洗漆层的研究，从一维热传导方程出发，将激光除漆过程进行一维短脉冲激光除漆热传导模型简化，建立了一维纳秒级短脉冲激光除漆模型，计算了由热膨胀产生的热应力以及根据黏附力公式计算出了漆层的黏附力。通过比较热应力与黏附力大小，得到激光清洗油漆的条件，实现了激光除漆阈值的理论预测。根据理论计算，可以选择既能清洗漆层又不破坏基底的能量密度进行激光除漆，对实际清洗具有重要的指导作用。

(2)双层热弹性振动模型

2008 年，田彬等以干式激光清洗的理论模型作为研究对象，针对已有干式激光清洗的热弹性振动理论模型中存在的一些不足和问题，建立了一种更为准确的双层热弹性振动模型，尤其考虑了清洗过程中污物和基底的热弹性振动以及二者的相互作用。通过对模型的解析和数值求解，得出干式激光清洗过程中污物与基底各自的温度和位移分布以及随时间的变化，并由此计算出脱离应力，最终算出被清洗样品的理论清洗阈值和损伤阈值。

双层热弹性振动模型的几何结构坐标系如图 4.1 所示，Z 轴为入射激光束的中心传播方向。以 $Z=0$ 处的 $X-Y$ 平面为污物与样品的接触面(也称"结合处")，设污物与基底的厚度分别为 l_1 和 l_2，则污物的前表面坐标为 $Z=l_1$，后表面坐标为 $Z=0$；基底的前表面坐标为 $Z=0$，后表面坐标为 $Z=l_2$。

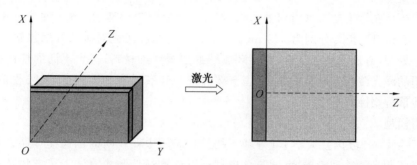

图 4.1　双层热弹性振动模型的几何结构坐标系

　　双层热弹性振动模型考虑了层间的相互作用,该模型可以比较准确地模拟激光清洗振动效应的过程。它是以干式激光清洗中的热弹性振动机制为理论基础,主要包括温度分布模型和热弹性振动模型两个部分,该模型中使用了如下近似和假设:①认为激光是均匀光束,即激光束光强在 $X-Y$ 平面上均匀分布;②认为激光脉冲作用时间极短,因而在 Z 方向上的热传导深度远远小于在 $X-Y$ 平面上激光的照射范围,近似认为 $X-Y$ 平面是无限大的平面,即该模型只能分析在 Z 方向上的一维热传导情况;③认为在整个激光脉冲作用时间内,待清洗物与基底都是绝热的,即二者没有热量的传导;④待清洗物与基底都是各向同性介质。

　　(3)三层吸收界面的烧蚀振动模型

　　针对现有激光清洗模型中存在热振动模型结构简单的问题,南开大学的施曙东等提出了更为实际的三层吸收界面的烧蚀振动模型,该模型区别于其他模型的特点主要在于:①在激光作用过程中除了考虑清洗层和基底层外,该模型还考虑两层中间的界面层,即激光的吸收和热转化是在多层中完成的,且相邻层之间存在热致应变的相互作用,这种相互作用会影响热致弹性振动过程中的层位移,因此层间关系更接近实际情况。②模型中考虑了激光脉冲的时间空间分布情况,激光脉冲光束的时域变化和空间分布变化对于实际热致应力的分布产生实际影响。这种激光脉冲的时间和空间定义符合实际的高斯光束或准高斯光束,能够反映出在热弹性振动效应中激光脉冲时空特性对于干式激光清洗结果的影响。③适用于大面积薄膜覆层环境,对于各层的材料或覆层参数没有特别的限制,对于各层材料,只要是非透明材料均可使用该模型进行模拟计算,具有较强的现实适用性。

　　(4)其他模型

　　①温度与烧蚀模型。

　　2006 年法国原子能委员会 Francois Brygo 等建立了基于烧蚀汽化效应的高重频脉冲激光清洗热计算模型,并对激光重复频率/脉冲宽度与材料烧蚀汽化关系进行了研究,根据激光脉冲宽度和重频,该模型可分别计算脉冲加载过程中的最高值与最低值,并根据材料烧蚀汽化阈值进行材料精确去除,防止基材损伤。

　　2012 年,四川大学鲜辉等基于电磁场理论对激光在油漆中的传输过程进行了物理建模,与此同时也得到了不同输出能量密度下的油漆表面温度分布情况。

　　白清顺等基于铁材料的污染物的激光清洗,探讨了不同的激光加工方式和能量密度下对表面的影响,通过有无污染物的对比,发现当激光能量小于 0.006 4 J/cm 时,烧蚀原理并没有体现在污染层对铁材料的作用,但在铁材料附着污染物时激光更容易引起烧蚀。Gebauer 等利用波长为分别为 355 nm、1 064 nm 的脉冲激光对碳纤维增强塑料(CFRP)进行激光处理,对比分析了复合材料、环氧纤维和碳纤维材料,得到不同的烧蚀机制取决于所使用的激光波长和脉宽的结论,由于碳纤维与环氧树脂基体相比,其吸收系数较高,因而只能部分烧蚀碳纤维。

②力模型。

1997 年,新加坡国立大学 Lu 等基于基材与表面微颗粒间的范德瓦耳斯力及热扩散理论构建了激光清洗理论模型,通过该模型可以计算最佳激光清洗工艺方法及清洗脉冲数阈值。2003 年,奥地利约翰尼斯开普勒大学 Arnold 对激光干式清洗过程进行了理论描述研究,基于热膨胀力克服微粒与基材间的黏附力建立了理论描述模型。

2005 年 Hsin-Tsun Hsu 等基于激光清洗过程中的产生的表面应力波原理,建立了基于表面应力波的平板表面微小颗粒的激光清洗数学模型,证明了激光功率/功率密度的提高可以提高表面应力波的加速度,有助于微粒的去除。

Shin-Chun Hsu 等采用准分子激光器作为激光源对退火 304 不锈钢去除铜颗粒实验,以此为载体分析了激光清洗中颗粒在基片表面的黏附力和表面波产生的间隙力,建立了激光表面波去除颗粒的物理模型,预测了激光清洗的去除面积和工艺条件,同时考虑到在激光光斑以外区域的传播。

根据激光冲击波的机理,江海丽等提出了一种激光等离子体冲击波去除模型,考虑到在冲击波-粒子相互作用过程中黏附粒子中储存的弹性能,得到了颗粒弹性变形高度的阈值。通过等离子体的特征参数、电子数和温度等参数对颗粒的非接触去除进行了理论和实验研究,得出传播速度和压力场与时间和能量密切相关,尤其随着传播距离的增加,压力降低。同时,高速照相观察驱动颗粒在冲击波压力下的运动状态与冲击波的压力特性一致,粒子的运动速度在很大程度上取决于激光能量和驱动间隙。最后,利用激光等离子体冲击波进行了光纤环的表面去除受污染的颗粒的清洗实验,在微观规模上实现了相对较大的清洁区域。

韩敬华等通过辐照和激光等离子体激波从硅表面去除粒子,发现冲击波的压力是由激光脉冲能量和激光与基体表面的间隙决定。为了获得去除颗粒的工作条件,研究了冲击波的速度、传播距离和压力的时空特性。

③热力模型。

Lee 等通过 Nd:YAG 激光器选择波长为 1 064 nm(近红外),532 nm(可见)和 266 nm(紫外线)进行去除硅晶片上的小铜颗粒,通过实验和理论分析进行了研究,得出对于不同的波长,较短的激光辐射波长会导致较大的激光能量吸收表面并导致界面温度升高产生更大的热弹性力。Lu 等建立了考虑黏着力(范德瓦耳斯力)和清洁力(热膨胀力)的固体表面微粒激光清洗的理论模型,得到清洗条件和阈值,并通过在石英衬底上去除铝颗粒的实验结果验证了理论预测的正确性。

④有限元模型。

激光清洗过程中的热力作用过程是个非常复杂的问题,目前研究中提出的传热模型、力学模型与实际情况相比都存在差距,都有根据模型环境而设定的假定条件。求解各种传热模型、力学模型的方程也比较困难。求解热传导方程时通常的假定条件包括：被加热材料是各向同性物质；材料的热物理参数与温度无关，并可获取特定的平均值；忽略热传导中的辐射和对流，只考虑材料表面的热传导。计算机技术的发展，使得模型分析和数值计算变得方便了很多。

李雅娣等建立复合材料的烧蚀物理数学模型，实现了动边界退移烧蚀与热传导相互耦合的计算，对烧蚀尺寸变化进行描述；并且利用 ANSYS 软件处理相变的方法，对材料的烧蚀特性和烧蚀机理进行了分析。陈敏孙对激光辐照下的复合材料热解时的一维温度场进行分析，采用有限差分的方法，建立模型并进行数值求解，分析了热分解气体的对流对复合材料温度场的影响，发现，复合材料温度场受热分解气体在材料内进行对流传输的影响较大。Oliveira 等建立了基于热传导方程和 Hertz－Knudsen 方程的有限元模型，用于模拟 Nd：YAG 和 KRF 脉冲激光辐照下碳化钛的烧蚀过程，计算出的两种激光靶的最高表面温度均高于碳化钛临界温度的估计值，证实了爆炸沸腾机理并解释了烧蚀速率增加的假设。张家雷建立了简化烧蚀模型，预测了激光辐照下碳纤维复合材料的瞬态温度场、烧蚀率以及热分解区域，通过此烧蚀模型针对高速气流剥蚀对激光损伤复合材料的热效应影响进行分析；后续又针对激光辐照复合材料的热响应过程，建立了轴对称模型，对复合材料辐照区域的瞬态温度场分布进行模拟。贺鹏飞采用复合材料细观模型，应用有限元软件 ANSYS 对复合材料的温度场、热应力以及烧蚀损伤的演化进行了数值模拟。Boley 等建立了激光与含有纤维结构复合材料相互作用的光线追踪模型，通过该模型可以确定复合材料的吸收率、吸收深度、反射光的角度和材料内的光功率增强情况，并且还开发了一个宏观模型，用来提供整体的损伤效果。

Vasantgadkar 等提出了一种预测激光烧蚀过程中温度分布和烧蚀深度的二维有限元模型，考虑到靶材料的温度特性、等离子体屏蔽对入射激光通量的影响、温度对靶材的吸收率和吸收系数的影响，得到预测的烧蚀深度与低激光流量下的实验结果非常吻合。

陈明对预应力和激光两者同时辐照复合材料时的损伤时间以及辐照后的热影响区进行研究，采用 ABAQUS 有限元方法进行数值模拟，分析了复合材料三维温度场的分布情况。王含妮对脉冲激光辐照芳纶纤维复合材料的损伤过程进行仿真，并建立了三维物理模型，给出了温度场的变化规律。研究结果表明：复合材料的温度随着激光功率密度的增大而增大，并在光斑中心处温度最高，其温度随着各位置到光斑中心点距离的增大而减小。随着激光功率密度的增大，材料的损伤面积以及熔融深度都逐渐增大。贺敏波建立了三维模型，对连续激光辐照复合材料的温度场以及热解质量损失进行模拟计算，将得到的结果与实验结果对比分析，研究表明：复合材料的质量损失随着激光辐照时间的增大而增大，复合材料在较长时间辐照下的质量损失比较明显，并且在低功率密度下，材料主要以热解的损伤形式为主。高辽远等利用 COMSOL Multiphysics 软件建立移动纳秒脉冲激光清洗 2024 铝合金表面丙烯酸聚氨酯漆层的有限元模型，对清洗过程的温度场和位移场进行可视化模拟分析，研究激光清洗 2024 铝合金表面漆层的温度场动态分布与表面去除的三维微坑形貌，探究激光工艺参数（扫描速度、光斑搭接率、能量密度）对温度场分布和清洗后基体表面微坑宽度、深度和深宽比的影响规律。通过激光清洗质量的研究，一般通过仿真和实验的组合，利用实验验证仿真，研究参数对清洗质量的影响；利用仿真探索激光清洗多方面特性的影响因素,具有成本低、效率高等优点。

4.2　激光清洗作用机制

4.2.1　激光冲击作用

激光的粒子性决定了在激光和清洗层的作用过程中必然存在着粒子间动量和能量的传递过程,使清洗层表面受到很大的冲击力,在多脉冲连续激光冲击清洗层的表面后,激光脉冲的作用力将逐渐累加,导致局部碎裂并脱离基体表面。

4.2.2　激光压力

激光辐照在待清洗物质表面,由于光子具有一定的动量,所以激光被反射后,每个光子的动量会对表面施加一个小的压力,但是高度聚焦的激光器能够提供非常高的光子通量,因而高强度激光会对待清洗物质产生一定的压力,可用公式表示为

$$p = I_0(1+R)/c$$

式中,p 为激光产生的压力;I_0 为激光强度;R 为材料表面的反射率;c 为光速。

功率为 1 kW 的 CO_2 激光器聚焦在半径为 0.1 mm 的光斑面积内可以得到 760 N/m^2 的光子压力。一般情况下,由光致压力传递到表面的压力很小,比大气压还小几个数量级,可能只能移动极小量的表面颗粒物,因此,这种机理通常在亚微米颗粒的去除情况下如激光清洗微电子元件进行探究(在气流的辅助下),在激光去漆或除锈等物质时的贡献可以忽略不计。

4.2.3　光分解作用

光分解作用实质上是一种"冷"烧蚀机制,在激光脉冲宽度极短的情况下开始介入,这种机制几乎不依赖热效应。激光以光子为能量载体,光子将能量传递到待清洗材料表面,进而引起一系列的物理、化学变化。而激光能量密度可直接影响待清洗物质吸收激光光子的方式,即当激光能量密度较小时,以单光子吸收为主,而当激光能量密度较大时,主要以多光子的形式吸收,具有足够能量的光子切断物质内的分子链可产生不同长度的分子短链,短链随后可由短脉冲准分子激光产生的相关机械力进行去除,最终达到去除待清洗物的目的。

依据所要清洗的材料性质与所使用的激光、激光与清洗物的相互作用可分为光化学作用、光热作用和光热协同作用。光子的能量 E 依赖于激光波长,根据 $E = h\nu$(h 为普朗克常数,ν 为光子的频率),准分子激光器每光子的能量(4.9 eV)大约是二氧化碳激光器(0.12 eV)的 40 倍。因此,高能紫外波长激光器,如准分子激光器,能够提供足够的能量直接将有机材料中的碳氢键打断,而波长为 355 nm 的脉冲紫外激光器的光子能量为 3.48 eV,此时光子能量与聚合物分子中的某些化学键键能相当,仅单光子吸收就有可能直接将其打断,即发生光化学作用。而波长为 1 064 nm 的红外光纤激光器的光子能量为 1.16 eV,此时单光子能量很难将聚合物分子中的化学键直接打断,而是发生光热作用,表

现为能量在聚合物基体中传递和累积,使材料表面温度升高,当温度升高到一定程度时,进而引起化学键热断裂。光热作用与光化学作用最显著的区别在于光子能量是否能在聚合物基体中进行累积。一般来说,激光清洗表面通常被认为是光热机制与光化学机制协同作用的结果,即光热协同机制。

4.2.4　选择性汽化

选择性汽化即烧蚀效应作为一种主要的清洗机制,吸收激光能量的待清洗物就会经历一系列过程达到汽化,通常在脉冲持续时间较长一般为 1 μs~1 ms 下发生,原理示意图如图 4.2 所示。当激光与待清洗物相互作用达到其熔融温度时,表面会出现一个熔融层,随着温度继续上升至待清洗物的沸点温度,待清洗物表面部分物质开始蒸发,即出现了汽化现象。当激光强度超过汽化阈值时,激光照射将使目标持续汽化,这个过程称为激光热烧蚀。当激光强度足够高、汽化很强烈时,待清洗物蒸气会高速喷出,并有可能把部分凝聚态颗粒或液滴一起冲刷出去,增强清洗效果,并在待清洗物中形成凹坑甚至穿孔。

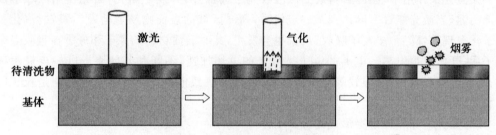

图 4.2　选择性汽化原理示意图

在激光与材料作用产生逃逸蒸气粒子时,蒸气粒子服从当下表面温度的麦克斯韦速率分布,且不断地相互碰撞,在靶材表面与蒸气层之间形成了几个平均自由程的碰撞区域,称为 Knudsen 层。Knudsen 层是蒸气与靶材之间的一个很薄的介质密度间断层,通过这个间断层物质由凝聚态变为烧蚀的蒸气。靠近蒸气层的粒子平均速率满足半麦克斯韦分布,靠近基材表面的粒子平均速率满足半麦克斯韦分布和返回因子的乘积。Knudsen 层两端的物理量满足质量守恒定律、动量守恒定律和能量守恒定律。

实现选择性清洗所需的重要条件是待清洗物通过汽化从基体表面去除,且不应超过底层基体的熔化温度。相对于基体材料来说,熔沸点更低的有机材料更易被选择性汽化去除,而基体几乎不受影响,当有机材料的吸收系数足够大,温度迅速上升更有利于有机材料汽化,由于激光与材料相互作用的特性,基体表面可能会有轻微的烧蚀或由于热应力引起的表面裂纹。

选择性汽化清洗,作为激光清洗的主要机制,需要详细了解待清洗物的吸收率和汽化温度,基体的吸收率和熔化温度(取决于材料中的元素和化合物),研究这一机制将有助于建立更加精确的清洗模型,而不损伤基体。

4.2.5　激光等离子体作用

1.激光等离子体的形成

等离子体也称物质的第四态,指的是通过长程库仑力而集体相互作用着的运动的带电粒子(电子、离子或部分中性粒子)的电中性集合。地球上自然存在的等离子体非常少,仅占1%,这是因为气体的电离度在常温下非常低。宇宙中99%的物质是以等离子体状态存在的,如极光、彗星、闪电等。随着科学技术的发展,人类接触到有关等离子体的方面越来越多,等离子体应用范围非常广泛,等离子体的产生方式主要包括以下几种:

(1)热致电离

产生等离子体的一种最简单的方法是借助热致电离法,任何物质都能产生电离,只要通过加热升温均可以使物质达到足够高的温度,粒子具有了动能,在相互碰撞的过程中,只要有一个粒子发生电离,就会产生等离子体。

在激光束作用下,固体材料表面因吸收光子而加热,并发生熔化,激光作用区域形成局部高温,当激光能量密度达到某一定值时,高温区域的表面物质就会发生蒸发、汽化和原子化等现象,随后"多光子吸收"现象也会发生,此时表面材料的原子和分子在吸收多个光子后,开始发生电离。电离的电子被激光的电场加速,不断和其他原子进一步发生碰撞,从而电离现象加深,导致等离子体形成。因此,热致电离产生等离子体机制是粒子间的相互碰撞作用。

(2)激光诱导气体击穿形成的等离子体

在激光脉冲作用下,气体的击穿过程大体可分为两个阶段。第一个阶段,在激光的聚焦区内,原子、分子乃至微粒经多光子电离,产生初始的自由电子,当聚焦区内激光脉冲的功率密度高达10^6W/cm^2以上时,在高光子通量作用下,原子有一定的概率通过吸收多个光子而发生电离,产生出一定数量的初始电子。第二个阶段是发生雪崩过程而形成等离子体,形成的等离子体由聚焦区向各个方向扩散开去,其起始扩展速率约为10^5m/s。等离子体快速向四周膨胀,压缩周围的空气,形成等离子体冲击波。由于这种高强度的冲击波的力学效应,使得冲击波与清洗表面物质相互作用达到某一程度时,能够使待清洗物脱离基底表面,该过程被称为激光等离子体冲击波清洗技术。

激光诱导形成等离子体的过程可以概括分为以下三个阶段:

①光电离阶段:由于原子中的电子在受到激光辐照时发生了光电效应或多光子效应而发生的电离。

②热电离阶段:在高温条件下,快速运动的原子之间发生相互碰撞,导致原子中的电子由基态变成激发态,激发态电子能量超过电离势的原子会被电离。

③碰撞电离阶段:在电场作用下带电粒子被加速,并与中性原子碰撞交换能量,使得原子中的电子获得足够高的能量而发生的电离。

另外,等离子体产生后还会继续吸收激光,等离子体通过多种机制吸收在其中传播的激光束的能量,使其温度升高、电离度增大。当光强较高,蒸气吸收的能量速率超过其各种损耗时,蒸气电离,自由电子数量随时间呈指数上升,使得蒸气完全电离,变成对激光不透明。等离子体吸收增大,到达材料表面的激光功率密度变小,汽化减弱,使得等离子体密度、温度下降,吸收减弱;反之,等离子体吸收减小,达到材料表面的激光功率密度变大,汽化增强,使得等离子体温度、密度上升,等离子体吸收增强。

等离子体对激光的吸收,阻碍了激光到达材料表面,切断了激光与材料之间的能量耦合,同时降低了激光与材料之间的冲量耦合,这种效应称为等离子体屏蔽效应。等离子体吸收的能量与入射激光能量之比,称为等离子体屏蔽系数。等离子体屏蔽系数与激光波长有关,长波长激光的等离子体屏蔽效应比短波长激光要强烈一些,出现时间更早。对于激光清洗技术,需要激光与待清洗材料有充分的能量耦合时,等离子体的吸收和散射作用影响了激光的传输效率,降低了到达工件上的激光能量,等离子体屏蔽应极力避免。

2. 激光诱导等离子体的基本特性

(1)等离子体的局部热平衡

等离子体是由电子、分子、原子和离子组成的,但只有带电物质才能够在电场的作用下被加速从而获得动能。因此,在等离子体中主要由电子来完成能量的传递,电子在运动的过程中与其他粒子发生碰撞,传递能量给其他粒子,反复地进行能量交换,从而使得等离子体中的各种粒子的温度趋向于相等状态,等离子体的这样一种状态被称为等离子体的热平衡状态。等离子体形成后,各个部分的温度具有较大的区别,但等离子体在某一部分或某一时间段内,局部的温度是几乎相等的,这就是等离子体的局部热平衡状态。

(2)等离子体的温度

激光诱导击穿光谱谱线强度和等离子体局部热平衡受到等离子体温度的影响,等离子体温度是等离子体特性的关键指标。但由于等离子体存在的时间非常短暂,而且温度相对来说特别高,暂时没有可以直接测量等离子体温度的仪器,现计算等离子体温度通常使用的方法有 Saha—Boltzmann 曲线法和 Boltzmann 平面法。

(3)等离子体中的电子密度

等离子体中的电子密度与光谱强度有非常密切的关系。等离子体中的电子密度通常通过测量谱线的展宽来计算得到,激光诱导等离子体中谱线展宽主要是由 Stark 效应引起的,这种展宽称为 Stark 展宽。谱线的 Stark 半宽 $\Delta\lambda_{1/2}$ 与电子密度 N_e 之间的关系可以表示为

$$\Delta\lambda_{1/2}=2\omega\times\frac{N_e}{10^{16}}+3.5\alpha+\left(\frac{N_e}{10^{16}}\right)^{1/4}\times(1-1.2N_D^{-1/3})\times\omega\times\frac{N_e}{10^{16}} \quad (4.11)$$

式中,ω 为电子碰撞参数,$2\omega\times\frac{N_e}{10^{16}}$ 来自电子展宽,$3.5\alpha+\left(\frac{N_e}{10^{16}}\right)^{1/4}\times(1-1.2N_D^{-1/3})\times\omega\times\frac{N_e}{10^{16}}$ 来自离子展宽,α 为离子碰撞参数,N_D 为 Debye 球内的粒子数。由于后一项相对前一项贡献较小,因此可以忽略不计,最后该式可以简化为

$$\Delta\lambda_{1/2}=2\omega\times\frac{N_e}{10^{16}}$$

通过实验测量得到等离子体中的谱线 Stark 半宽 $\Delta\lambda_{1/2}$,即能算出等离子体中的电子密度 N_e。

3. 等离子体冲击波的形成

现在的研究普遍认为激光等离子体冲击波的产生与等离子体膨胀密切相关。当一束

高功率激光照射到材料表面时,激光能量被材料吸收,宏观上该过程表现为材料升温、材料的状态发生变化。按激光与物质相互作用过程的发生时间可将其分为以下三个过程:(低温)热传导过程、汽化过程、蒸气电离及爆炸过程,最终形成等离子体及其周围冲击波。冲击波形成后,当冲击波波后气体分子的运动速度大于空气介质中声波运动速度(标准大气压下,声速为 340 m/s)时,冲击波的运动呈压缩空气的状态,这样就形成了冲击波的波阵面。波阵面持续不断压缩环境空气分子,结果导致交界面处的分子密度持续增加,该处气体相对未被压缩的空气分子而言,其各种参数发生了突变,包括温度、密度、压强、分子运动速度等。

图 4.3 为最初的等离子体膨胀到冲击波的形成过程。当入射激光能量密度高于靶材的击穿阈值时,会在靶材表面入射激光焦点位置形成高温、高密度的等离子体,如图 4.3 中(a)和(b)所示。在激光能量持续注入期间,不断吸收后续激光能量的等离子体,会推动周围的介质分子逆激光入射方向膨胀发展。激光能量中的一少部分会穿透等离子体并继续沿激光方向传输,大部分激光能量被等离子体吸收转化后向四周膨胀。期间等离子体内部的离子由于碰撞作用具有了动能,在某一延迟时间后,将跟随自由电子运动,此时等离子体内部会发生质量的迁移,并形成一个高压区。为了满足整个过程中的质量守恒定律这个客观条件,在外围的压缩区和焦点处的等离子体源之间自然就形成了一个稀疏区,如图 4.3(c)所示。稀疏区内分子和离子数密度最低,分子热运动也相对最低,将压缩区与等离子体源分开,以上过程就是激光等离子体冲击波的形成阶段。后续的过程中,激光能量持续注入等离子体中被等离子体吸收后,使冲击波的波阵面继续以更快的速度向外膨胀扩张、压缩空气中的介质分子。最后激光脉冲不再支持等离子体膨胀时,激光等离子体源会保持一定延时的膨胀运动状态,使高压区沿光轴方向对外膨胀,厚度继续增加。最终在没有激光后续能量支持下等离子体将熄灭,同时出现一个各个参量(温度、密度等)都突变的波阵面,如图 4.3(d)所示,这就是激光等离子体冲击波的形成过程。

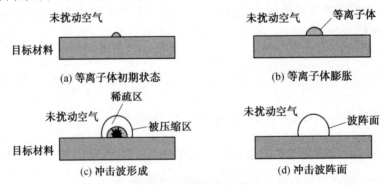

图 4.3 冲击波形成过程

4. 冲击波的传输与衰减

研究冲击波动力学过程中,在不考虑黏性和热传导等耗散效应时,通常将冲击波近似认为是一个没有厚度的数学间断面。介质在通过冲击波间断面前后,各个物理量都会发生变化,该过程为绝热过程。

一维冲击波波阵面结构示意图如图 4.4 所示,下标 0 代表静止理想气体,下标 1 代表

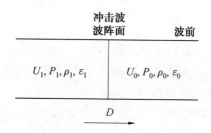

图 4.4　一维冲击波波阵面结构示意图

冲击波波后气体,中间竖线代表强冲击波间断面。波阵面前后各物理量满足质量守恒、动量守恒以及能量守恒定律。因此,一维冲击波基本关系式为

$$\rho_1(D-U_1)=\rho_0(D-U_0) \tag{4.12}$$

$$\rho_1(D-U_1)^2+P_1=\rho_0(D-U_0)^2+P_2 \tag{4.13}$$

$$\varepsilon_1+\frac{P_1}{\rho_1}+\frac{1}{2}(D-U_1)^2=\varepsilon_0+\frac{P_0}{\rho_0}+\frac{1}{2}(D-U_0)^2 \tag{4.14}$$

式中,ρ_0、P_0、U_0、ε_0 分别代表波前静止气体的密度、压强、介质速度和比内能,ρ_1、P_1、U_1、ε_1 分别代表波阵面左侧(已经受到扰动的气体)的密度、压强、介质速度和比内能。

由于比热容 γ 和密度 ρ 存在如下关系:

$$\gamma=1/\rho$$

整理以上各式可以得到

$$(D-U_0)^2=\gamma^2\frac{P_1-P_0}{\gamma_1-\gamma} \tag{4.15}$$

$$\varepsilon_1-\varepsilon_0=\frac{1}{2}(\nu_0-\nu_1)(P_1+P_0) \tag{4.16}$$

式(4.15)为著名的瑞利(Rayleigh)直线,也称冲击波波速方程,式(4.16)被称为雨贡纽(Hugoniot)方程,也称冲击波的绝热关系式。它们都是冲击波传播的基本关系式,适用于各种介质环境中传播的冲击波。

等离子体冲击波具有能量密度高、衰减强度迅速、电源小、空间分布对称性好等特点,其传播规律和点爆炸的特点十分相似,因此激光等离子体冲击波也经常用来模拟点爆炸过程,相反,也常借助点爆炸理论来研究激光等离子体冲击波。在冲击波传播问题上大多直接运用点爆炸理论。实际的爆炸与理论描述具有一定的差异,实际爆炸不可能是瞬时爆炸,而是会维持一定的时间,所以理论与实际存在偏差。目前,对于冲击波传播过程的研究普遍采用 Sedov-Taylor 理论来描述这种理想的、无黏性的、可压缩的流体冲击波。Sedov-Taylor 理论的成立至少需要满足以下三条基本假设:

①假设爆炸的发生具有瞬间性,或简单认为是一个"点",甚至可以忽略。

②假设爆炸过程中产生的爆炸粒子的质量非常小,甚至可以忽略不计。

③冲击波内部产生的高压远远大于外界气压,以至于将环境气压可以忽略不计。

Sedov 的点源爆炸理论中,利用了维度分析的方法求解得到点爆炸冲击波波阵面的运动方程,该方法可以有效避免求解流体力学基本方程的烦琐过程,将求解过程简化并得到如下公式:

$$R = \lambda_0 \left(\frac{E}{\rho_0}\right)^{1/(\beta+2)} t^{2/(\beta+2)} \tag{4.17}$$

式中，R 是冲击波传播半径；λ_0 是归一化常数；E 是一定比例的实际激光能量；ρ_0 是未扰动气体密度；t 是冲击波形成后的传播时间；β 是一个与爆炸纬度有关的系数，$\beta=1$ 代表平面波，$\beta=2$ 代表柱面波，$\beta=3$ 代表球面波。

对冲击波半径随时间演化的公式(4.17)求导，显然得到的是冲击波传播速度 U 随时间的关系，表示如下：

$$U = \frac{2}{\beta+2} \lambda_0 \left(\frac{E}{\rho_0}\right)^{1/(\beta+2)} t^{-\beta/(\beta+2)} \tag{4.18}$$

同样利用 Sedov 理论，还可以得到冲击波前沿后方气体的压强和密度关系，用下面的两个方程表示：

$$\rho_2 = \rho_1 \frac{\gamma+1}{\gamma-1+2M_s^{-2}} \tag{4.19}$$

$$p_2 = \frac{p_1}{\gamma+1} \frac{2\gamma - (\gamma-1)M_s^{-2}}{M_s^{-2}} = \frac{2}{\gamma+1}\rho_1 U^2 \left(1 - \frac{\gamma-1}{2\gamma}M_s^{-2}\right) \tag{4.20}$$

式中，下标 1 代表未扰动气体参数，下标 2 代表冲击波前沿后方气体参数；p 代表气体压强；γ 代表气体绝热常数，理想气体近似为 1.4；M_s 代表冲击波马赫数。

等离子体冲击波将对材料表面产生微观压缩，直到等离子体湮灭。

在激光等离子体冲击波产生过程中，由于冲击波的产生时间较短，一般在等离子体产生后出现，因而此时的激光同等离子体、冲击波之间存在着一个相互作用的问题。在激光等离子体冲击波产生后，后继入射的激光依旧能够提供给冲击波能量而支持冲击波的发展，如果激光强度不高，等离子体波阵面将以亚声速传播，形成激光支持的燃烧波，即 LSCW(Laser Supported Combustion Waves)。当激光强度足够高时，等离子体波阵面将以超声速传播，形成激光支持的爆轰波，即 LSDW(Laser Supported Detonation Waves)。汽化的物质高速喷出将对材料表面产生反冲扭力，如果扭力峰值足够高，则可能在目标材料中产生力学破坏，如层裂和剪切断裂等。受高能激光辐射的目标材料表面即使没有被烧蚀摧毁，也会因力学破坏而严重影响其技术性能甚至失效。

波长为 1.06 μm 和 10.6 μm 的激光产生 LSDW 的阈值强度分别约为 $10^8 \sim 10^9$ W/cm^2、10^7 W/cm^2，相应的等离子体温度分别为 1.9×10^4 K 和 10^7 K。表 4.1 给出了 1.06 μm 激光作用下一些材料产生 LSDW 的阈值。

表 4.1　一些材料产生 LSDW 的阈值

材料	激光功率密度/($\times 10^7$ W·cm^{-2})	激光能量密度/(J·cm^{-2})
铝箔	1.2	84.0
7075 铝板	1.08	74.8
铜	2.75	191.0
环氧树脂	2.3	158
铅	0.98	68.1
钛	2.3	160.1

4. 冲击波清洗理论模型

激光等离子体冲击波清洗纳米尺度污染物,冲击波前沿的强冲击力对粒子去除起到关键性的作用,冲击波前与微小粒子二者之间通过能量传递达到粒子移除效果。目前解释冲击波清洗动力学的主要模型有滚动模型和弹跳模型。

(1)滚动模型

基体表面的纳米粒子受的吸附力主要有范德瓦耳斯力、毛细力和化学键等。在干燥环境下直径小于 $50\ \mu m$ 的粒子,范德瓦耳斯力占主导地位。作用到粒子上的清洗力可以用冲击波施加到粒子表面的压强差来计算,当冲击波前沿后方的高速气流经过粒子表面时,冲击波与空气介质二者之间存在极大的压强差,这种压强差使冲击波施加给粒子表面一个向下的作用力,定义为清洗力。具体表述为:单位面积上作用到粒子上的冲击波压强差,用公式表示为

$$F_{s} = \int_{A_{p}} (p_{2} - p_{1})\boldsymbol{n}\mathrm{d}A \tag{4.21}$$

式中,p_{1} 和 p_{2} 分别代表大气压强和冲击波前沿后方气体压强;$\boldsymbol{n}$ 代表单位矢量法向量;A 为积分面积;A_{P} 为冲击波与粒子间的接触面积。由于粒子表面法向量与冲击波单位法向量的方向二者相反,而且标准大气压相比冲击波前沿兆帕量级的压强而言,忽略不计,所以上述的清洗力可以近似化简为

$$F_{s} = \int_{A_{p}} (p_{2} - p_{1})\mathrm{d}A \tag{4.22}$$

冲击波前沿后方气体压强可以通过式(4.20)得出,因此得到清洗力与粒子-基底间吸附力的关系。

图 4.5 给出了激光等离子体冲击波清洗过程的受力分析示意图。其中,F_X、F_Y 为清洗力 F_s 在水平和垂直方向上的分量,θ 为清洗力与水平方向的夹角,r_c 为接触半径。

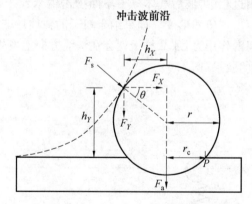

图 4.5　激光等离子体冲击波清洗过程的受力分析示意图

在激光等离子体冲击波清洗过程中,激光在平行基底表面上方空间传播,在待清洗处正上方击穿空气,形成了激光等离子体。此时的冲击波给予基底表面纳米粒子一个斜向下的作用力,即上面提到的清洗力,该清洗力在水平方向和竖直方向进行受力分解。可以定义出一个有利于粒子滚动移除基底表面的滚动力矩 M_c 和另一个阻碍粒子滚动移除的

阻抗力矩 M_R，可以用下面的公式将二者进行表述，这就是目前在激光等离子体冲击波清洗纳米粒子领域中常用到的经典粒子滚动移除模型：

$$M_c = F_X \cdot h_Y \tag{4.23}$$

$$M_R = F_Y \cdot (h_X + r_c) + F_{vdW} \cdot r_c \tag{4.24}$$

$$h_X = r \cdot \cos \theta \tag{4.25}$$

$$h_Y = r \cdot \sin \theta + (r^2 - r_c^2)^{0.5} \tag{4.26}$$

式中，F_{vdW} 为粒子与基底之间的范德瓦耳斯力。

当滚动力矩大于阻抗力矩时，水平方向的分力施加到粒子上的水平推动力，使粒子发生滚动移除效果。

定义清洗系数为 λ：

$$\lambda = M_c / M_R \tag{4.27}$$

$$\lambda = \frac{M_c}{M_R} = \frac{F_s \cos \theta \left[r \sin \theta + (r^2 - r_c^2)^{0.5} \right]}{F_s \sin \theta (r \cos \theta + r_c) + F_{vdW} r_c} \tag{4.28}$$

$\lambda = 1$ 是激光等离子体冲击波是否能够达到清洗纳米粒子效果的临界值。当 $\lambda > 1$ 时，纳米粒子在流场中开始滚动，并被移除，即达到清洗效果，而 $\lambda < 1$ 时，冲击波清洗力不足以达到移除粒子的效果，不能成功清洗样品表面。

从上面的结果可以看到，阻抗力矩中始终存在一个常数项 $F_{vdW} \cdot r_c$，该项决定在冲击波正下方的一个微小区域不能被清洗，无论冲击波强度大小如何，总会存在这样的一个位置。同时由于冲击波强度随传播距离呈急速衰减（近场），所以清洗结果将会是一个清洗圆环区。该结果由冲击波的特性以及滚动模型的机理所决定，不会因激光能量、激光脉冲数、脉宽、清洗间距等参数而改变，也可以说是该模型的清洗特点。

（2）弹跳模型

激光诱导等离子体冲击波清洗过程另一个清洗模型——弹跳模型，在这个模型中，在冲击波与粒子相互作用过程中，波后气体分子不断撞击纳米粒子，纳米粒子不断被压缩，导致粒子向下运动进而出现压缩形变。如果纳米粒子的弹性形变产生的向上弹力能够克服纳米粒子与基底之间的作用力，那么粒子就会在法线方向上发生弹跳运动，进而被移除而离开基底，达到清洗的效果（图 4.6）。

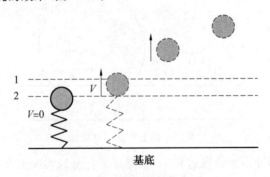

图 4.6　弹跳模型示意图

伴随着冲击波与基底表面纳米粒子的持续作用，波后气体分子继续挤压纳米粒子，且形变高度逐渐增加，同时粒子下降速度也趋近减小。此时假设粒子压缩形变后发生的是类似弹簧振子的谐振运动,弹性势能和运动速度均与冲击波的强度和作用时间相关。由于粒子材料的弹性特点,粒子开始接受冲击波传递的能量,并转化成自身的弹性势能。

在冲击波作用到粒子表面之前,基底上静止的粒子具有的弹性力和弹性势能分别为

$$F_{pe} = \frac{4}{3}E^* \sqrt{r L_{p0}{}^3} \qquad (4.29)$$

$$E_{pe} = \frac{8}{15}E^* \sqrt{r L_{p0}{}^5} \qquad (4.30)$$

式中,L_{p0} 代表没有外力作用时粒子的形变高度;E^* 代表粒子与基底之间的弹性模量,分别用公式表示如下:

$$L_{p0} = \frac{1}{4}\sqrt[3]{\frac{r A^2}{H^4 E^{*2}}} \qquad (4.31)$$

$$E^* = \left(\frac{1-V_1{}^2}{E_1} + \frac{1-V_2{}^2}{E_2}\right)^{-1} \qquad (4.32)$$

当冲击波到达基底后,形变高度 $L_p(t)$ 可以表示为

$$L_p(t) = f(t) + L_{p0} \qquad (4.33)$$

式中,$f(t)$ 为冲击波引起的随时间变化的形变高度。

形变能随形变高度的增加而增加,来自冲击波的能量转换并储存为粒子的形变能。粒子移除速度将受形变高度的影响。从式(4.30)可以看出,粒子形变能是形变高度的函数,结合式(4.33),形变能也是时间和粒子运动速度的函数。

冲击波与粒子作用的过程中,最大的形变能对应最小的粒子运动速度以及最大的弹性势能。当粒子速度下降到 0 时,弹性势能达到最大。如果此时的弹性排斥力大于范德瓦耳斯力,粒子将要发生弹跳运动,在外界条件允许的情况下,将移出基底表面。

冲击波与粒子碰撞过程中,粒子积蓄的能量满足弹跳条件,粒子就能够与基底表面分离。如果冲击波来自于垂直方向并与基底表面法向相反,那么波后气体分子与粒子的能量转换可以用如下公式表示:

$$\Delta p = p_0 - p_t \qquad (4.34)$$

式中,p_0 为波后气体分子的平均动量;p_t 为粒子在不同碰撞阶段的动量,假设冲击波前沿后方气体分子在与粒子碰撞之后从运动状态变为静止状态,那么碰撞过程中冲击波前沿后方气体分子获得的速度可以表示如下:

$$U_1 = \frac{\rho_p U_p}{\rho_1} \qquad (4.35)$$

式中,U_p 为粒子的运动速度;U_1 为波后气体分子运动速度;ρ_p 为粒子密度;ρ_1 为波后气体密度。

借助于冲击波的速度和压强的基本关系式

$$U_1 = \frac{2c_0}{\gamma+1}\left(M_s - \frac{1}{M_s}\right) + \frac{U_0}{c_0} \qquad (4.36)$$

$$P_2 = \frac{P_1}{\gamma+1}\frac{2\gamma-(\gamma-1)M_s^{-2}}{M_s^{-2}} = \frac{2}{\gamma+1}\rho_1 U^2\left(1-\frac{\gamma-1}{2\gamma}M_s^{-2}\right) \qquad (4.37)$$

式中,γ 代表气体绝热常数,理想气体近似为 1.4;M_s 代表冲击波马赫数。

整理得到关系式

$$\frac{M(M^2-1)}{(\gamma-1)M^2+2}=\frac{\rho_p U_p}{2\rho_0 c_0} \tag{4.38}$$

公式(4.38)即为冲击波马赫数与粒子弹跳移除速度的关系。

从弹跳模型的分析过程可以看出,决定粒子能否达到弹跳移除的参量弹性势能取决于指数衰减的冲击波强度,所以清洗区域呈从冲击波中心向外扩散的圆形。

4.2.6 热弹性振动作用

热弹性振动作用是指在激光清洗过程中,被清洗物和基底分别吸收部分激光能量,温度不同程度地升高,但被清洗物和基体材料的热膨胀系数不同,且短时间内迅速的热膨胀和冷却收缩会使结合面处产生很大的应力梯度,引起热振动波,造成被清洗物能够克服其内部结合力以及与基材表面的附着力而脱离基材。热弹性振动效应是公认的无损伤基底表面的激光作用机理。当基底表面无损伤时,利用激光热效应引起的热弹性振动被称为热弹性振动模型。

在热弹性振动机制中,被清洗物与基底都是吸收激光能量的,它需要被清洗物对激光具有一定的透过率。激光束辐照到待清洗物表面时,除一部分光束被散射外,另一部分被表面物质吸收。被吸收的光在内部的穿透深度 x 与光强 I 遵从朗伯定律 $I=I_0 e^{-ax}$,对于金属材料来说,a 一般为 $10^7\sim10^8\,\mathrm{m}^{-1}$,油漆等物质的吸收系数较小,如取 $a=10^6\,\mathrm{m}^{-1}$。

当激光作用于物质时,材料吸收激光能量后,首先并不是直接使材料的温度升高,而是使其物质粒子(如电子、离子和原子)获得过剩的能量。这些能量在各自由度内和各自由度之间的分配方式一开始并不是热平衡的,它们还必须经过粒子之间的碰撞才能达到平衡,从而体现为材料宏观温度的升高。随着有序的、局域的初始激发能减少,吸收的能量在材料自由度中的分配变为均匀分布的热能。激发态粒子在空间内不断碰撞,粒子的运动是一个空间随机的过程,粒子的持续运动时间称为粒子的碰撞时间,也是动量弛豫时间。随着能量的均分与传递需要一定时间,通常不考虑复杂的基元弛豫方式来描述热效应,而是用总能量弛豫时间来表征均分。一般非金属的弛豫时间为 $10^{-6}\sim10^{-12}\,\mathrm{s}$,金属的弛豫时间为 $10^{-13}\,\mathrm{s}$ 左右。最后热能传递流动在材料内扩散,激光的能量转化成热能。而激光的热效应会使被清洗物或基底的温度同时瞬间升高,从而在材料内部形成了温度场,但是由于所使用的激光能量要远远低于烧蚀机制中的激光能量,因此被清洗物并不会被直接烧蚀,而只是产生热膨胀。另外,被清洗物或者基底的热膨胀都可以在二者的接触面引起脱离力,而且很多情况下,基底热膨胀所引起的脱离力要强于被清洗物自身热膨胀所引起的脱离力。

热弹性振动与其他通过较慢速度加热烧蚀产生蒸发汽化将材料从表面去除的机制不同,当激光能量被材料吸收并快速沉积,在极短的时间内因受热而产生瞬时热膨胀,继而在漆层与基体之间的界面处引起振动波,在接触面形成强大的脱离应力。该弹性应力波从被辐照的表面穿透到材料中,在材料的自由表面以拉伸波的形式反射。

如果这些诱导应力足够大,被清洗物能够克服其与基体表面的结合力,且超过了被清洗物材料的剪切应力,被辐照区域材料就可能发生物理断裂,从激光清洗的角度解释即为将被清洗物材料从基体表面剥离,同时由于较短的脉冲宽度,几乎不会对基体造成损伤,因此这种清洗机制本质上对基体的损害较低。在激光清洗过程中,由于这种热致振动的发生,可以明显听到高频的振动声波。

激光脉冲产生的热弹性振动,产生了垂直于表面和平行于表面的温度梯度,这些温度梯度导致了热膨胀,使被清洗物与基体的应变和应力波从受热表面传播出去,由于受到被清洗物结合力约束,引起层间的热应力分布不平衡。

在被清洗物与基体结合的系统中,设被清洗物和基体的厚度分别为 H_c 和 H_s,位移分布方程为 $u_c(r, z, t)$ 和 $u_s(r, z, t)$,由波动方程可以得到被清洗物的热弹性振动方程:

$$\rho_c \frac{\partial^2 u_c(r,z,t)}{\partial t^2} = \left(B_c + \frac{4}{3}G_c\right)\frac{\partial^2 u_c(r,z,t)}{\partial z^2} - B_c\gamma_c\frac{\partial T_c(r,z,t)}{\partial z} \tag{4.39}$$

式中,B_c 为待清洗材料的体变模量;G_c 为切变模量;γ_c 为热膨胀系数。同理,基体的热弹性振动方程为

$$\rho_s \frac{\partial^2 u_s(r,z,t)}{\partial t^2} = \left(B_s + \frac{4}{3}G_s\right)\frac{\partial^2 u_s(r,z,t)}{\partial z^2} - B_s\gamma_s\frac{\partial T_s(r,z,t)}{\partial z} \tag{4.40}$$

式中,B_s 为基底材料的体变模量;G_s 为切变模量;γ_s 为热膨胀系数。在脉冲作用时间内,材料吸收激光能量产生热膨胀,产生清洗效果的应力应变方向主要在 z 轴方向,因此下面主要对 z 方向上的热应力进行研究。

在单位面积上热应力的计算公式如下:

$$\sigma = Y\varepsilon = Y\frac{\Delta L}{L} \tag{4.41}$$

式中,Y 为弹性模量;ε 为应变;ΔL 为 z 方向上热致膨胀产生的位移增量,ΔL 一般表示为

$$\Delta L = L\gamma\Delta T(r,z,t) \tag{4.42}$$

因此,热应力表示为

$$\sigma = Y\gamma\Delta T(r,z,t) \tag{4.43}$$

温度的升高程度决定了热应力的大小,激光清洗过程中产生的热应力主要位于待清洗物与基体的界面处,因此两层的应力在界面处相等,可表示如下:

$$\sigma_c = \sigma_s \tag{4.44}$$

$$Y_c\gamma_c\Delta T_c(r,H_s,t) = Y_s\gamma_s\Delta T_s(r,H_s,t) \tag{4.45}$$

由于待清洗物表面和基体底面无约束,因此没有产生应力,其边界条件为

$$\sigma_c = Y_c\gamma_c\Delta T_c(r,0,t) = 0 \tag{4.46}$$

$$\sigma_c = Y_c\gamma_c\Delta T_c(r,H_c+H_s,t) = 0 \tag{4.47}$$

在激光清洗开始瞬间,系统各处位移为零,则有初始条件:

$$u_p(r,z,0) = u_s(r,z,0) = 0 \tag{4.48}$$

以上是材料吸收激光能量后在材料内部产生热弹性振动并形成位移的理论模型关系,并依此计算在受到脉冲激光辐照作用下,材料的温度、应力和待清洗物的脱离位移。

4.2.7　蒸汽压力

蒸汽产生的反冲力是清洗基体表面物质的另一种作用机制。当材料吸收能量产生大

量蒸汽并以极高的动量从表面向四周膨胀时,前进的蒸汽与周围(未压缩)空气之间形成一个压缩空气区域,在压缩空气和环境空气界面产生冲击锋面,从而产生高压。这种作用机制将不需要吸收等离子体中的激光能量,只是由于蒸发材料的高动量而产生。

蒸发产生的反冲压力和之前所述的热弹性振动是两个不同的过程。Phipps 等对激光辐照金属和非金属靶材产生的压力进行了详细的实验研究,首先定义机械冲量耦合系数 C_m 为

$$C_m = P_a / I = M / W_L \tag{4.49}$$

式中,P_a 为烧蚀压力;W_L 为激光能量;I 为入射激光强度;M 为传递至靶材的动量。通过实验值拟合了一个机械冲量耦合系数 C_m 与激光强度 I、激光波长 λ、激光脉冲长度 τ 之间的关系:

$$C_m = b(I\lambda\tau^{0.5})^{-0.3} \tag{4.50}$$

式中,b 为常数,由材料的性质决定。

由式(4.50)可得到在激光波长为 1 064 nm 和脉宽为 10 ns 时,激光光强为 1×10^5 W/cm² 会产生 10 bar 的压力,光强为 1×10^8 W/cm² 可以产生 1 000 bar 的压力。因此,完全可以利用蒸汽压力作用机制充分地去除表面的有机物涂层、锈蚀物以及其他污染颗粒。

当蒸汽压力过大时,其引起的冲击波可能会在基体表面产生应力层,导致机械损伤。通过改变激光参数,可以改变蒸汽压力介入的程度和大小,实现清洗机制交互作用,根据不同清洗应用场景,将热效应和机械力的负面影响最小化,使激光清洗高效进行。

4.2.8 相爆炸作用

金属表面的腐蚀层,尤其是多孔氧化物膜层,如铁锈、疏松脆性强的污染层等,主要清洗机制为相爆炸,物质的快速汽化产生的极大压强使得膜层与基底层之间脱离。

(1)基底受热汽化

基底为热不稳定材料,激光能量透过污染物层而被下层的基底吸收,激光的加热作用将使基底材料发生汽化。汽化的基底物质进入到污染层与基底界面之间的空洞中,当空洞中的压力大于污染层与基底之间的结合力时,就会出现相爆炸现象。公式可表达为

$$p_g = p_{0g} \exp\left[c_g\left(1 - \frac{T_{0g}}{T}\right)\right] \tag{4.51}$$

式中,T_{0g} 是参考温度;C_g 是气态的比热容。使氧化物膜层发生破碎的气体压强阈值,一般需要达到 200~300 Pa 之间。

(2)界面处污染层汽化

与前述情况相似,只是这时发生汽化的是污染层的底层。

(3)缺陷内气体膨胀

在膜层与基底之间的界面,由于各种表面缺陷的存在,气体(如空气)将会吸附在这些界面空隙中,当透射的激光能量被界面中吸附的这些气体吸收后,它们的膨胀也会在界面层产生类似于上述的气体压强,克服污染层与基底之间的黏附作用:

$$P_d = \frac{k_B T}{S_0 r_d} \tag{4.52}$$

式中, S_0 是吸附气体的截面积; r_d 是界面缺陷的半宽度。通常情况下热稳定基底材料的阈值压强在 1 000 Pa 左右。

这些缺陷中充满了热膨胀系数非常高的空气。当激光清洗污染物时,这些空气吸收激光的能量,体积瞬间扩大几十倍。塑性较差的污染物层无法克服这么大的气压,从而出现相爆炸现象。

4.3　激光清洗过程分析

在激光清洗过程中,激光与材料相互作用涉及时间、空间、能量与材料等多个问题,对其过程的分析与研究,有助于充分认识激光作用下待清洗物质的物理化学变化以及去除过程。熟悉并掌握其规律,用于指导和优化激光清洗工艺,有利于提高激光清洗速度及质量。

激光与材料之间的相互作用大体可以分成三大类:光热过程、光物理过程与光化学过程。光物理过程与光化学过程相似,都是将大块物质分解为小块物质的过程,其中光物理过程吸收光能破坏的是小块物质之间的物理结合力,如范德瓦尔斯力与静电力,而光化学过程是吸收光能,尤其是紫外激光,破坏大分子的化学键,使大分子分解为小分子的过程。

(1)光热过程

光热过程的基本物理过程可描述为:首先,若干激光脉冲用于提供能量作用于待清洗物表面,通过热传导作用使待清洗物迅速升温,形成局部高温区域,其中激光的功率、能量分布、作用时间及待清洗物热物属性是局部高温区域形成的基本控制参数;后续激光脉冲与局部高温区域作用,待清洗物表面迅速形成烧蚀汽化匙孔,脉冲激光将继续与待清洗物内部作用,匙孔抑制热扩散,加剧选择性汽化效应。同时,待清洗物内部及待清洗物与基底界面处可能发生相爆炸作用,实现清洗的目的。

(2)光物理过程

光物理过程可以描述为:激光的能量在材料表面照射后,待清洗物吸收能量,温度上升并发生膨胀,待清洗物和基底的膨胀率存在差别并发生分离,从而脱离基底表面;同时,激光冲击材料表面产生的冲击力、激光诱导等离子体冲击力、待清洗物受热产生的蒸汽压力使得待清洗物被直接击碎破裂,达到清洗的效果。一般情况下,几种作用机理同时存在。

(3)光化学过程

光化学过程可以描述为:在激光与材料相互作用过程中,当光子的能量很大时,可能导致材料化学键断裂,即发生光化学变化,在纯光化学过程中,材料的温度变化可以忽略不计。光化学作用也会在材料内部产生应力以及各种缺陷,从而影响材料的光化学作用。例如,金属表面的碳微粒的清洗过程就是通过光化学烧烛破坏了碳原子之间的键结合。

基于以上三类过程,激光与物质相互作用使得清洗物去除的过程可描述为:①激光作用于清洗层表面,通过传导热使清洗层迅速升温,形成局部高温区域,此过程可用经典Fourier 热传导方程描述,此迅速升温过程涉及光热和光化学过程。激光的功率、能量分布、作用时间及清洗层材料属性是局部高温区域形成的基本工艺控制参数。②后续激光与局部高温区域作用,清洗层表面迅速形成烧蚀汽化匙孔,激光与清洗层内部作用,匙孔抑制热扩散,加剧烧蚀汽化效应。③清洗层吸收激光能量,清洗层内部形成温度梯度,清洗层产生不同的膨胀,形成热应力,破坏清洗层的完整性,直接去除或协助去除清洗层物质;同时,激光产生的冲击力、蒸汽的反压力以及清洗层内部可能存在的相爆炸力均可直接去除清洗层物质。此过程涉及光热和光物理过程。④高能量密度的激光与物质相互作用,产生瞬时高温,清洗物质由于受热会产生裂解气体以及汽化,高温气体继续吸收激光能量形成高温等离子体,等离子体吸收能量瞬间膨胀产生爆炸,最终形成等离子体冲击波,其产生的压力若远大于清洗层物质的强度,则清洗层断裂并被去除。

参 考 文 献

[1] FOX J A. Effect of water and paint coatings on laser-irradiated targets[J]. Applied Physics Letters,1974,24(10):461-464.

[2] ASSENDEL E Y,BEKLEMYSHEV V I,MAKHONIN I I,et al. Photodesorption of microsopic particles from a semiconductor surfaces into a liquid[J]. Soviet Technical Physics Letters,1988,14(8):650-654.

[3] HSU H T,LIN J M. Thermal-mechanical analysis of the surface waves in laser cleaning[J]. International Journal of Machine Tools & Manufacture,2005,45:979-985.

[4] 宋峰,邹万芳,田彬,等. 一维热应力模型在调 Q 短脉冲激光除漆中的应用[J]. 中国激光,2007,34(11):1577-1580.

[5] 田彬. 干式激光清洗的理论模型与实验研究[D]. 天津:南开大学,2008.

[6] 施曙东. 脉冲激光除漆的理论模型、数值计算和应用研究[D]. 天津:南开大学,2012.

[7] LU Y F,SONG W D,WANG B,et al. A theoretical model for laser removal of particles from solid surface[J]. Applied physics A,1997,65:9-13.

[8] ARNOLD N. Theoretical description of dry laser cleaning[J]. Applied surface science,2003,208-209:15-22.

[9] FRANCOIS B,SEMEROK A,Oltra R. Laser heating and ablation at high repetition rate in thermal confinement regime[J]. Applied surface science,2006,252:8314-8318.

[10] BRYGO F,DUTOUQUET C H,GUERN F L,et al. Laser fluence,repetition rate and pulse duration effects on paint ablation[J]. Applied surface science,2006,252:2131-2138.

[11] 鲜辉,冯国英,王绍朋. 激光透过油漆层的理论分析及相关实验[J]. 四川大学学报,2012.49(5):1036-1042.

[12] 白清顺,张凯,沈荣琦,等. 单晶铁金属表面污染物的激光烧蚀机理[J]. 物理学报,2018,67(23):136-145.

[13] GEBAUER J,FRANKE V,LASAGNI A F,et al. On the ablation behavior of

carbon fiber-reinforced plastics during laser surface treatment using pulsed lasers [J]. Materials，2020，13(24)：34-45.

[14] HSU H T，LIN J M. Thermal-mechanical analysis of the surface waves in laser cleaning [J]. International journal of machine tools & manufacture，2005，45：979-985.

[15] HSU H T，LIN J M. Removal mechanisms of micro-scale particles by surface wave in laser cleaning[J]. Optics and laser technology，2004，38(7)：13-16.

[16] JIANG H L，CHENG H Y，HE Y C. Propagation characteristics of nanosecond pulse laser-induced shock wave and the non-contact removal of particle [J]. Applied physics A，2021，127(4)：84-91.

[17] HAN J，LUO L. Conditions for laser-induced plasma to effectively remove nano-particles on silicon surfaces project supported by the national natural science foundation of China[J]. Chinese Physics B，2016，25(9)：423-428.

[18] LEE J M，CURRAN C，WATKINS K G. Laser removal of copper particles from silicon wafers using UV，visible and IR radiation [J]. Applied physics A materials science & processing，2001，73(2)：56-63.

[19] 李雅娣，张钢锤，吴平，等. 碳纤维/环氧树脂复合材料层板连续激光烧蚀数值计算 [J]. 固体火箭技术. 2008,31，3 (3)：262-265.

[20] 陈敏孙，江厚满，刘泽金. 热分解气体对流传输对树脂基复合材料温度场的影响 [J]. 红外与激光工程，2011，40(2)：220-222.

[21] OLIVEIRA V，VILAR R. Finite element simulation of pulsed laser ablation of titanium carbide [J]. Applied surface science，2007，253(19)：10-14.

[22] 张家雷，刘国栋，王伟平，等. 激光对碳纤维增强复合材料的热烧蚀数值模拟[J]. 强激光与粒子束,2013,25(8):1888-1892.

[23] 张家雷，王伟平，刘仓理. 激光辐照下复合材料热响应的轴对称数值分析[J]. 强激光与粒子束，2014，26(9)：0910241-0910245.

[24] 贺鹏飞，钱江佐. 激光作用下复合材料损伤的数值模拟[J]. 同济大学学报，2012，40(7)：1046-1050.

[25] BOLEY C D，RUBENCHIK A M. Modeling of laser interactions with composite materials[J]. Applied Optics，2013，52(14)：3329-3337.

[26] VASANTGADKAR N A，BHANDARKAR U V，JOSHI S S. A finite element model to predict the ablation depth in pulsed laser ablation[J]. Thin Solid Films，2010，519(4):21-30.

[27] 陈明，龙连春，刘世炳，等. 激光辐照与拉伸预应力作用下复合材料试件的破坏研究[J].应用力学学报，2010，27(2)：412-417.

[28] 王含妮，谭勇，张喜和，等. 芳纶纤维复合材料在脉冲激光作用下的热损伤研究[J]. 光电技术应用，2015，30(1)：26-31.

[29] 贺敏波，马志亮，刘卫平，等. 连续激光辐照下碳纤维环氧树脂复合材料热解问题

研究[J]. 现代应用物理：2016，7(1)：46-50.

[30] 高辽远. 纳秒脉冲激光清洗铝合金表面漆层数值模拟与实验研究[D]. 镇江：江苏大学，2019.

[31] ARNOLD N，BITYURIN N，BAUERLE D. Laser-induced thermal degradation and ablation of polymers：Bulk model [J]. Applied surface science，1999，138-139：212-217.

[32] RODE A V，BALDWIN K G H，WAIN A，et al. Ultrafast laser ablation for restoration of heritage objects [J]. Applied Surface Science，2008，254（10）：3137-3146.

[33] GEORGIOU S，ZAFIROPULOS V，ANGLOS D，et al. Excimer laser restoration of painted artworks：procedures，mechanisms and effects[J]. Applied Surface Science，1998，127-129：738-745.

[34] 马兴孝，孔繁敖. 激光化学[M]. 合肥：中国科学技术大学出版社，1990.

[35] RANBY B G，RABEK J F. Photodegradation，photo-oxidation，and photostabilization of polymers[M]. New Jersey：John Wiley & Sons，1975.

[36] 李玉. 激光诱导等离子体的动力学研究[D]. 吉林：吉林大学，2009.

[37] 马腾才. 等离子体物理学原理[M]. 合肥：中国科技大学出版社，1986.

[38] BYE C A，SCHEELINE A. Saha-Boltzmann statistics for determination of electron temperature and density in spark discharge using an echelle/CCD system [J]. Applied spectroscopy，1993，47(12)：2022-2030.

[39] STAVROPOULOS P，PALAGAS C，ANGELOPOULOS G N，et al. Calibration measurements in laser-induced breakdown spectroscopy using nanosecond and picosecond lasers [J]. Spectrochimica acta part B atomic spectroscopy，2004，59（12）：1885-1892.

[40] 辛仁轩. 等离子体发射光谱分析[M]. 北京：化学工业出版社，2005.

[41] 张平. 激光等离子体冲击波与表面吸附颗粒的作用研究[D]. 南京：南京理工大学，2007.

[42] SEDOV L I. Similarity and dimensional methods in mechanics[M]. 10th ed. Boca Raton：CRC Press，1993.

[43] 强希文，朱润合. 激光等离子体的非线性逆轫致吸收[J]. 激光杂志，2000，21(2)：28-29.

[44] LIM H，JANG D，KIM D，et al. Correlation between particle removal and shock-wave dynamics in the laser shock cleaning process[J]. Journal of Applied Physics，2005，97(5)：054903.

[45] LEE J M，WATKINS K G. Removal of small particles on silicon wafer by laser-induced airborne plasma shock waves[J]. Journal of Applied Physics，2001，89（11）：6496-6500.

[46] VANDERWOOD R，CETINKAYA C. Nanoparticle removal from trenches and

pinholes with pulsed laser induced plasma and shock waves [J]. Journal of Adhesion Science and Technology, 2003, 17(1): 129-147.

[47] ZHANG P, BIAN B M, LI Z H. Particle saltation removal in laser-induced plasma shock wave cleaning[J]. Applied Surface Science, 2007, 254(5): 1444-1449.

[48] 沃道瓦托夫. 激光在工艺中的应用[M]. 朱裕栋, 译. 北京: 机械工业出版社, 1980.

[49] SONG F, ZOU W F, TIAN B, et al. Model of one-dimensional thermal stress applied in paint removal by Q-switched short pulse laser [J]. Chinese Journal of Lasers, 2007, 34(11): 1577.

[50] ZOU W F, XIE Y M, XIAO X, et al. Application of thermal stress model to paint removal by Q-switched Nd: YAG laser [J]. Chinese Physics B, 2014, 23 (7): 074205.

[51] PHIPPS JR C R, TURNER T P, HARRISON R F, et al. Impulse coupling to targets in vacuum by KrF, HF, and CO_2 single-pulse lasers [J]. Journal of Applied Physics, 1988, 64(3): 1083-1096.

第5章　激光清洗工艺

激光清洗是一个过程简单而机理复杂的工艺过程。过程简单是指激光清洗无须任何前处理,对各类材料如金属、陶瓷,甚至透明的光学器件等进行单纯的激光辐照,完成清洗过程。机理复杂是指激光清洗过程,涉及激光冲击、热振动、激光烧蚀、等离子体冲击等多种理论。因此,为了探索激光清洗这种清洗方法的变化规律,分析清洗的具体可行性,有必要对其工艺及具体工艺参数进行分析。在此基础上,选定合适的激光器类型后,采用优化的工艺参数可去除各种涂层、油漆、颗粒或污物。

5.1　激光清洗工艺实验

5.1.1　影响激光清洗质量的因素

激光清洗质量与激光波长、功率密度、脉冲宽度、脉冲频率、扫描速度和次数、激光模式、离焦量、材料自身特性等参数都有一定的关系。这里在介绍某一参数对清洗质量的影响时,激光的其他参数是统一不变的,即控制变量法。

1. 激光波长

激光清洗的前提是激光吸收,因此,在选择激光清洗用光源时,首先要结合清洗工件的光吸收特性,选择适合波段的激光器作为激光光源。

实验研究表明,对于特性一致的污染物颗粒,在使用激光清洗时,激光的清洗能力和激光的波长呈负相关,即波长越短,激光的清洗能力越强,清洗的阈值越低。由此可见,在满足材料光吸收特性的前提下,基于上述规律,为了提高清洗的效果和效率,应该选择波长更短的激光作为清洗光源。

2. 功率密度

在进行激光清洗时,随着激光的功率密度增大,激光从能量不足以清洗待清洗物到可以清洗待清洗物的同时不损害基底材料,之后随着激光能量密度的进一步升高,基底便会受到激光的损害,这里激光的功率密度存在两个阈值界限。一个是上限损伤阈值,表示功率密度若超过这个值,激光便会损坏基底材料,另一个则是下限清洗阈值,表示功率密度若低于这个值,激光清洗的效果将无法实现。所以当激光清洗物体时,其功率密度需大于下限清洗阈值,才可以产生清洗效果,同时又不可以超过上限的清洗阈值,才能保护基底不受激光的损害。而在这个范围之间,功率密度越大,激光清洗的效果越好。因此应在不损伤基底材料的情况下,尽可能地提高激光的功率密度。

3. 脉冲宽度

激光清洗的光源可以选择连续光也可以选择脉冲光。脉冲激光可以提供很高的峰值功率，可以轻易地满足阈值的要求，目前，脉冲的宽度覆盖范围较广，从皮秒到毫秒。研究发现，在清洗过程中对基底造成的热效应方面，脉冲激光相比连续激光在这方面造成的影响会更小，连续激光造成的热影响区域更大。

4. 脉冲频率

在激光的输出功率等其他条件一定的情况下，激光的脉冲频率决定了作用在材料表面的单个激光脉冲的能量及能量的累积程度。当脉冲频率较高时，单个激光脉冲的周期短、能量低，单个脉冲产生的热效应现象较弱，但脉冲的热累积效应较强；若将激光的脉冲频率调制在一适合的范围内，不仅单脉冲能量较高，而且脉冲的连续作用使得两个脉冲的间隙停留时间短，即冷却（热扩散）时间短，辐照区域的温度来不及下降很多而下一个脉冲就已经又作用其上，使得材料表面的热效应现象增强；当脉冲频率较低时，单个脉冲能量很高，然而其脉冲连续性大大降低，使得热扩散的程度远高于热累积效应。

5. 扫描速度与次数

在激光清洗的过程中，根据待清洗工件的相关特性，选择合适的激光扫描速度和次数。激光扫描的次数越多，扫描的速度越慢，清洗的效率越高，但是这有可能会造成清洗效果的下降。因此在实际的清洗应用过程中，应该根据清洗工件的材料特性选择适当的扫描速度和扫描次数。

6. 激光模式

光束的空间相干性与其发散角有着紧密联系，对普通光源而言，只有当光束发散角 $\Delta\theta \leqslant \lambda/\Delta x$ 时，光束才能具有明显的相干性，这一点对于激光器而言同样适用。一般而言，把光波场的空间分布沿其传播方向与垂直于传播方向的横截面上的进行分解，即将光腔模式分为纵模与横模，其分布表示着纵向（即传播方向）与横向光场分布。横模的光场分布用 TEM_{mn} 表示，其中 m 和 n 分别为在 x 和 y 方向上的光场通过零值的次数。激光光束的空间相干性与方向性与激光的横模结构有着直接的关系，对于多横模结构，不同模式的光波场是非相干的，这就使得激光的空间相干性程度大大减小，而且光束的方向性因为高次模发散角的加大而变差；而对于 TEM_{00} 基模，同一模式内的光波场是空间相干的，而且单横模结构的方向性最佳，即单基模的空间相干程度最佳，接近于完全空间相干光。

当激光与物质相互作用时，由于激光模式的不同，即使入射光的功率相同，其强度的空间分布也将有所差别，从而导致激光在材料表面产生不同的温度场分布，使得材料表面清洗效果上存在差异。当激光光束的阶次较小时，光束的能量集中，光斑中心温度高，光斑区温度梯度大；而当激光光束的阶次较大时，光束能量发散，光斑直径也随之增大，功率密度降低。

7. 离焦量

离焦量即激光焦点位置与被清洗物表面的位置关系。在激光清洗过程中，离焦量也是非常重要的一个参数。激光清洗前激光一般需要经过一定的聚焦透镜组合进行会聚，而实际的激光清洗的过程中,一般都是在离焦的情况下进行的,离焦量越大,照在材料上的光斑越大,扫描的面积越大,效率越高。而在总功率一定时,离焦量越小,激光的功率密度越大,清洗能力越强。

8. 材料自身特性

材料自身特性的影响主要包括材料的表面粗糙度、材料在不同温度下对激光吸收系数的改变等。材料表面粗糙度对激光的吸收率的影响主要体现在两个方面,一方面是材料表面对激光多次反射的重复吸收,另一方面是某些材料对激光的吸收率会随着激光入射角的变化而变化,在其入射角为布儒斯特角时,材料表面对激光的吸收率达到最大,几乎能吸收全部的激光能量。大部分材料在不同的温度下,其热物理特性会产生改变,比如密度、比热容、电导率、折射率等,而这些因素的改变也将导致材料对激光吸收系数的变化。

5.1.2 工艺参数对清洗质量的影响

1. 清洗速度的影响

清洗速度是指激光束每秒经过的路程。激光的扫描速度主要影响激光停留在扫描路线上各点的时间,也就是影响激光直接加热各点的时间,因此,随着激光扫描速度的增加,加热各点的时间缩短,在激光功率密度一定的情况下,材料表面能够吸收的激光能量就小,使得材料表面的温度下降,同时传入基体的能量也有所减少,即热影响区域的范围有所减小。

在面式清洗时,激光清洗速度包括激光束在直线路程上清洗的速度以及从一个轨道跳跃到另一个轨道的跳跃速度。但由于跳跃速度很快,跳跃路程很短,通常将激光清洗速度默认为直线清洗速度。当其他清洗参数恒定,激光清洗速度快时,激光束走过单位路程的消耗时间少,能量密度低;激光清洗速度慢时,激光束走过单位路程的消耗时间多,能量密度高。激光能量密度计算如下式:

$$E = E/S = Pt\eta/S \tag{5.1}$$

式中,E 为激光器产生的总能量;P 为激光器功率;S 为激光扫过的面积;η 为能量吸收率(包括传送过程及吸收过程,假设 100% 吸收,未考虑频率、脉冲的作用)。

同时,激光的扫描速度也影响光斑的重叠率,当扫描速度较高时,光斑重叠率低,激光脉冲对材料表面产生的热累积效应不明显;反之,当扫描速度较低时,光斑重叠率过高,从而引起改性区域更高的热效应和更为复杂的光化学反应,影响激光对材料表面的处理效果。因此,要想获得优质的表面清洗质量,在确定激光功率的同时还需对速率做出合理的选择。

2. 清洗功率的影响

在激光清洗过程中,脉冲激光的聚焦光斑具有很高的瞬时功率和能量密度,能够将作用区域的材料表面迅速升温,使待清洗物瞬间融化、汽化,额外产生的热膨胀也有助于材料破碎剥离,从而实现表面的清洗处理。

当其他清洗参数不变时,改变清洗功率 P,能量密度随着功率的增大而增大,激光清

洗过程中,激光功率的大小与单脉冲激光能量成正比。单脉冲激光能量可以表示为

$$E = P / f_{rep} \tag{5.2}$$

式中,E 代表激光能量;P 代表激光功率;f_{rep} 代表激光脉冲重复频率。

当脉冲宽度固定时,单脉冲激光能量与激光瞬时峰值功率成正比,决定了设备的清洗能力。

3. 清洗频率的影响

原子从某一固定状态 E_1 跃迁到另一固定状态 E_2,会有能量变化。当激发态原子被频率 ν 的光子激发后,同方向会产生相同模式、相位的光子,这就是受激发射,亦为光放大的基本原理。频率 ν 和能量之间有如下关系:

$$h\nu = E_2 - E_1 \tag{5.3}$$

式中,$h\nu$ 代表一个光子的能量;h 代表普朗克常数。当清洗频率发生变动时,$h\nu$ 的变动会造成能量差值的改变。

激光脉冲重复频率是指一秒钟内激光脉冲出现的次数。依据式(5.2)可以看出,激光脉冲重复频率位于公式的分母部分,对于单脉冲激光能量的调节具有非线性。而单光束过程中单位长度释放的能量取决于扫描速度,脉冲能量和脉冲功率取决于激光脉冲频率。此外,脉冲重叠以及随后的两个脉冲重叠的程度,取决于采用的扫描速度-频率组合。由此可见,激光脉冲重复频率也是一个非常重要而且复杂的参数,需要与激光功率及扫描速率相匹配。

图 5.1 给出了高低频率下脉冲重叠与路径重叠差异性。可以看出,低频时同一前进方向上脉冲重叠度小,相邻前进方向上两脉冲重叠度也小;高频时同一前进方向上脉冲重叠度大,相邻前进方向上两脉冲重叠度也大。同一速度时,高频状况下由于脉冲重叠程度高,单位面积上的能量会高于低频状态下的能量。所以激光清洗时,应当注重激光频率与激光速度的搭配问题。

目前,研究发现,低速匹配高频,清洗碳纤维、钛合金、单晶材料时,前二者都会产生不同程度破坏、氧化。而单晶材料由于表面氧化层比较厚,低速高频下脉冲多次重叠正好能够去除单晶材料表面的氧化皮。可能是由于自然状态下碳纤维表面污染物和钛合金表面氧化皮比较少,不宜用高重叠性脉冲清洗;而单晶材料表面氧化物质厚度已经在 30 μm 以上,低速高频脉冲重合高单位能量高,能够充分清洗氧化物。

4. 脉冲宽度的影响

脉冲宽度的大小决定了激光对材料表面的作用时间,并且影响材料的烧蚀阈值,研究表明脉冲宽度越窄,越容易达到材料的烧蚀阈值,即达到烧蚀阈值所需的单脉冲能量越小。当脉冲宽度较大时,由于热传导作用,激光的热效应现象将增强,在辐照区域的外侧将产生熔融相;而当脉冲宽度达到飞秒量级时,在激光与材料相互作用时将不会产生热扩散和热熔现象,激光的光子能量将直接被材料表层原子吸收,产生化学键的振动甚至断裂,从而使材料表面的分子结构和分子环境发生改变。

4. 清洗间距的影响

清洗间距(D)是指激光清洗时相邻两激光束的中心距离。激光清洗不同材料时需要

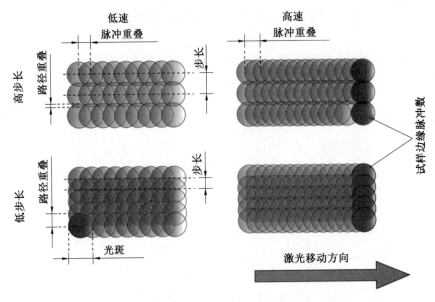

图 5.1　高低频率下脉冲重叠与路径重叠差异性

选用合适的激光清洗间距。设置清洗间距对不同材料进行清洗,发现清洗间距影响时间的同时,还会影响基体材料。一定清洗面积内,当清洗间距小时,激光束彼此紧挨,激光换行清洗次数多,导致清洗时间长;当清洗间距大时,相应清洗时间就会缩短。同时,一定清洗间距下清洗速度大时,清洗时间也会缩短。激光清洗的时间是清洗速度、清洗间距、清洗面积共同决定的结果。研究清洗间距、清洗速度、清洗面积、清洗时间四者关系有利于合理制定清洗方案。

5. 聚焦光斑离焦量的影响

　　获得高精度的激光清洗质量仅选择合适的激光加工功率及扫描速率并不全面,激光能量的高低除了与激光功率有关,与离焦量的变化也有很大的关系。通过对离焦量的选定,可以实现对作用在样品表面的激光功率密度的控制。通过对离焦量进行设定,一方面能够满足激光表面处理过程中对一定的激光功率密度大小的需求,另一方面可以避免对样品表面造成过度损伤。当激光光斑位于材料表面上方时,定义为正离焦量,随着光斑正离焦量的增加,作用在待清洗物表面的光斑尺寸逐渐增大,激光光斑能量密度减小。反之,当激光光斑位于被照射材料表面的下方时,定义为负离焦量,随着负离焦量的增加,作用在待清洗物表面的光斑尺寸逐渐增大,激光光斑能量密度减小。当激光光斑聚焦于待清洗材料表面时,属于聚焦加工状态,此时的激光光斑处于聚焦状态,由于激光光斑聚焦作用,照射在待清洗材料表面的激光光斑能量最强,合适的扫描速率与激光功率能达到较好的去除效果。另外,研究表明,当待清洗物所处离焦量为负值时,激光对材料的作用以烧蚀为主,离焦量的变化引起靶面的入射光功率密度的改变;而当清洗表面处于正离焦量时,离焦量的变化不仅影响清洗表面的激光功率密度,更重要的是影响了激光对待清洗物的作用机制。

5.1.3　激光清洗的工艺设计

激光清洗分为线式清洗和面式清洗两种方式。线式清洗为一定长的直线或者曲线清洗,面式清洗为多次线式清洗叠加组合而成。一般情况下,针对待清洗物质的属性及清洗要求,先研究线式清洗时待清洗物表面损伤情况,再研究面式清洗时的清洗情况。

在激光清洗的面扫描研究中,首先需要确定激光的扫描路径,如图 5.2 所示,清洗中激光光斑的扫描路径主要有以下四种:单向填充、双向填充、环形填充、优化填充。不同的填充方式对激光清洗效率和表面的填充效果会有很大的影响。

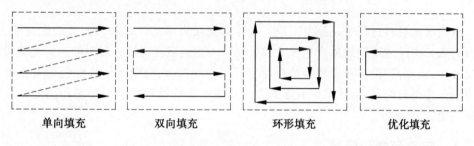

图 5.2　激光光斑扫描路径

①单向填充。激光光斑行走完一条直线轨迹后,通过旋转二维扫描振镜使其激光光斑返回下一条扫描线起点,其过程中激光开关为关闭状态,再次开始扫描时,激光开关重新打开。由于激光光斑和扫描振镜空走的距离较长,激光单向填充的清洗时间较长,激光清洗效率较低。但使用该填充方式进行激光清洗时,激光光斑排列整齐,清洗后样件表面的激光纹路较均匀一致。

②双向填充。激光光斑行走完一条直线轨迹后,关闭激光光源,激光光斑直接进行纵向位移,并从与上一次相反的方向进行扫描,再次开始扫描时,激光开关重新打开。由于双向填充过程中激光空走的距离相比单向填充较少,因此清洗速率要比单向填充快,清洗效率较高。但是光斑的排列上很容易出现错位以及行距不一致的现象,使得其光斑排列没有单向填充的整齐一致。

③环形填充。光斑移动的轨迹是由外及里或者由里及外依次填充,相邻轨迹之间运动时,激光关闭。环形填充的填充速度较快,清洗效率较高。但是由于拐角处激光光斑的重叠率较高,很容易使得四个拐角处出现很严重的烧蚀痕迹,影响样件表面的清洗质量。

④优化填充。激光光斑行走完一条直线轨迹后,激光光源不关闭,直接进行纵向位移,并从与上一次扫描相反的方向进行扫描。

在相同条件下,优化填充所用时间最短,效率最高,且激光清洗后光斑排列整齐一致,对激光清洗后的表面质量有很大的提高,因此,一般选择激光优化填充进行激光清洗操作,但根据研究内容的不同,可以选择不同的填充方式进行激光清洗实验。

激光清洗过程中主要由激光清洗参数调控清洗,如前两小结所述。如果探究全部的激光工艺参数对激光清洗材料的效果的影响规律,会使得实验的数量增大,给研究带来一定的困难。因此,一般情况下,根据清洗对象的特点及激光特性选择主要的工艺参数,如清洗功率、激光重复频率、激光扫描速度、扫描间距、激光光斑直径等对清洗效果影响较大,则采用全因素实验、正交实验进行设计。

一般来说,正交实验设计方法是利用与实验现象相符的正交表,安排和分析多因素实验。在实验因素的全部水平组合中,挑选部分水平组合进行实验,根据实验结果,最终找出符合要求的水平区间。在实际工艺设计过程中,一般选取兼顾激光去除效果和去除效率的工艺参数,由机理分析入手,以检测技术为辅,确定因素及水平,根据表面质量,结合正交实验和优化工艺,获取最优工艺参数。

5.2　清洗过程中的数值模拟

激光清洗材料过程中,温度场、应力场分布直接影响基体材料表面待清洗物的去除,进而对激光清洗的清洗效果产生重大的影响。考虑到激光清洗过程中的激光光斑辐射范围尺寸小、温度高、冷却速度快等特点,很难用实验的方法对激光清洗过程中的温度场和应力场分布进行测量,因此采用有限元方法对激光清洗过程中的温度场和应力场分布进行模拟研究。

5.2.1　有限元理论概述

在解决自然界或工程中的实际问题时,通常利用偏微分方程将抽象问题具体化,并转化为数学模型求解,但对于偏微分方程,除了少数极简单的问题能计算出解析解,大多数情况下难以顺利求解。为了更好地处理工程项目和数学物理问题,诞生了一种数值计算方法即有限元方法。有限元方法最早出现在 1960 年左右,很多公司在 1970 年后设计开发了适用于工程的有限元分析应用软件。凭借功能的全面,操作步骤的简单,计算数值的可靠性,有限元方法从众多计算方法中脱颖而出,成为工程项目中的强大分析后盾。

根据某种方法将区域的离散变量分成一组相对有限且相连的模块,这便是有限元方法的基本概念。不同类型的有限元建模方法包括宏观力学方法、微观力学方法和宏观—微观组合方法。鉴于每个模块都有自己的外观,而且各个模块又可以排列组合成不同的连接方式,因此有限元能复刻烦琐的解域。作为其本身的一个重要特征,有限元可以在任意模块通过近似函数来表示未知函数。目前,一般由每个连接点的标记值及其导数和差值来指示模块的相似数量。如此一来,未知场的函数值及其导数通过有限元方法在每个节点处都变为一个自由度,自由度状态由原先的连续自由状态转变为离散有限状态。要求得整个近似解,可以先通过插值法得出各个未知量的近似值,进而整合得出整个近似解。伴随着插值方法精度的不断提高,近似解和真实解的误差也在不断缩小。因此,只要收敛要求在各单元都达到,该解决方案最终可能会收敛到确切的解决方案。

5.2.2　ANSYS 仿真

ANSYS APDL 计算软件具有数据共享和信息交换的功能,并集机械、力、电、热于一体,且可用于图形用户界面(GUI)和参数化设计,易于使用者理解。因此,采用 ANSYS APDL 作为激光清洗温度场的数值模拟软件。

在激光清洗过程中,激光和清洗层发生相互作用时,热传递主要分为热传导、热辐射和热对流三种形式。热对流主要发生在流体传热中,即利用流体内不同温度的各部位发生热胀冷缩和位移进而传递热量。热辐射是物体通过电磁波传递能量的过程,即利用热使物体的内部能量转化为电磁波能量的辐射过程。

激光清洗的仿真主要分为以下步骤:有限元模型的建立、材料属性的设置、边界条件的定义、求解结果与后处理。

(1)建立有限元模型与材料属性的设置

为了映射激光清洗实验过程中的真实状态,应根据实际清洗样品的属性及结构建立热传导模型。

模型建立后,设定材料的属性,其中,热传导系数(W/(m·K))、密度(kg/m³)、比热容(J/(kg·K))、泊松比(ε)、熔点、沸点等属性是必须要定义的,一般采用命令流的方式进行材料属性的赋值,并且对相关材料进行属性赋值是十分关键的。一般,仿真过程中材料的物性参数也将决定仿真结果的准确性。但在实际清洗过程中样品表面的温度是很高的,且高温下其物性参数的测量也会变得十分困难。因此一般模拟时,选择使用材料的物性参数均为常温下测定的数值,且假定其不随温度的变化而发生变化。

(2)网格的划分

对于有限元模拟来说,网格划分是其中最关键的一个步骤。合理的网格划分方式能够提高 ANSYS 模拟运算的速度,同时可以获得高质量的网格。可根据模型大小、计算机性能以及精度要求,选择合适的网格划分方式。

(3)设置边界条件

在热力学的仿真过程中,为了获得唯一解,需要对计算域边界设定各种通量参数,这将直接影响热传导计算的准确性。

例如,在激光清洗膜层的仿真模拟中,边界条件主要包括材料表面与外界空气之间的对流和辐射:

材料表面与外界空气间的热对流:

$$-\lambda \frac{\partial T}{\partial n}\big|_r = h(T_f - T) \tag{5.4}$$

材料表面与外界空气间的热辐射:

$$-\lambda \frac{\partial T}{\partial n}\big|_r = \sigma\varepsilon(T_f{}^4 - T^4) \tag{5.5}$$

式中,n 为所在平面的法线方向;h 为对流换热系数;σ 为玻尔兹曼常数(5.67×10^{-8} W/(m^2·K^4));ε 为材料的热辐射系数;T_f 为所在环境温度(一般取常数 300 K)。

(4)激光加载方式

在最终的模型中,激光热源的确定是十分重要的,因为它将反映仿真结果与实验结果的误差度。当前数值模拟过程中的热源模型主要有 Rosenthal-Rykalin 热源模型、平面高斯热源模型、均匀体热源模型、旋转高斯体热源模型、组合热源模型等。当前,脉冲激光清洗涂层的数值模拟主要采用的是经典平面高斯热源模型,激光以热通量的形式加载到待清洗材料表面,单个脉冲的热通量的表达形式如下所示:

$$q(r) = \frac{kAP}{\pi\omega^2}\exp\left[-k\left(\frac{r}{\omega}\right)^2\right] \tag{5.6}$$

式中，k 为热源模型的热流分布参数，一般取 $1\sim3$。

通过命令流的方式加载激光热源，在一个脉宽内实现平面高斯热源的导入，然后再利用 SFDELF 命令将其移除。首先，在材料表面加载单脉冲激光能量，并进行热传导运算。其次，取消在材料表面加载的激光能量，与此同时，施加材料表面与外界空气之间的热对流和热辐射并进行运算。在确定激光加载路线后，通过以上不停的循环，就可以得出不同时间下的清洗表面温度场的分布图。

朱国栋采用 ANSYS 分析软件模拟脉冲激光清洗铝合金过程中的温度场分布，揭示了在激光作用下氧化膜及基底温度对铝合金表面去除形貌的影响规律。仿真研究了激光光斑直径在 $0.5\sim2$ mm、脉冲宽度在 $50\sim200$ ns、重复频率在 $8\sim11$ kHz、搭接率在 $20\%\sim80\%$ 下氧化膜以及铝合金基体的温度场变化情况，得到了模拟仿真过程中清洗工艺预参数：最佳激光光斑直径为 0.5 mm，最佳激光脉冲宽度为 50 ns，最佳重复频率为 8 kHz，最佳光斑搭接率为 40%。

5.2.3　COMSOL 仿真

COMSOL Multiphysics 软件是以有限元法为基础，通过求解单场偏微分方程或多场偏微分方程组来实现真实物理现象的建模和仿真计算交互开发，使用软件时可以通过建立普通偏微分方程，也可以通过使用应用模型预先设定好的模块，在特定的物理场模块下用户界面已经通过变量和微分方程建立。不同的物理场模块包含结构力学、半导体学、光学、电磁学、流体力学、量子力学、热传导学等多个模块，这些多物理场的应用模块整合能够更好地描述单一问题，更容易建立多场耦合模型。在问题设置的时候，该软件可以自由地设置物理场之间的耦合形式，且不受物理场、耦合形式等条件的限制，也不需要编写用户子程序，可以更容易、方便、准确地实现耦合计算。

（1）激光清洗有限元模型的建立

COMSOL Multiphysics 软件中对多物理场耦合问题的热分析包括线性或非线性、稳态或瞬态等分析方法，激光清洗特性决定了热分析的类别。模型表面在脉冲调制下的连续激光热源加载下短暂时间内形成巨大阶梯的温度差，从而引起内部热应力，并在整个加载过程中温度传导、散发状态不断持续，呈现出多元变量在瞬态三维非线性过程中求解问题。

针对耦合问题求解的方程，COMSOL 中有全耦合与分离求解方法可以选择。面对激光清洗仿真中，温度场和应力场两者物理场产生效应所包含的未知量会在全耦合方法下形成的一个综合方程组得到求解，并在单次迭代中包含所有耦合。而分离方法不会一次求解所有未知量，相反，该方法将问题细分为两个或更多分离步骤。每个步骤通常表示一个物理场，但也存在一个物理场也可以细分为多个步骤，其中某个步骤会包含多个物理场，这些单独的分离步骤小于通过全耦合方法形成的完整方程组。分离步骤在单次迭代中按顺序进行求解，因此需要较少的内存。一般情况，根据研究问题的需要选择求解方法，采用分离方法时，总体求解速度会更快。

由于全耦合方法包含未知量之间的所有耦合项，分离法相比于全耦合，其收敛性通常较差，所以在此前提下，需要提高非线性瞬态模型的收敛性，选择一个"分离步"采用牛顿法，即更新雅可比矩阵。接着对最大迭代次数和容差因子进行更改和设置，从而收紧瞬态求解器的相对容差，最后可以通过非线性方法的设置调整恒定为自动，实现自动更新雅可比矩阵并使用。

（2）几何模型建立和网格划分

根据研究对象及需求，建立几何模型，分为平面模型和三维模型。模型建立后，设置激光热源加载的路径和方向。

COMSOL 进行建模前，添加了"固体力学"和"固体传热"两个物理场接口，但对不同物理场选择对应单元性质对热应力模型稳定性具有重要意义。"固体传热"选择的离散化为二次拉格朗日单元，而"固体力学"则为线性离散化，因为过程中会有产生振荡应力的可能。

COMSOL 软件内有多种网格的划分方式可以选择，如：自适应网格细化、手动定义网格细化和使用物理场控制网格设置。其中，手动定义三角形网格，可以更直接控制细化程度和所建立单元的纵横比，具有更高级别的互动。另外，一般情况下，清洗样件上表面受到激光的垂直照射，且扫描路径下的位置吸收能量最大，所以上表面距离扫描路径的网格划分更密，同时，整体模型的网格划分从底部由粗化单元到上表面的超细化，如图 5.3 所示。

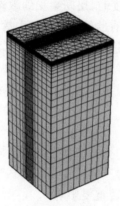

图 5.3　模型的网格划分

（3）激光热源模型与加载

高斯光束具有中心能量高、边缘能量较低的特点，适合激光清洗高能量集中的需求特点。当前，激光清洗的光源也多为高斯光源。

当激光加载在清洗材料表面时，激光光源是呈现体热源，部分光源会反射，剩余光源会被材料表面吸收并渗透到内部一定位置，并且能量通过热传导在各个方向发散，引起材料层之间发生相互作用，材料截面不同深度有不同的能量分布。高斯体光源同时也是球面波，光波平行传送时，能量密度达到最大值所对应的位置为高斯光源束腰，其半径称为高斯光束的半径。高斯光源束物理场分布的数学表达式为

$$E(x,y,z) = \frac{C}{\omega(z)} \exp\left[\frac{-r^2}{\omega^2(z)}\right] \times \exp\left\{-ik\left[z + \frac{r^2}{2R(z)}\right] + i\varphi(z)\right\} \tag{5.7}$$

式中，C 为能量吸收系数；$k = 2\pi/\lambda$，λ 为激光波长；r 为点到热源中心的距离，$r^2 = x^2 + y^2$；

$\omega(z)$为距离束腰 z 处的光斑半径；$R(z)$为距离束腰 z 处的光源曲率半径；$\varphi(z)$为距离束腰 z 处的相位。

上述高斯光场分布公式中振动幅度因子的平方与作用于清洗表面的激光能量呈正比例关系，结合式(5.7)，激光清洗基体表面能量密度分布函数为

$$I(x,y,z)=\frac{C}{\omega^2(z)}\exp\left[-2\,\frac{r^2}{\omega^2(z)}\right] \tag{5.8}$$

式中，$\omega^2(z)$为距离束腰 z 处的光斑半径的平方，且 $\omega(z)=(1+z/f)^{0.5}$，f 为共焦腔的焦距，$f=\omega_0^2/\lambda$，ω_0 为高斯光束的半径。

根据能量守恒可知，受到激光辐射待清洗物表面的吸收率 A 与待清洗物表面的反射率 R 的总和为1，即 $A+R=1$。

可计算得到激光热源模型如下：

$$I(x,y)=\frac{2AP}{\pi\omega_0^2}\exp\left(-2\,\frac{r^2}{\omega_0^2}\right) \tag{5.9}$$

式中，P 为激光功率。

激光热源模型的正确建立能为后续热传导分析和数值模拟提供良好理论，得到的仿真结果与实际实验才能相近。

当固体附着层加热到一定温度时，层间会受到激光作用发生振动，是因为材料经过激光的扫描发生热应力克服附着力的过程中吸收了大量的热通量。软件在固体传热模块中的热通量提供了模拟激光特性，通过热通量方程的嵌入简便了操作步骤，省去类似仿真软件子程序的开发。其中激光功率(P)、高斯光束的半径(ω_0)、材料吸收系数(A)对热通量数值大小起到决定性作用，体光源在三维瞬态的分布表现为磁通量的大小在深度方向按指数函数形式递减。

(4)热传导理论和边界条件

垂直激光束聚焦到清洗表面时，由于激光能量向样品内部的各个位置传递，经过表面反射和热对流等过程，热量的传递及累计使得样品内部呈现出不同的温度分布。样品材料的属性对激光能量的吸收率有着重要影响。

对于特定波长的吸收，随着激光穿透距离的增大，待清洗层吸收的能量不断减少。依据朗伯—比尔定律，材料吸收激光的强度随指数函数变化降低，距离清洗层上表面距离 z 处，其激光强度如下：

$$I(r,z,t)=(1-R)I_0 s(r)g(t)\exp(-\partial z) \tag{5.10}$$

式中，$s(r)$、$g(t)$分别代表脉冲下高斯光源强度在空间、时间上的表达式，具体为

$$s(r)=\exp\left(-\frac{r^2}{\omega_0^2}\right) \tag{5.11}$$

$$g(t)=\frac{t}{\tau^2}\exp\left(-\frac{t}{\tau}\right) \tag{5.12}$$

其中，τ 为脉冲宽度。由于光源为体光源，清洗层表面吸收热量需从三维瞬态角度分析激光作用的影响，结合热源公式(5.9)和距离清洗层上表面距离 z 处光强公式(5.10)可得

$$I(r,z,t)=\frac{2PA^2}{\pi\omega_0^2}\exp\left[-\left(\alpha z+\frac{2r}{\omega_0^2}\right)\right] \tag{5.13}$$

表面材料属性决定了待清洗表面激光的吸收率,根据物质对激光选择性吸收的规律,附着基体表面的清洗层吸收的激光强度为

$$-k_{1,2}\frac{\partial}{\partial z}T_{1,2}(r,z,t)=\frac{2PA_{1,2}{}^2}{\pi\omega_0^2}\exp\left[-\left(\alpha z+\frac{2r}{\omega_0^2}\right)\right] \tag{5.14}$$

式中,$k_{1,2}$ 为清洗层和基材材料的热传导系数;$A_{1,2}$ 为清洗层和基材材料的吸收率;$T(r,z,t)$ 为光源运动 t 时刻此处空间分布的温度。

　　清洗层吸收激光能量后,在深度方向上发生能量传递,在安全稳定的工作环境下,激光清洗过程中要确保能量刚好去除清洗层,剩余传递到基体表面的能量不能损伤基体,基于上述过程进行有限元仿真时,选择三维瞬态热传导分析作用于清洗表面。材料具有均匀、各向同性特性,满足傅里叶定律下的热传导物理模型,穿过清洗层以光源运动 t 时刻此处空间分布的温度 $T(r,z,t)$ 基于偏微分热传导控制方程表达式如下:

$$k_1\left[\frac{\partial^2 T(r,z,t)}{\partial^2 x}+\frac{\partial^2 T(r,z,t)}{\partial^2 y}+\frac{\partial^2 T(r,z,t)}{\partial^2 z}\right]+Q=c_1\rho_1\frac{\partial T(r,z,t)}{\partial t} \tag{5.15}$$

式中,Q 是激光清洗热源;C_1 为清洗层材料的比热容;ρ_1 为清洗层材料的密度。

　　图 5.4 所示为清洗层-基体双层模型平面示意图,上层的厚度为 l_1,基体厚 l_2,则式(5.15)表达式中 z 值大于 0,且小于 l_1。当高斯热源光斑垂直照射在清洗层上表面时,即 $z=l_1$ 时边界条件如下:

$$-k_1\frac{\partial}{\partial z}T_1(r,L_1,t)=A_1I_0g(t)\exp(-\alpha L_1) \tag{5.16}$$

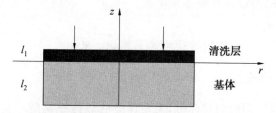

图 5.4　清洗层-基体双层模型平面示意图

　　激光开始照射时,$t=0$,清洗层初始温度为环境温度 T_0,其表达式为 $T_1(r,z,0)=T_0$。依据推理可以获得穿透过清洗层到达基体表面的激光光强,数学关系式表达为

$$I(r,L_2,t)=(1-R)I(r,z,t)A_1I_0s(r)g(t)\exp(-\alpha L_2) \tag{5.17}$$

　　到达基体表面的激光,经过吸收和反射,同样受到激光能量的转化形成热传递,所以基体的温度热传导方程如下:

$$k_2\left[\frac{\partial^2 T(r,z,t)}{\partial^2 x}+\frac{\partial^2 T(r,z,t)}{\partial^2 y}+\frac{\partial^2 T(r,z,t)}{\partial^2 z}\right]+Q=c_2\rho_2\frac{\partial T(r,z,t)}{\partial t} \tag{5.18}$$

清洗层与基体上表面的临界面,即 $z=0$ 位置处的边界条件为

$$-k_2\frac{\partial}{\partial z}T(r,0,t)=A_2I(r,0,t)s(r)g(t) \tag{5.19}$$

　　清洗层与基体双层模型的平面接收激光能量发生热传递,但模型的侧面相比较垂直受热平面的热传递影响区域较小,扩散热的能力可以忽略,所以默认其边界条件为

$$k\frac{\partial T}{\partial x}\Big|_{x=\pm M}=0 \tag{5.20}$$

基体层长度远大于清洗层,基体层底层可作为无限延长板,所以接收不到激光热量的作用,其边界条件表示为

$$k\frac{\partial T}{\partial z}\big|_{z=-l_2}=0 \tag{5.21}$$

同样,对于激光热量经过清洗层剩余的能量被基体吸收,其临界面清洗层下表面与基体上表面的温度相同,即 $T_1(r,0,t)=T_2(r,0,t)$。初始时刻 $t=0$ 时,初始条件则为 $T(r,z,0)=0$。

(5)清洗时间步的设置

在仿真过程中清除层与基体层之间依据分层理论,通过节点结合,虚拟节点被用于模型的整个厚度范围内。利用嵌入移动光源的函数完成激光清洗的过程,实现污染层单元的去除。根据单元状态的变化,通过多载荷步的建立和计算,得到温度场和应力场的模拟结果,而合理的步长可以获得精确解,并保证有限元模型求解的效率和鲁棒性的平衡。因为如果步长数值太小,则会占用太多计算时间;而步长数值太大,仿真获得的数据粗略甚至缺失,也可能导致代数求解器失败。同时,代数终止的准则与时间求解器的容差直接相关,太大的容差不仅会影响时间离散误差,还会影响终止代数迭代的误差。

(6)求解

COMSOL Multiphysics 求解器主要有稳态求解器和瞬态求解器,根据自身选定的物理场选择合适的求解器。激光清洗材料过程中,由于激光加热时间很短,且温度场温度分布随时间会发生变化,所以选择瞬态求解器。

(7)可视化后处理

计算模拟结果会在可视化后处理模式下显现出来。

5.2.4 分子动力学模拟

超短激光与材料作用的时间极短,宏观连续的热传导模型不能描述超短激光和材料的作用过程。然而,通过实验测定进行研究对实验条件和成本均要求较高;理论分析需要严谨的逻辑推理过程和合适的物理假设,数值模拟成本较低,易操作,适用性好,能较精确处理复杂的问题。

分子动力学模拟(Molecular dynamic simulation)的基本思想是将连续介质看成由 N 个原子或分子组成的粒子系统,各粒子之间的作用力可以通过对势能函数求导得出,运用经典牛顿力学建立系统粒子运动的数学模型,在给定的边界条件和初始条件下,通过数值求解得到粒子在相空间的运动轨迹,然后由统计物理学原理得出该系统相应的宏观动态、静态特性。分子动力学方法的出发点是物理系统的确定的微观描述,也就是说它是确定性方法。

分子动力学有两个基本假设:

①所有粒子的运动都遵循经典牛顿运动定律。

②粒子间的相互作用满足叠加原理。

这就意味着分子动力学在原子层次研究问题的同时,忽略了量子效应,因此分子动力学模型仍然是一种近似计算模型。运用此方法同样可以得到烧蚀物质的压力、能量、温度

和速度分布等,给飞秒激光烧蚀过程从微观上提供一个更真实详尽的描述。将外部观测和微观动力学相结合的分子动力学模拟方法在深入研究超快激光蚀除材料的机制方面具有独特的优势。具体包括如下执行步骤:

(1)牛顿运动方程

分子动力学的牛顿力学形式基本表达为

$$m_i \frac{\mathrm{d}v_i}{\mathrm{d}t} = -\nabla E_i = F_i$$

$$\frac{\mathrm{d}r_i}{\mathrm{d}t} = v_i \tag{5.22}$$

式中,m_i 表示第 i 个原子的质量;v_i 表示第 i 个原子的运动速度;E_i 表示第 i 个原子的势能;F_i 表示第 i 个原子受到的作用力;r_i 表示第 i 个原子的位移。

(2)势能函数

相互作用势是基于玻恩－奥本海默近似用于描述经典体系中粒子势能对周围匹配粒子的依赖性。原子之间的相互作用势一般采用较简单的对相互作用势(pair potentials)或稍微复杂的多体势(many-body potentials)描述。本节中对飞秒激光烧蚀 FCC 单质金属情况,原子体系内部的相互作用采用经典的 Morse 势描述。其表达式如下:

$$Er_{ij} = D[\mathrm{e}^{-2b(r_{ij}-r_0)}] \tag{5.23}$$

式中,D 表示原子之间的解离能;r_0 表示原子之间的平衡距离;b 表示平衡常数;r_{ij} 表示原子 i 与 j 之间的距离。由式(5.22)可求得 Morse 势描述的原子体系之间相互作用力为

$$F_i = -\nabla E_i = 2bD[\mathrm{e}^{-b(r_{ij}-r_0)} - \mathrm{e}^{-2b(r_{ij}-r_0)}] \tag{5.24}$$

采用 Morse 势计算 FCC 单质金属原子之间相互作用,运算速度快,结果较精确,因而被较多使用。

针对飞秒激光烧蚀 B2 结构镍钛合金的情况,宜采用第二动量近似的紧束缚(The Second-Moment Approximation of Tight-Binding,SMA－TB)势描述,该种势函数是一种多体势,不仅考虑原子与原子之间的相互作用,还考虑金属中自由电子气对原子的作用情况,此时:

$$F_i^{\mathrm{force}} = -\sum_{j\neq i}[2\varnothing'_{ij}(r_{ij}) + (F'_i + F'_j)\varPsi'_{ij}(r_{ij})]\frac{r_{ij}}{r_{\alpha\beta}} \tag{5.25}$$

$$\varnothing_{ij} = A_{\alpha\beta}\exp\left[-p_{\alpha\beta}\left(\frac{r_{ij}}{r_{\alpha\beta}}-1\right)\right]$$

$$F_i(\rho_i) = -\sqrt{\rho_i} \tag{5.26}$$

$$\rho_i = \sum_{j\neq i}\varPsi_{ij}(r_{ij}) = \sum_{j\neq i}\xi_{\alpha\beta}^2\exp\left[-2q_{\alpha\beta}\left(\frac{r_{ij}}{r_{\alpha\beta}}-1\right)\right]$$

式中,α 和 β 表示不同的原子种类,本书中具体指镍原子和钛原子;r_{ij} 表示原子 i 与 j 之间的距离;$r_{\alpha\beta}$ 表示晶格体系中原子 α 和 β 的最邻近距离;$A_{\alpha\beta}$,$p_{\alpha\beta}$,$\xi_{\alpha\beta}$ 和 $q_{\alpha\beta}$ 是四组关于势能的参数,它们一般由特定的物理性质决定,具体确定方式为,①若 α 和 β 属于同一种原子,它们分别由单质金属的结合能、晶格常数、弹性常数和非弛豫空缺形成能共同决定,②若 α 和 β 不属于同一种原子,对应的参数由 B2 结构镍钛合金在 0 K 时的结合能和弹性常数决定。

（3）积分算法

分子动力学模拟中，作用于每个原子的作用力的计算工作量很大，所以常用的数值算法已不再适用。计算时，一般采用每步只计算一次力的单步算法，省时、稳定、精度高。以下主要介绍 Velocity－Verlet 算法。该算法能够同时给出分子的位置、速度以及加速度，在此基础上还不会影响计算的精度。这种算法的优点是给出了显式速度项，并且计算量适中。目前应用比较广泛。Velocity－Verlet 算法的实施过程如下：

①规定初始位置。

②规定初始速度。

③第 $n+1$ 时间步上位置

$$r_i^{n+1} = r_i^n + \Delta t v_i^n + \frac{\Delta t^2}{2m} F_i^n \tag{5.27}$$

④第 $n+1$ 时间步上速度

$$v_i^{n+1} = v_i^n + \frac{\Delta t}{2m}(F_i^n + F_i^{n-1}) \tag{5.28}$$

式中，r_i、v_i、F_i、m_i 分别表示第 i 原子的位置、速度、受到的作用力、质量；Δt 表示积分步长。使用这种算法，能够成功得到同一时间步上的位置和速度，并且有较好的数值稳定性，这对长时间的模拟是极其重要的。

（4）初始边界条件及势能截断

原子体系的初始位置可由理想晶格体系在相空间排列实现，初始速度可采用随机函数生成并满足热平衡状态下的麦克斯韦－玻尔兹曼分布。为了模拟尽可能多的原子，同时又不增加计算工作量，通常需要对与激光照射平行的截面采用周期性边界条件。

另外，对于横向边界也要进行处理，有自由边界、固定边界、软边界等。在模拟激光与材料作用时需要对底部边界进行处理，避免人为蚀除假象，通常对底部原子进行速度减幅处理。在分子动力学模拟中，出于计算量的考虑，需要对势能进行截断。即在某一范围内势能是有效的，当原子间距离超出截断半径范围时，势能将衰减为零。

（5）系统趋衡

初始化后建立的系统往往不具有系统热平衡所需的能量，而且可能不是平衡态。本书调整能量采用的是速度比例法（velocity－scaling method）。具体执行趋衡过程的方法是对运动方程积分若干步，对速度做专门的再调整，以取走或增加系统的能量。这种调整通过对全部粒子的速度重新标度来实现：

$$v_i^{scaled}(t) = v_i(t) \times \beta$$

$$\beta = \sqrt{\frac{T_{ref}}{T(t)}} = \sqrt{\frac{(3N-4)k_B T_{ref}}{\sum_i m_i v_i^2}} \tag{5.29}$$

式中，β 为标定因子；N 为系统原子数；T_{ref} 为系统参考温度；k_B 为玻尔兹曼常数。重复这一过程，直至到达所需的能量并持续为止。

（6）材料与激光能量的耦合方式

目前激光与金属材料能量的传递过程主要采用结合双温模型的分子动力学方法来实现。将双温模型中电子能量耦合到分子动力学中的晶格原子运动上，通常的做法是晶格

原子的能量耦合采用施加一个速度均衡力的方法,由下式描述:

$$m_i \frac{\mathrm{d}^2 r_i}{\mathrm{d}t^2} = F_i + \xi m_i v_i^T$$

$$\xi = \frac{\sum\limits_{k=1}^{n} g v_N (T_e^k - T_i)}{n \sum\limits_{i} m_i \ (v_i^T)^2} \tag{5.30}$$

式中,m_i 和 r_i 分别是原子 i 的质量和位置;F_i 是由原子间相互作用势产生的作用于原子 i 上的作用力。运动方程中的速度均衡力项主要考虑到电子—声子的耦合。式(5.29)的表达主要区分了原子的热运动速度 v_i^T 和同一层中原子体系的平均运动速度 $\bar{v}_N$。它们之间的关系为 $v_i^T = v_i - \bar{v}_N$。晶格的温度和均衡因子 ξ 依赖于每一层的体积 V_N 以及层内所有原子的动能之和。

（7）微观参量的统计表达

材料宏观热动力学参量的精确表达对研究烧蚀机制至关重要。在分子动力学模型中,晶格温度考虑到原子热波动,故采用对微观原子动能进行统计的形式给出:

$$T_i = \frac{1}{3Nk_B} \sum\limits_{i=1}^{N} m_i \left(\sum\limits_{j=1}^{3} (v_{ij} - \bar{v}_j)^2 \right) \tag{5.31}$$

式中,N 是一层内的总原子数;k_B 是玻尔兹曼常数;m_i 是第 i 个原子的质量;j 代表空间笛卡儿坐标,当 $j=1,2,3$ 时分别表示 x, y, z 坐标;$v_{i,j}$ 表示原子 i 在 j 坐标下的速度分量;$\bar{v}_j$ 表示该层内所有原子在 j 坐标下的平均速率。

原子内部压强也是一个非常重要的物理参量,涉及激光烧蚀过程中的热动力学过程。压强的计算一般采用维里理论（Virial theory）,表达形式如下:

$$p = \rho k_B T_l + \frac{1}{6V} \left(\sum\limits_{i}^{N} \sum\limits_{j \neq i} F_{ij} \cdot r_{ij} \right) \tag{5.32}$$

式中,$\rho = N/V$ 为该层内原子的数密度。方程考虑物质中原子相互作用分为两个部分:第一部分（$\rho k_B T_l$）是来自于原子随机运动的动量传递过程,类似于理想气体中的压强,其中忽略了原子之间的作用力。第二部分专门考虑原子之间作用力的作用。热平衡分布来自麦克斯韦—玻尔兹曼理论,其理论上关于速率的概率统计表达如下:

$$P(v) = 4\pi v^2 \left(\frac{m}{2\pi k_B T} \right)^{\frac{3}{2}} \mathrm{e}^{\frac{-mv^2}{2\pi k_B}} \tag{5.33}$$

5.3　激光清洗的工艺示例

5.3.1　激光清洗有机漆层

采用自研的 500 W 脉冲激光清洗设备清洗不同类型漆层。图 5.5 和图 5.6 给出了激光清洗铁基环氧铁红底漆的形貌图。图 5.7 和图 5.8 给出了激光清洗铁基丙烯酸漆的形貌图。可以看出,对赤红色的氧铁红底漆漆层的激光清洗效率较高,扫描一遍后钢质表面的红色漆层基本清除干净,表面出现金属本色(图 5.5)。激光扫描点搭接紧密,点边界较清晰,出现白色的金属表面(图 5.6)。

图 5.5　激光清洗铁基环氧铁红底漆（深色）的光学形貌

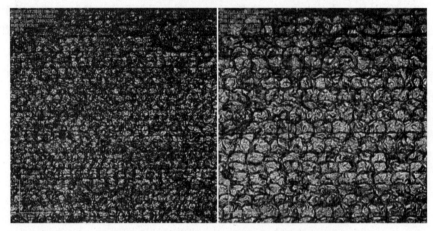

图 5.6　激光清洗钢质环氧铁红底漆的表面形貌

激光对绿色丙烯酸漆漆层清洗效率较低，扫描一遍后漆层表面没有明显的变化，需来回清洗四次才可基本清理干净，由于多遍扫描清洗，激光扫描点非常密集，存在扫描点重复清洗叠加的情况，部分区域存在清洗过度烧蚀的现象，点边界基本清晰（图 5.7 和图 5.8）。

图 5.7　激光清洗铁基丙烯酸漆（深色）的光学形貌

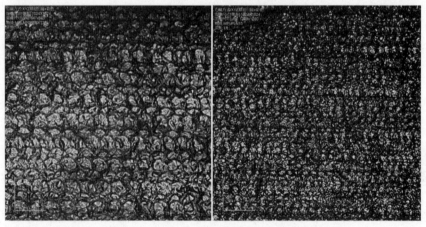

图 5.8　激光清洗铁基丙烯酸漆的表面形貌

5.3.2　激光清洗积炭

采用自研的 500 W 脉冲激光清洗设备清洗钛合金表面的积炭。图 5.9 和图 5.10 为激光清洗钛合金表面积炭的形貌图。可以看出,激光清洗以后,钛合金表面的积炭被清除,出现金属光泽,激光清洗表面非常光滑,激光光斑的痕迹非常模糊,没有出现熔融现象。

图 5.9　激光清洗钛合金表面积炭前后的光学形貌(深色区域为未清洗积炭)

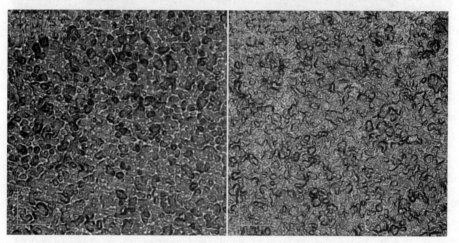

图 5.10　激光清洗钛合金表面积炭后的表面形貌(不同放大倍数)

5.3.3　激光清洗锈蚀层

采用自研的 500 W 脉冲激光清洗设备清洗碳钢表面的锈蚀层。图 5.11 和图 5.12 为激光清洗碳钢表面锈蚀的形貌图。可以看出,激光清洗以后,碳钢表面的原有划痕清晰可见,出现金属光泽。激光清洗表面的激光光斑痕迹较为明显,部分清洗区域出现发蓝现象。

图 5.11　激光清洗碳钢表面锈蚀前后的光学形貌

图 5.12　激光清洗碳钢表面锈蚀后的表面形貌(不同放大倍数)

参 考 文 献

[1] 傅广生，褚立志，周阳，等. 激光脉冲频率对纳米 Si 晶薄膜形貌的影响[J]. 中国激光，2005，32(9)：1254-1257.

[2] 师文庆，杨永强，郭炜，等. 脉冲频率及扫描方式对光纤激光软钎焊的影响[J]，中国激光，2009，36(2)：494-497.

[3] YARAR E, ERTURK A T, KARABAY S. Dynamic finite element analysis on single impact plastic deformation behavior induced by SMAT process in 7075-T6 Aluminum Alloy[J]. Metals and Materials International，2021，27(8)：2600-2613.

[4] 黄国权. 有限元方法基础及 ANSYS 应用[M]. 北京：机械工业出版社，2001.

[5] 王国强. 实用工程数值模拟技术及其在 ANSYS 上的实践[M]. 西安：西北工业大学出版社，2001.

[6] HUSSEIN F I, SALLOOMI K N, AKMAN E, et al. Finite element thermal analysis for PMMA/st. st. 304 laser direct joining [J]. Optics & Laser Technology，2017，87：64-71.

［7］朱国栋. 高铁车体用铝合金激光清洗工艺与技术研究［D］. 济南：济南大学，2021.

［8］GIRIFALCO L A，WEIZER V G. Application of the morse potential function to cubic metals ［J］. Physical Review，1959，114：687-690.

［9］LAI W S，LIU B X. Lattice stability of some Ni-Ti alloy phases versus their chemical composition and disordering ［J］. J. Phys.：Condens. Matter，2000，12 （5）：L53-L60.

［10］LI J H，DAI X D，LIANG S H，et al. Interatomic potentials of the binary transition metal systems and some applications in materials physics［J］. Physics Reports，2008，455：1-134.

［11］IVANOV D S，ZHIGILEI L V. Combined atomistic-continuum modeling of short-pulse laser melting and disintegration of metal films［J］. Physical Review B，2003，68：064114.

［12］CHENG C，XU X. Mechanisms of decomposition of metal during femtosecond laser ablation［J］. Physical Review B，2005，72：165415.

第6章　激光清洗质量调控与评估

激光清洗过程中,待清洗物受光压、光化学、光热作用迅速升温,熔化,之后强烈蒸发,汽化,甚至产生高温等离子体,不断去除待清洗物。激光与清洗物相互作用表现出复杂的物理化学现象,给清洗过程调控与评估带来了很大的困难。从清洗机理角度分析得到的改善清洗质量的调控措施,受工艺条件的变化而失效,须结合激光清洗的源头,深入分析激光清洗的关键因素,即激光束的特性,以及清洗效果的评估,以期精准调控激光清洗质量。

6.1　激光器的光束质量

6.1.1　激光的特性

激光具有和普通光源不相同的特性,通常将激光的特性概括为四个:方向性、单色性、相干性和高强度。实际上,它们的量子性根源是一个,因而本质上可归纳为一个特性,即激光具有很高的光子简并度,激光在很大的相干体积内有很高的相干光强。激光的这一特性正是由于受激辐射的本性和光腔的选模作用才得以实现的。激光的四个特性不是孤立的,它们之间有着深刻的内在联系。

(1)激光的方向性

与普通光源相比,激光是一种方向性极好的光源。激光束的方向性好也是激光束作为加工热源的重要原因之一。激光器射出的激光束基本上是沿轴向传播的,即激光束的发散角 θ 很小。通常把发散角 θ 的大小作为光束方向性的定量描述,光束的发射角 θ 越小,其方向性越好。激光的高方向性主要是由受激发射机理和光学谐振腔对振荡光束方向的限制作用所决定的。除了半导体激光器和氮分子激光器等少数激光器外,激光束的发散角 θ 约为 10^{-3} rad 量级,所对应的立体角 Ω 如式(6.1)所示:

$$\Omega = S/R^2 = \pi\theta^2 \tag{6.1}$$

式中,S 为表面积;R 为从发射源到端面的半径。

普通光源是在 2π 立体角(面光源)和 4π 立体角(点光源)中发射,它们比激光束的立体角大 10^{-6} 倍。因此,普通光源向四面八方发散,方向性很差。而激光束有很好的方向性,将能量集中在很小的立体角中。激光的高方向性使激光能有效地传递较长的距离,能聚焦到极高的功率密度,这两点是激光加工的重要条件。基模高斯光束的直径和发射角最小,其方向性最好,在激光切割、焊接中得到很好的应用。

(2)激光的单色性

如果一个光源发射的光的谱线宽度越小,则它的颜色就越纯,看起来就越鲜艳,光源

的单色性就越好。如果光波的波长为 λ,谱线宽度为 $\Delta\lambda$,则光波的单色性表示为

$$\Delta\lambda/\lambda \tag{6.2}$$

显然,谱线宽度 $\Delta\lambda$ 越小,比值越小,单色性越好。单色性最好的普通光源是氪灯,其发射波长为 605.8 nm,谱线宽度为 4.7×10^{-4} nm。激光的出现使光源的单色性有了很大的提高。例如,波长为 632.8 nm 的氦氖激光器产生的激光的谱线宽度小于 10^{-8} nm,其单色性远远好于氪灯。对于一些特殊的激光器,其单色性还要好得多。

由于激光的单色性极高,几乎完全消除了聚焦透镜的色散效应(即折射率随波长而变化),使光束能精确聚焦到焦点上,得到很高的功率密度。

(3)激光的相干性

相干性主要描述光波各个部分的相位关系,相干性有两方面的含义,一是时间相干性,二是空间相干性。对于激光器,通常把光波场的空间分布分解为沿传播方向(腔轴方向)的分布 $E(z)$ 和在垂直于传播方向的横截面上的分布 $E(x, y)$。因而光腔模式可以分解为纵模和横模。它们分别代表光腔模式的纵向光场分布和横向光场分布。

①时间相干性

激光的时间相干性是沿光束传播方向上各点的相位关系。在实际工作中,经常采用相干时间描述激光的时间相干性。相干时间就是光通过相干长度所需的时间,相干时间 τc 与单色性 Δv 的关系用式(6.3)表示:

$$\tau c = 1/\Delta v \tag{6.3}$$

谱线的频宽越窄,单色性越高,相干时间越长。对于单横模(TEM$_{00}$)激光器,其单色性取决于它的纵模结构和模式的频带宽度。

单模稳频气体激光器的单色性最好,一般可达 $10^6\sim10^3$ Hz,在采用严格的稳频措施的条件下,曾在 He−Ne 激光器中观察到约 2 Hz 的带宽。固体激光器的单色性较差,主要是因为工作物质的增益曲线很宽,很难保证单纵模工作。半导体激光器的单色性最差。

激光器的单模工作(选模技术)和稳频对于提高相干性十分重要。一个稳频的 TEM$_{00}$ 单纵模激光器发出的激光接近于理想的单色平面光波,即完全相干性。

②空间相干性

激光的空间相干性 Sc 是垂直于光束传播方向的平面上各点之间的相位关系,指的是在一定尺度范围内光束发出的光在空间某处会合时能形成干涉现象,空间相干性与光源大小有关。光束的空间相干性 Sc 与光束发散角 θ 和波长 λ 的关系如式(6.4)所示:

$$Sc = (\lambda/\theta)^2 \tag{6.4}$$

一个理想的平面光波是完全空间相干光,同时它的发散角为零。但在实际中,由于受到衍射效应的限制,激光所能达到的最小光束发射角不能小于激光通过输出孔径时的衍射极限角 θ_m,如式(6.5)所示:

$$\theta_m \approx (\lambda/2\alpha) \cdot (\text{rad}) \tag{6.5}$$

式中,2α 为光腔输出孔径。

激光的高度空间相干性在物理上是容易理解的。以平行平面腔 TEM$_{00}$ 单横模激光器为例,工作物质内所有激发态原子在同一 TEM$_{00}$ 模光波场激发(控制)下受激辐射,并且受激辐射光与激发光波场同相位、同频率、同偏振和同方向,即所有原子的受激辐射都

在 TEM$_{00}$ 模内，因而激光器发出的 TEM$_{00}$ 模激光束接近于沿腔轴传播的平面波，即接近于完全空间相干光，并具有很小的光束发射角。

由此可见，为了提高激光器的空间相干性，首先应限制激光器工作在 TEM$_{00}$ 单横模；其次，合理选择光腔的类型以及增加腔长来提高光束的方向性。另外，工作物质的不均匀性、光腔的加工和调整误差等因素也将导致方向性变差。

综上所述，光的时间相干性取决于它的单色性。光的频率越窄，波列持续的时间越长，时间相干性就越好。光的空间相干性本质上取决于光源各发光点之间有无固定的位相差。激光光源的发光面各点有固定的位相关系，所以空间相干性良好。

（4）激光的高强度

激光束的另一个显著特点是亮度高，只要用一块聚焦透镜就可将激光束的绝大部分（>99%）能量聚焦在激光焦点上。而普通光源只能聚焦万分之一的能量。

光源亮度 B 是描述发光表面特性的一个物理量，光源亮度 B 的定义是：单位面积的光源表面，在单位时间内向垂直于表面方向的单位立体角内发射的能量，如式（6.6）所示：

$$B = \Delta E / \Delta S \Delta \Omega \Delta t \tag{6.6}$$

式中，ΔE 为光源发射的能量；ΔS 为光源的面积；Δt 为发射 ΔE 所用的时间；$\Delta \Omega$ 为光束的立体角。

通常，还用光源的光谱亮度来描述光源，光源的光谱亮度 B_v 的定义用式（6.7）表示：

$$B_v = \Delta E / \Delta S \Delta \Omega \Delta v \tag{6.7}$$

式中，Δv 为 ΔE 的谱线宽度。

因为激光束的方向性好，它发射的能量被限制在很小的 $\Delta \Omega$ 内，且能量被压缩在很窄的宽度 Δv 内，这使激光的光谱亮度比普通光源提高很多。在脉冲激光器中，由于能量发射又被压缩在很短的时间间隔内，因而可以进一步提高光谱亮度。提高输出功率和效率是激光器发展的一个重要方向。

6.1.2 光束的质量

（1）波长 λ

①波长影响材料对激光的吸收率。除了材料本身的特性（如材料的种类、物态、温度及表面状况），材料对激光束的吸收与激光束的波长之间存在依存关系。对金属材料而言，激光束的波长越短，吸收率越高。

②波长影响激光束精细聚焦极限可能性。激光能达到的最小光束发散角受衍射效应的限制，设光腔输出孔径为 $2a$，则衍射极限 θ_m 为

$$\theta_m \approx \lambda / 2a \tag{6.8}$$

当一束发散角为 θ 的单色光被焦距为 f 的透镜聚焦后，焦面光斑直径为

$$d = f\theta \tag{6.9}$$

在光束发散角等于衍射极限的情况下，将式（6.9）代入式（6.8），可得

$$d_m \approx f\lambda / a \tag{6.10}$$

理想情况下，激光束通过聚焦可以获得直径为激光波长量级的光斑，波长越短，越有利于精细聚焦。这正是超短、超快激光源的研发成为激光科学研究前沿的原因之一。

③波长影响光致等离子体的形成。对于激光清洗过程,波长还影响到光致等离子体的形成。在激光的聚焦区内,原子、分子,乃至微粒经多光子电离,产生初始的自由电子,当激光的功率密度超过 10^6 W/cm² 时,在高光子通量作用下,原子有一定的概率通过吸收多个光子而电离,产生出一定数量的初始电子。自由电子通过光电效应或多光子效应吸收足够的光子能量而发生电离,使电子密度雪崩式地增长而形成光致等离子体。

(2)功率 P

固体材料的激光清洗主要是基于光热效应的热效应,前提是激光被加工材料吸收并转化为热能。在不同功率密度的激光束照射下,材料表面发生不同的变化,这些变化包括表面温度升高、熔化、汽化,形成小孔以及产生光致等离子体等。激光束与材料耦合时的功率密度比功率本身更具有实际意义,因为高功率密度是激光清洗最突出的优点,只有获得足够的功率密度,才能按照需要获得理想的清洗质量。

功率密度与激光功率和聚焦光束的焦斑大小密不可分。聚焦光斑内的平均功率密度可表示为

$$I_f = P/(\pi\omega_f^2) \tag{6.11}$$

其中,I_f 为聚焦光斑内的平均功率密度;P 为入射激光功率。

激光束的高方向性将功率包含在很小的空间立体角内,聚焦光斑越小,激光功率越高,在光束横截面上可以得到高功率密度。实际上,对不同厚度、材质等的应用,都存在最佳功率值,可以充分发挥激光器的优势。

(3)时间特性

激光束的时间特性体现在激光束输出的方式(连续输出/脉冲输出),脉冲输出的脉宽、脉冲形状等。脉冲激光和连续激光各有特色,脉冲激光有高峰值功率,有利于突破各种材料,尤其是高反射材料的阈值,也有利于减小被清洗材料的热影响区。

脉宽和频率是激光束时间特性的参数,人们用脉宽窄的激光作为认识工具,能获得大量信息。所以光脉冲的尺度已经从纳秒过渡到了飞秒和皮秒,它在瞬间发出巨大的功率,其超短脉冲宽度和超高峰值功率使飞秒激光技术成为研究物理、化学、物质原子和分子的超快过程,以及产生新一代粒子加速器和激光核聚变快速点火的技术途径。超短脉冲激光为人们提供了认识微观世界动力学过程的新工具,开拓了新的研究前沿。飞秒、皮秒激光的特点是超快和超高强度,具有极窄的脉冲宽度,光脉冲峰值功率达到了太瓦量级,聚焦光强超过了 10^{21} W/cm²。

(4)空间特性

激光束的空间特性是激光制造最关注的光束特性,从横向和纵向两个方面体现。横向特性表现在光束束腰宽度以及光束模式上,纵向特性表现了光束远场特性。空间特性是最能体现激光作为加工工具这把"刀"的锋利程度的指标。

激光束的横模分布对激光加工影响很大,激光束的空间相干性和方向性取决于其横模结构,它与所采用激光器谐振腔的类型有关。稳腔激光器一般输出高斯光束,但为了得到大的模体积,工业上多采用非稳腔结构,非稳腔高功率激光器经常输出高阶模激光束。除了基模高斯光束外,还存在高阶高斯光束,相应于高阶横模(TEM_{mn} 或 TEM_{pl})。

通常都以简单的低阶模、高阶模或发散角的大小来描述激光器的主要性能指标。光

束模式决定了聚焦焦点的能量分布,对激光加工具有重要影响。高质量激光束的原始光束直径和发散角较小,在光束横截面上具有较为集中的功率密度分布,容易聚焦成直径较小、功率密度较高的光斑。

(5)偏振特性

激光是横向电磁波,即光波的振动方向与传播方向垂直,振动方向与光束传播方向在同一个平面内的偏振方向称为线偏振光。两个互相垂直的线偏振光可以合成圆偏振光。

6.1.3 激光束质量的评价标准

激光束的光束质量是激光器输出特性中的一个重要指标参数。评价光束质量的方法很多,曾采用聚焦光斑尺寸、远场发射角、β 值和斯特列尔(Strehl)比等作为评价标准,它们各有优点和不足,长期以来未形成评价激光束质量的统一标准。1988 年,A. E. Siegman 利用无量纲的量——光束质量因子 M^2(如 2.2.3 节所述),较科学合理地描述了激光束质量,并为国际标准组织(ISO)所采纳,作为国际标准。

将基膜高斯束腰直径和远场发散角表达式代入式(2.30),光束质量因子 M^2 可表示为

$$M^2 = \pi\omega\theta/\lambda \tag{6.12}$$

式中,ω 是实际光束的束腰半径;θ 是光束远场发散角(半角)。

M^2 参数同时包含了远场和近场的特性,能够综合描述光束的质量,且具有通过理想介质传输变换时不变的重要性质。由式(6.12)可知,对激光束质量因子 M^2 的测量,可归结为光束的束腰半径和光束远场发散角的测量。

对于光束质量为多模激光束,引入一个等效基模激光束,使其束腰和多模束腰相等。等效基膜高斯光束半径和等效基膜高斯光束远场发散角在任意截面上满足

$$\omega_M(z) = M \cdot \omega(z) \tag{6.13}$$

$$\theta_M = M \cdot \theta \tag{6.14}$$

式中,$\omega_M(z)$ 为多模激光束光束半径,θ_M 为多模激光的发散角。

因此,多模激光束的共焦参数可以表示为

$$Z_0 = \frac{\pi\omega_0^2}{\lambda} = \frac{\pi\omega_{Mo}^2}{M^2\lambda} \tag{6.15}$$

多模激光束的 q 参数为

$$\frac{1}{q(z)} = \frac{1}{R(z)} - i\frac{M^2\lambda}{\pi\omega_M^2(z)} \tag{6.16}$$

基膜高斯光束的参数变换规律同样适用于多模高斯光束,因此有

$$q_2(z) = \frac{A\,q_1(z) + B}{C\,q_1(z) + D} \tag{6.17}$$

M^2 因子评价方法常用于低功率激光器产生光束截面上光强分布为连续的激光光束。M^2 因子不适合于评价高能激光的光束质量,高能激光的谐振腔一般是非稳腔,输出的激光光束不规则,将不存在"光腰",而且,对于能量分布离散型的高能激光光束,由二阶矩定义计算得到的光斑半径与实际相差很远,得到的 M^2 因子误差很大。M^2 因子要求光

束截面的光强分布不能有陡直边缘,如对于"超高斯束"M^2 因子就不适用。

6.2　激光束的聚焦与传输特性

大功率激光器的输出功率往往有一个很大的变化范围,随着输出功率的升高,输出的激光从基模变为多模,输出的光束质量也会随之变化,激光聚焦变换也会受到影响。因而,有必要对大功率激光器的聚焦特性进行研究。下面从聚焦特性和光束质量这两个方面入手对大功率激光器的聚焦特性进行分析。

6.2.1　激光束聚焦

(1)激光强度

一般来说,如果考虑让激光束通过一个光学系统传播,则光强将沿光路改变。随光程的增加,光强变弱;随光束的会聚,光强增强。当光功率密度不变时,光强仍会因光的吸收等损耗因素而发生改变,这种变化还随光束的衍射和聚焦而发生。对于激光热加工,激光焦点附近的光强分布是非常重要的。

激光束的聚焦形式可分为两类:一类是激光束的透射式聚焦;另一类是激光束的反射式聚焦。激光束经过一个单透镜聚焦后的衍射极限光斑尺寸,光束的每一个独立部分经过透镜后能成像为一个点辐射源的新的波前,并出现夫琅禾费对,透镜能将入射光束聚集在一个焦平面上,在焦平面中心集中了 86% 入射光束的光功率,故将焦平面中心($1/e^2$)处的光斑直径定义为聚焦光斑直径。当激光束以高斯形式传播时,经过光学系统后仍是高斯光束。

(2)激光束聚焦深度

激光聚焦的另一个重要参数是光束的聚焦深度(焦深)。聚焦深度 Δ 可按下式估算:

$$\Delta = \pm r_s^2 / \lambda \tag{6.18}$$

式中,r_s 是光束的聚焦光斑半径。

各种资料文献中对聚焦深度的截取位置各有不同。有些是以从束腰向两边截取至光束半径增大 5%处,此时聚焦深度为 $\Delta = \pm 0.32\pi r_s / \lambda$。另外有些是以光轴上某点的光强降低至激光焦点处的光强一半时,该点至焦点的距离作为光束的聚焦深度,此时有 $\Delta = \pm \lambda f^2 / \pi W_{12}$,$W_{12}$ 为光束入射到透镜上的光斑半径。由此可看出,光束聚焦深度与入射激光波长 λ 和透镜焦距 f 的平方成正比,与 W_{12} 成反比。

(3)像差

激光束通过光学系统,如透镜,聚焦后会产生像差,激光聚焦光斑半径因光学系统的像差而远远大于理论计算值。通常单色光经光学系统聚焦后会产生以下五种类型的像差:

①球差。轴外和近轴外光线通过透镜聚焦后,不是会聚于一点,而是会聚在不同的位置(会聚成一个模糊圆),从而引起球差。球差随入射光束半径 W_1 的平方改变,大光斑入射与短焦距透镜聚焦引起的球差最大,球差可通过改变透镜的形状,使透镜形状最佳化来减小。例如,采用平凸或凹凸透镜,将透镜凸面朝向入射光方向时所引起的球差最小。

②彗差。当旁轴光线在焦平面上成像成一个圆晕结构(类似于彗星成像)时,即引起彗差。彗差与 φW 成正比,φ 为光束入射角,W 为成像尺寸,彗差也可通过优化透镜形状来消除。

③像散。像散是由于旁轴光线通过一个透镜后产生的,它可以通过引入一个附加透镜来补偿,像散与 $\varphi^2 W^2$ 成正比。

④场曲率。场曲率是指成像不在一个平面上,而是沿一个曲面成像,那么如果在一个平面屏上观察成像,则像边缘会变模糊。场曲率的大小与 $\varphi^2 W^2$ 成正比,场曲率可以通过引入一个光阑来减小。

⑤畸变。光学畸变是由于成像因放大而发生改变。透镜往往不产生大的畸变,但畸变通常是由于引入附加光阑而产生的,畸变与 $\varphi^3 W^3$ 成正比。

在激光束通过透镜后引起的像差中,球差、彗差和像散是主要的像差,当然这也要视具体情况而定,但一个总的原则是要减少光束入射角。

(4)热透镜效应

在高功率激光清洗系统中,光学元件包括激光窗口和聚焦光学元件(如透镜)。受到强光束入射时,光学元件因本身对激光的吸收产生变形,并使光学元件材料的折射率发生变化,随着入射激光功率和材料的吸收率改变,会产生热透镜效应和焦点位置发生变化,这主要与激光输出窗口和聚焦透镜有关。热透镜效应主要是温度升高引起折射率的增加(d_n/d_T),继而引起焦距变短而产生的。

焦距的漂移量由下式计算:

$$\Delta f = (APf^2/\pi kDL) \cdot d_n/d_T \tag{6.19}$$

式中,A 是光学元件的吸收率;P 是激光功率(W);T 是温度(K);K 是热导率(W/(m·K),f 是焦距。

6.2.2　光束质量对聚焦的影响

达到工件表面光束的聚焦质量由光速质量和聚焦系统两方面共同决定。聚焦质量由光束参数乘积 K_f 值评定,聚焦系统特性由焦数 F 描述,F 定义为聚焦镜的焦距 f 和激光束沿光束传输方向达到聚焦镜处光束的直径 D 两个参数的比值。

$$F = f/D \tag{6.20}$$

一般情况下,对于激光高精度清洗来说,通常希望激光束聚焦后能够得到小而圆的光斑,以便在较低的功率下获得高功率密度,达到并维持稳定的激光清洗过程。焦数 F 实际上表示了光束质量与焦斑大小之间的斜率关系。焦数越小,不同光束质量激光束聚焦后的焦点半径差别越小;焦数越大,光束质量稍有变化时,得到的焦斑大小的变化很大。

焦斑位置是指聚焦光束束腰的位置。焦点偏移量表示焦斑位置相对于聚焦镜焦点位置的差值,用 Δf 表示;焦点漂移量表示激光束经过大范围传输后,焦斑位置的改变量,用 $\Delta f'$ 表示。它们都直接受到聚焦前激光束的射线长度(Rayleigh)影响,而射线长度也是体现激光光束质量好坏的一个方面。所以,光束质量对焦斑位置的影响可以转化为光束质量对激光束射线长度的影响。

基模高斯光束的射线长度与波长和束腰半径有关。波长只是表明了具有这种波长的基模高斯光束可以达到的射线长度的极限值,波长越短,这个极限值就越大。实际工业应用中的激光束多为高功率多模激光束,根据实际测量得到的光束束腰半径值和光束质量计算其射线长度。

光束质量越好(K_f 值越小),激光束的射线长度越长。在 K_f 值比较小的情况下,射线长度对光束质量敏感;当 K_f 值很大时,激光束的射线长度基本不受束腰半径 ω_0 和 K_f 值的影响,稳定在 10 m 左右。

焦深是聚焦光束射线长度的 2 倍,焦深越长表示光束准直的范围越大。有效焦深表示在极限加工范围内的光束准直长度,可用公式表达为

$$Z_{R-\text{effect}} = Z_{R1} + Z_{R2} - (Z_{f\max} - Z_{f\min}) \tag{6.21}$$

式中,$Z_{R-\text{effect}}$ 为有效焦深;Z_{R1}、Z_{R2} 为最大加工范围和最小加工范围的焦深;$Z_{f\max}$、$Z_{f\min}$ 为最大加工范围和最小加工范围聚焦光束束腰位置到聚焦镜的距离。

式(6.21)也可表示为

$$Z_{R-\text{effect}} = \frac{2}{(f - Z_f)^2 + Z_{R1}^2} \left(\frac{f^2 \omega_0^2}{K_f} - f^2 Z_f + f^3 \right) \tag{6.22}$$

式中,f 为聚焦镜的焦距;Z_f 为聚焦后光束的束腰位置到聚焦镜中心的距离。

根据式(6.22)分析,可以明确得到有效焦深随光束质量 K_f 值的变化,随着光束变换系统条件和激光器光束质量的不同,存在最佳有效焦深,可在加工范围内获得稳定的加工质量。

当聚焦角相同时,焦深与 K_f 值成正比,K_f 值越小,焦深越短。当聚焦光束的焦斑半径相同时,激光束的焦深与 K_f 值成反比,K_f 值越小,焦深越长。

工程应用中,希望得到的聚焦光束不仅具有小的聚焦光斑,还要有小的聚焦角和长焦深。小聚焦光斑要求聚焦系统的焦数尽量小,而小聚焦角和长焦深要求聚焦系统的焦数尽量大。因此,光束质量对激光聚焦特性的关键作用在于高光束质量激光可以在焦数大的情况下获得小聚焦光斑,得到具有最优特性的聚焦光束。

6.2.3 引起激光束焦点位置波动的主要因素

激光束从激光器输出窗口输出,传输到激光加工的位置,经反射镜改变方向和透镜聚焦,获得聚焦束腰(焦点)。由于激光并非绝对的平行光,激光加工中所说的焦点并非聚焦镜的几何焦点,而是具有一定发散角的激光束经透镜后聚焦光束的束腰,该处光斑最小,辐照强度最大。激光束的特性、聚焦透镜参数及工件与透镜间的距离这三个因素对聚焦位置有影响。

(1)工件—透镜距离的变化

在激光清洗过程中,聚焦透镜安装在激光清洗系统中,当其与工件之间的距离发生变化时,工件与透镜表面的距离也相应改变,从而造成聚焦后焦点位置发生变化。引起清洗系统与工件之间距离改变的原因,主要是工件表面不平整、装配误差、清洗过程中工件受热变形以及曲面清洗等。

(2)热透镜效应

激光束在介质中传输时,介质将吸收一部分激光能量而温度升高,从而引起介质的折

射率和形状发生变化,反过来影响激光光束的传输和聚焦。这种热影响可以等效为一个透镜对光束传输与聚焦的影响,因此被称为激光诱发的热透镜效应,简称激光热透镜效应。

(3)飞行光路中不同光程的影响

飞行光路是指在激光清洗过程中采用工件固定而光束移动的清洗方式。在激光清洗中,由于光束在传输过程中存在不可避免的发散,当聚焦透镜处于飞行光路中的不同位置时,聚焦光束的焦点位置也有不同。

除了影响焦点位置,光程的变化还会引起焦斑的辐射强度的变化。激光功率为 2.2 kW,聚焦镜焦距 $f=152$ mm。聚焦镜至激光器输出镜的距离为 6 540 mm 时,聚焦光斑的辐射强度相对值为 0.94;如果将聚焦镜与激光器输出镜的距离缩小至 4 350 mm,由于光程缩短,一方面使聚焦镜至焦点的距离相应减少,另一方面使辐射强度相对值降低至 0.48。

6.3 激光光束的输出

6.3.1 激光束输出模式

按照经典电磁场理论,电磁场的运动规律由麦克斯韦方程决定,单色平面波导是麦克斯韦方程的一种特解,它表示为

$$E(r,t)=E_0 e^{i2\pi\iota - ik \cdot t} \tag{6.23}$$

式中,E_0 是光波电磁场的振幅矢量;ν 是单色平面波的频率;r 是空间坐标矢量;k 是波矢。

而麦克斯韦方程的通解可表示为一系列单色平面波的线性叠加,在自由空间具有任意波矢 k 的单色平面波都可以存在,但在一个有边界条件限制的空间(如激光谐振腔)内,只能存在一系列独立的具有特定波矢 k 的单色平面驻波,这种能够存在于腔内的驻波(以特定波矢 k 为标志)称为光电磁波的模式。一种模式就代表电磁波运动的一种类型,或者说代表一种光子状态,它具有一定能量、动量和光波模体积。不同模式以不同 k 区分,且同一波矢 k 也具有不同偏振方向。

在谐振腔纵向的光子状态(或在纵向的稳定光场分布)称为纵向的光波模(简称纵模),在腔横向的光子状态或在横向的稳定光场分布称为横模。

在激光谐振腔内,激光场是一个稳定的驻波场,垂直于激光传播方向的光场分布称为横模,通常所说的光束的质量,主要是看输出光束的横模(TEM$_{mn}$,这里 m、n 分别代表两个正交方向的节点数)分量,也就是看 m、n 的大小。

6.3.2 激光光束的输出形状

激光光束的空间形状由激光器的谐振腔决定,在给定边界条件下,通过解波动方程来决定谐振腔内的电磁场分布,在圆形对称腔中具有简单的横向电磁场的空间形状。

正如前述,腔内的横向电磁场分布称为腔内横模,用 TEM$_{mn}$ 表示。整数表示在每两个互相垂直的方向通过光束模图的零点数(暗区),第一位整数表示沿径向穿过光斑的零

点数(暗区),第二位整数表示沿圆周方向的零点数的一半。用星号表示的模图是两个模相对中心的轴旋转 $90°$ 后的线性叠加。TEM_{00} 表示基模,TEM_{01}、TEM_{02}、TEM_{10}、TEM_{11}、TEM_{20} 表示低阶模,TEM_{03}、TEM_{04}、TEM_{30}、TEM_{33}、TEM_{21} 等均表示高阶横模。

目前常用的选模技术均基于增加腔内衍射的损耗,如采用多折腔增加腔长,以增加腔内的衍射损耗;或减少激光器的放电管直径或是在腔内加一小孔光阑,其目的也是增加腔内的衍射损耗。基模光束的衍射损耗很大,能够达到衍射极限,故基模光束的发散角小。从增加激光泵浦效率考虑,腔内模体积应该尽可能充满整个激活介质,即在长管激光器中,TEM_{00} 模输出占主导地位,而在高阶模激光振荡中,基模只占激光功率的较小部分,故高阶模输出功率大,但高阶模的发散也厉害。

6.4　清洗表面物理形态质量

激光清洗时,很难将激光的功率或者扫描时间控制得极其精准,都会或多或少地对基体的表面微观形貌造成一定的影响,因此要尽可能地将这种影响降低到最小。一般需遵守以下几点原则:

(1)最小伤害原则

无论是传统的清洗方法还是目前最先进的激光清洗方法,都必然会破坏清洗表面的微观几何形貌,可以进行模拟实验,然后再通过真实的实验来调整清洗方式与清洗参数,最终确定一个最佳清洗参数匹配,这样就可以尽可能地在可控制范围内来使这种破坏降到最低。

(2)真实性原则

激光清洗后,基体表面微观形貌发生变化,这时如果伤害太大就会破坏原有形貌,并且这种破坏基本上不可逆,所以在清洗时必须保证微观形貌在可控范围内,不能让基体表面的真实有效性发生改变,这是进行清洗的最基本原则,也是必须要遵守的原则。

(3)整体性原则

整体性原则就是要保证一切能够反映清洗对象特征的元素必须在清洗后存在,一切代表清洗对象特性的微观形貌必须存在。如果整体性原则被破坏,那么此清洗对象将会变得毫无意义和价值,这就表明此次清洗是失败的。这里所说的整体性并不是进行一定方式修复后的整体性,这种整体性是后期人为强加上的,并不是清洗对象本身所具有的,所以必须在清洗时保证清洗对象的一切本身原有的特性。

6.4.1　表面清洁度的评定

目前,国内关于怎样准确、全面地评价样品表面的清洗效果还没有一个现有的标准。现在国内评价清洗效果的方法多为后验法,即通过清洗后的成品率来确定清洗效果,但对清洗后的表面清洁度没有准确的评价方法,这样无法适应现代企业向敏捷制造(AM)方向发展的要求。因此,在目前的形势下,根据各行业的特点,制定相关的表面清洁度评定标准和评定方法是一项相当紧迫而又艰巨的任务。

表面清洁度也称表面洁净度,一般指经去油、除锈、去氧化皮及其他腐蚀产物,去旧涂膜,甚至包括磨光和抛光等工艺处理后,获得所需表面的清洁度。表面清洁度的一般要求是:①彻底去除油污,使用各种不同的方法,彻底去除金属或非金属表面油污,使其由憎水或局部憎水变为亲水。②彻底去除表面的杂物,包括去除金属表面的腐蚀物,如焊渣、砂型、旧漆膜、抛光粉等,使其呈现金属的本质;去除非金属表面的杂质,如旧漆膜、抛光粉等,使其呈现非金属的纯净表面。

激光清洗表面的表面清洁度对清洗质量的评价极其重要,是激光清洗是否合格的重要标准。同时,激光清洗对象的表面清洁度对清洗对象的后续使用具有重要的影响,关系到其使用寿命和安全问题。所以,激光清洗后要对清洗对象表面的清洁度进行评价。

目前,关于激光清洗表面清洁度的评价未形成统一的标准,测定方法也未形成统一的规定,实际应用中主要是根据使用要求,激光清洗达到规定的既定标准即可。

对于传统清洗方法的表面清洁度的评定方法有很多,激光清洗的表面清洁度可以借鉴传统清洗方法的表面清洁度评定,主要有:

(1)目视检查法

目视检查法是指由人工直接用眼睛在显微镜下对零件可以看到的外表面或内腔表面进行检查。调节显微镜的照明亮度和放大倍数,判断污染颗粒是金属、非金属或纤维以及其尺寸的大小。目视检查法可以检查残留在零件表面比较大而明显的颗粒、斑点、锈斑等污染,但检查的结果受到人为因素影响很大。

(2)液滴检验法

液滴检验法是将水或乙醇等液体置于清洗表面,通过液体在表面的扩散程度、浸润性和接触角大小等参数来判断表面清洁度。利用接触角参量检验表面清洁度可以实现定量检测。接触角的测量可采用光反射法和扩散映像法等。接触角检测法能有效地检查出单分子层等级的污染。接触角大,表示表面被憎水性的污物(油/脂等)污染;接触角小,液滴破裂或摊薄,表示该表面清洁。这种测试方法受人为因素影响也很大,而且这种方法对非常轻小或分散的污物不易识别。尤其是有些特殊材料(如 PTFE 塑料)即使表面很清洁,对大多数液体的接触角也很大。所以,接触角检测法不适合对某些关键重要的表面清洁度测试。

(3)呼吸成像检验法

呼吸成像检验法是将试样罩在清洁热蒸汽上,观测表面水的附着状态和附着水的蒸发状态,也称蒸汽检验法。经火焰清洁处理的试样玻璃板(为清洁状态),在呼气时,表面形成均匀水膜,形成对光不产生漫反射的黑色呼气像;未经清洗的试样玻璃板,其表面不被水润湿,形成灰色呼气像。用这种方法检验石英板表面可以达到微量污染的半定量检验。

(4)颗粒尺寸数量法

颗粒尺寸数量法是根据被检测的表面与污染物颗粒具有不同的光吸收率或散射率来进行尺寸的测量,其测试方法是将一定数量的零件在一定的条件下清洗,将清洗液通过滤膜充分过滤,污物被收集在滤膜表面,然后将滤膜干燥,用显微镜在光照射下检测,按颗粒尺寸和数量统计污物颗粒,即可得到所测物体零件的固体颗粒污染物结果。这种方法适合精密清洗定量化的清洁度检测,尤其适用于检测微小颗粒和带色杂质颗粒。

(5)失重法

质量法是工业生产和实验中最常用的清洁度测定方法。其测定原理是将一定数量的试样在一定的条件下进行清洗,然后将清洗的液体通过滤膜充分过滤,污物被收集在经过干燥的滤膜表面,将滤膜再次充分干燥,根据分析天平称出过滤清洗前后干燥的滤膜质量,计算其增加值即为试样上的固体颗粒污染物的质量。

质量法典型限值:对特定规格的零件,规定一定样品数量、检查频率、清洗介质、清洗和过滤方法的情况下准许的最大残留污物的质量,单位为 mg 或 μg。

(6)荧光发光法

在许多情况下,可以利用紫外线来检测零件表面的清洁度。在紫外线的照射下,表面的污染物颗粒会发出荧光。因为紫外线的能量被污物吸收,污物颗粒电子被激化并跃进到高能级的电子层,处于高能级的不稳定的电子随即会返回原低能级电子层,在此过程中原来吸收的能量以发热发光的形式释放出荧光。这种激活释放的频率达每秒几千次,所以在紫外线下的荧光不是闪烁的而是持续稳定的,根据发出的荧光即可目测污物在零件表面的位置,荧光强度也可以通过信号检测仪器测定出来,可以表示零件表面被污染的程度。但如果要识别污染物的成分等特性,必须借助其他分析法。便携式 X 射线荧光仪是检测人员经常会随身携带的一种检测工具,可以根据荧光 X 射线的波长和强度来确定样品的化学组成,X 射线荧光光谱分析(XRF)在过去的几十年中一直被广泛应用。

(7)放射性同位素检测法

该方法是利用放射性同位素示踪原理计数检验污染物质。优点是:与基片表面粗糙度无关,能大面积检查。例如,用 ^{14}C 示踪硬脂酸残余污染物,结果发现存在用一般的有机溶剂清洗和超声波清洗不能完全去除的硬脂酸。

(8)拉曼光谱仪

拉曼光谱仪应用于清洗表面残余物分子结构的测定分析。拉曼光谱是对极少数波长发生变化的散射光谱进行分析,拉曼光谱仪具有很高的灵敏度,精度和重复性也比同类型光谱仪高了一个数量级,可以实现一次性连续扫描大范围而无须接谱,无须使用低分辨率光栅,具有高光通量和稳定性,同时带有先进的反馈控制系统可以控制超高精度的衍射光栅转台,还具有连续扫描功能可以确保光谱的准确性和重复性。

6.4.2　清洗表面微观几何形貌

激光清洗作为一种新诞生的清洗手段,其对表面形貌作用的评价显得尤为重要,越来越受到工程技术界的重视。激光清洗后的表面微观几何形貌特性在很大程度上影响着它的技术性能和使用功能,表面的耐磨性、密封性、摩擦力、传热性、导电性以及对光线和声波的反射性等功能都和激光清洗后表面的微观几何形貌有着密切的联系。一些常用的微观几何形貌评价方法如下:

(1)金相显微镜观察法

对于部分肉眼观察不到的清洗对象,需要对表面的微观几何结构进行研究,对微观结构要求比较高的精密仪器一般情况下是借助金相显微镜来进行观察,分析其表面微观结构是否受到影响。

（2）激光共聚焦显微镜观察法

激光共聚焦显微镜是利用细微激光束对样品表面进行逐点逐行扫描，经过逐点对焦，确认表面上各点的空间位置，最后利用计算机得到样品表面的点阵立体图。激光共聚焦显微镜对表面粗糙度的测量是非接触式区域测量，相比触针式测量，其工件表面不会受到损伤从而影响二次测量，且可以无接触扫描构建微观目标，有良好的对比度和清晰的分辨率。另外，通过激光对表面进行分层扫描并最终合成，可以生成三维的被测物表面形貌，能够较为直观地对被测物的形状、粗糙度、表面积等参数进行测量。

（3）机械探针式测量法

探针式轮廓仪测量范围大，测量精度高，但它是一种点扫描测量，测量较费时。其利用机械探针接触被测表面，当探针沿被测表面移动时，被测表面的微观凹凸不平使探针上下移动，其移动量由与探针组合在一起的位移传感器测量，所测数据经适当的处理即可得到被测表面的轮廓。机械探针是接触式测量，容易损伤被测表面。

（4）光学探针式测量法

光学探针式测量方法原理上与机械探针式的测量方法相类似，但其探针是聚光束。根据采用的光学原理不同，光学探针可分为几何光学原理型和物理光学原理型两种。几何光学探针利用相面共轭特性来检测表面形貌，有共焦显微镜和离焦检测两种方法，光学探针是非接触测量，需要一套高精度的测量系统。物理光学探针利用干涉原理通过测量程差来检测表面形貌，有外差干涉和微分干涉两种方法。

（5）干涉显微测量法

干涉显微测量法利用光波干涉原理测量表面轮廓。与探针式测量方法不同，它不是单个聚焦光斑式的扫描测量，而是多采样点同时测量。干涉显微测量法能同时测量一个面上多个点的表面形貌，横向分辨率取决于显微镜数值孔径，一般在微米或亚微米量级，横向测量范围取决于显微镜视场，大小在毫米量级，纵向分辨率取决于干涉测量方法，一般可达纳米量级。因此干涉显微镜测量方法比较适于测量结构单元尺寸在微米量级、表面尺寸在毫米或亚毫米量级的微结构。

（6）扫描探针显微镜法

扫描探针显微镜是借助于探测样品与探针之间存在的各种相互作用所表现出的各种不同特性来实现测量的。依据这些特性，目前已开发出各种各样的扫描探针显微镜。就测量表面形貌而言，扫描隧道显微镜（SPM）和原子力显微镜（AFM）最为常见。扫描隧道显微镜的测量方法是扫描测量，最终给出的是整个被测区域上的表面形貌，其测量精度高，纵向和横向分辨率能够达到原子量级，但是其测量范围较窄且操作较复杂。因此，SPM常适合于测量结构单元在纳米量级，测量区域为微米量级的微结构。

近年来，随着纳米技术的飞速发展，对于激光清洗纳米级器件的表面精度要求越来越高，有的要求表面粗糙度的均方根小于 1 nm，要实现这么高精度的表面，首先要求测量仪器的分辨率达到纳米级。于是迫切要求找到一种在 X、Y、Z 三个方向的分辨率均能达到纳米量级的表面粗糙度测量方法。以扫描隧道显微镜与原子力显微镜为代表的扫描探针显微技术，由于其超高分辨率，完全能满足这种微小尺寸的测量要求。

激光清洗后的表面微观几何形貌主要是由粗糙度、波纹度以及表面形状误差三个部分构成。随着现代测量精度的不断提高,亚粗糙度与原子粗糙度的概念被提出,它们的出现是对原子级微观形貌进行评价的需要。简单地通过微观不平度的数值来区分三者是不可取的,因为在概念上从粗糙度变为波纹度必须根据工件的尺寸确定。上述三种特征从不单独出现,大多数表面是由粗糙度、波纹度和表面形状误差组合形成的。

6.4.3　表面质量评定标准

激光清洗技术是一种新兴的技术,采用激光作为清洗工具,与传统的清洗技术(如酸洗)相比有很大的不同。由于基体表面吸收激光能量形成局部高温区,待清洗物甚至基体熔化蒸发,甚至形成激光等离子体,因此激光清洗的标准将激光清洗后表面质量评估方法定义为:

①激光清洗技术以字母 LC 表示;

②激光清洗后,露出基体表面,待清洗物的残余将作为激光清洗效果主要的评判标准;

③激光清洗后,表面粗糙度并不能作为一个具体的评判标准,其微观形貌也很重要;

④激光清洗后,在界面结合强度达到标准的情况下,允许基体表面存在激光扫描的点状或条纹状痕迹。

6.5　激光清洗过程监测

6.5.1　激光与材料作用过程分析

激光被材料吸收后基于光电效应转化为热能。在不同的激光功率密度下,材料的表面状态将发生不同的变化,温度升高,熔化,汽化并形成小孔,产生等离子体。另外,材料表面状态的变化还会影响材料对激光的吸收。

以金属材料为例,其表面在激光作用下的几种物态变化如下:

①固态加热。当功率密度较低($<10^4\,\mathrm{W/cm^2}$)时,金属吸收的激光能量只能引起材料表层温度的升高。

②表面熔化。当功率密度提高到 $10^4 \sim 10^5\,\mathrm{W/cm^2}$ 时,表面熔化,熔池深度随功率密度的增加和辐射时间的延长而增加。

③表面汽化并产生小孔和等离子体。当功率密度达到 $10^6\,\mathrm{W/cm^2}$ 时,材料表面在激光作用下汽化。金属气吸收后续的激光能量而电离产生光致等离子体。

④形成阻隔激光的等离子体。当功率密度高达 $10^6 \sim 10^7\,\mathrm{W/cm^2}$ 时,表面强烈形成密度较高的等离子体,对激光束具有显著的吸收、折射和散射作用,使到达表面的激光比例减小。

⑤形成周期振荡性等离子体。当功率密度进一步提高至 $10^7\,\mathrm{W/cm^2}$ 时,光致等离子体的温度和电子数密度都很高,激光对工件的辐射被完全屏蔽,工件表面的汽化和电离化过程暂时中断,引起等离子体的周期振荡。

以上功率密度范围是以钢铁材料为加热对象进行划分的。在不同的激光波长、不同的材料以及不同的工艺条件下,每一阶段的功率密度的具体数值会有差异。

6.5.2　激光与材料作用过程的监测

激光与材料的作用过程是一个复杂的物理化学过程,高功率激光束与材料作用期间产生复杂的物理化学变化,并形成高温高压作用区。在激光与材料相互作用阶段,影响激光清洗质量的因素有很多,但这些因素对清洗质量的影响会在激光与材料相互作用过程中以多种信息表现出来。因此,对这些信息进行监测,对于分析清洗质量变化的诱因,提出控制质量的手段有重要的意义。

激光材料相互作用产生的可作为监测的信息有声、光、电、磁、热、压力等,既可对其中某一种信息进行监测,又可对两种或两种以上信息同时监测。

激光清洗过程的在线监测方式主要分为四类:第一类是清洗对象表面成像检测,即通过相机、摄像机的镜头代替人眼对清洗对象的表面进行观察,技工本人通过各种算法对像素、颜色、亮度等信息进行分析,从而对清洗效果进行评估,相应地调节激光参数和清洗方式。这种监测方式在实际应用中使用最多;第二类是采集激光清洗中产生的振动信号,对振动信号(声波)的强度、转变等进行分析从而确定清洗阶段和清洗效果,典型的如激光除锈中对声波强度的测量和更广泛使用的飞行时间测量等;第三类是采集激光清洗中产生的发光信号,通过光谱特征确定清洗当前层的物质组成,从而判定清洗效果、阶段、效率等,如典型的等离子体光谱;第四类是对清洗对象表面的一些参数进行测量,如表面的温度场、硬度、粗糙度、表面的反射率、表面的电位等。

根据监测方式的不同,几种常用的监测设计如下:

①采用高速摄影或转化成像监测作用体系的清洗演化过程;

②采用等离子体电荷信号或光电信号监测激光光致等离子体与反应生成物,来检测出相应的清洗质量要素的变化;

③对工件物理参数及清洗质量的指标进行实时监测。

(1)成像监测

①高速摄像法监测体系。

高能激光作用于材料的初始瞬间,材料迅速吸收光能,经过加热、液化、蒸发或直接的激光烧蚀等阶段,材料以气态原子、分子、团簇和小液滴形式远离材料表面,该部分脱离基体材料的物质量足够大,以致能形成一种"云团",从初始时较小形态长大到一定程度后维持稳定。在未达到形成等离子体的条件时,该云团以蒸发羽(plume)的形式单独存在。满足一定条件形成等离子体后,该云团以等离子体焰形式和蒸发羽形式共存。这一过程是激光清洗的建立阶段,直接关系到之后的清洗状态能否稳定。由于这一过程的主要表观特征是物质的蒸发,汽化后的高速喷射,因此过程演变可借助高速摄影机直接观察。高速摄像法能直接定性得到入射激光辐照材料表面整个瞬态过程的图像信息。

高速摄像法监测常用以下两种方法:

a.采用高速摄影机直接对体系进行可见光监视,通过图像观察作用区液流、小孔、云团的动态变化过程。该法也称为图像识别技术。直接观察影像一般使用分幅高速摄影机,采用间隙式或像移补偿式分幅机即可满足激光焊接、切割等加工过程的影像捕捉要求。为了有效跟踪变化过程,要求高速摄像机能达到 1 000 f/s 以上的帧分辨率。测量等离子体尺寸参数需使用条纹高速摄影机。采用同轴安装方式时,应设置滤光片,防止从作用区反射的高功率加工用激光进入摄像头,损伤探测器。

b. 采用阴影法或纹影法与高速摄影机结合,记录高速变化的透明场。阴影法或纹影法是利用光波通过流场后波形的变化显示流场信息的。透明介质的折射率随密度变化,光线穿过光学不均匀区域时将偏离原来的方向,在屏上显现出阴暗区和明亮区。快速流场是一种密度随机变化的介质场,将一束光照射该介质,用屏幕接受透光信息,并在被研究区和屏之间加一聚焦透镜,可以在屏幕上得到清晰的阴影图。若用高速摄影机代替屏幕记录,可得到更为精细的场区状态的时间和空间变化信息。与直接高速摄影法相比,这种方法可分辨作用场的形状细节。

2011 年,埃及开罗大学国家激光增强科学研究所的 Kheder 等用纳秒量级的调 Q 脉冲 Nd:YAG 激光(波长 1 064 nm,脉宽 7 ns)和微米量级的 Nd:YAG 激光(波长 1 064 nm,脉宽 50～130 μs)对大理石进行清洗,使用 CCD 相机采集清洗过程的等离子体羽辉图像,完成激光清洗过程的在线监测。该方法基于被照射表面发射的羽流光的强度,随着脉冲数增加,等离子体羽辉的强度降低。

②转化影像监测

转化影像监测即通过各种不同的算法对像素、颜色、亮度等信息进行综合分析,从而判定清洗效果。表 6.1 给出了近年来不同影像监测技术的研究实例。

表 6.1　近年来不同影像监测技术的研究实例

年份	研究者	对象	技术与结果
2000 年	Lee	大理石	基于色度调制的表面检测方法,通过主波长、能级和激发纯度三个光谱参数实现大理石清洗过程的监测
2008 年	Whitehead	钛合金	利用材料经过激光清洗作用后会使表面产生反射率与颜色等参数显著变化这一特点,能够检测出不同成分并进行定量分析
2009 年	Papadakis	大理石	基于物质中单色光穿透的光学特性的光谱成像方法,通过计算两个不同的光谱带上获得的图像差异可以得到清洗的深度,可以高精度测量未清洁大理石表面残留的薄皮层
2019 年	史天意	铝合金	通过快速定位耦合算法解决激光高速清洗过程中表面光照不均的问题,实现对清洗合格与未合格区域的准确分割及快速定位
2020 年	史天意	漆层	通过高速电耦合元件实时采集彩色图像,再采用色彩空间转换技术将原有图像从 RGB 空间转换到 HSV 空间,对不同涂层设定阈值进行清洗状态检测,判断不同清洗状态,实现实时质量检测
2020 年	Costanza Cucci	文物	使用光纤反射光谱仪(FORS)、可见光和近红外高光谱成像(VNIR－HSI)来监测激光清洗深黑色石灰石墙壁的过程
2020 年	Bo Sun	锈蚀层	使用机器学习方法直接从激光清洗样本的图像中构建过程模型,应用卷积神经网络(CNN)建模,预测激光除锈的清洁度
2020 年	Li Jiacheng	腐蚀物	基于成像分析的智能技术,首先累加腐蚀图像以计算灰度共生矩阵(GLCM)和凹凸区域特征,采集不同的激光清洗图像,计算金属色差特征和动态权重分配(DWD)腐蚀纹理进而评估清洗性能

（2）对声波信号的监测

激光－材料相互作用会产生声信号。材料表面物质吸收激光能量的一部分，会转变成振动波，进而形成声波或超声波，激光清洗实验中听到的"啪"的爆炸声就是产生的声波造成的。由于存在空气和基体的分界面、基体和表面污染物的分界面，振动波在不同界面反射，声波信号会发生改变，因此采集声波信号可以实现在线监测控制激光去除的过程。目前，声学监测的研究主要基于美国科学家 A. G. Bell 提出的基于光声效应理论，通过对振动信号的强度和变化等进行分析从而确定清洗阶段和清洗效果。

在固体中，光声信号的产生机制与激光功率密度和材料损伤阈值有关，功率密度大于损伤阈值是等离子体机制，小于材料表面损伤阈值则是热弹性机制。

①等离子体机制。在等离子体机制下，固体材料表面吸收激光能量后，温度升高，局部发生熔化、汽化现象，表面进而发生烧蚀并产生激光等离子体冲击波，该冲击波在空气中衰减形成声波。等离子体激发声波的理论模型很复杂，德国的 Hoffmann 提出了一种理论模型：一束激光照射材料表面时，表面吸收能量提高表层及内部温度，其中一部分能量被用来加热材料使其沸腾，汽化后的粒子继续吸收能量，当吸收能量大于电离能时就会发生电离，形成高温高压的等离子云团产生冲击波。

当样品表面温度 T_s 与蒸汽粒子的温度 T_v 相等时，样品表面和喷溅出来的蒸汽处于热力学平衡。样品表面温度 T_s 的公式为

$$T_s(t) = \lim_{z \to 0} T(z,t) = \lim_{z \to 0} \sqrt{\frac{k}{\pi}} \cdot \frac{1}{K} \int_0^t I_{\text{warming up}}(t - \tau) \cdot e^{-z^2/(4\kappa\tau)} \cdot \frac{d\tau}{\sqrt{\tau}} \quad (6.24)$$

式中，z 为距表面的深度（mm）；κ 为热扩散系数；K 为热导率（W/(m·K)）；t 为激光作用时间（s）；$I_{\text{warming up}} = I_0 \cdot \alpha_1$，$\alpha_1$ 为能量吸收系数；I_0 为入射激光强度（W/cm^2）。

蒸汽粒子的压强 P_v 与温度 T_v 呈指数关系，具体公式为

$$p_v = p_\infty e^{\frac{-\Delta}{RT_v}} \quad (6.25)$$

式中，Δ 为汽化摩尔潜热（J/mol）；R 为气体摩尔热容（J/(mol·K)）；p_∞ 为无限温度下的蒸汽压强（MPa）。

此时，蒸汽粒子的密度、压强和传播速度遵循连续方程、运动方程和能量守恒方程。假设只有深度参数 z 发生变化，根据伯努利方程可得到等离子体的压强：

$$p = p_g(z=0) + p_g(z=0) v_g{}^2, \quad z=0 \quad (6.26)$$

该压强主要受入射激光强度和材料热学性质的影响，将其看作声波源，可计算声波的位移为

$$\delta(z,\omega) = \int_0^R p(I(r),\omega) g(z,r,\omega) \pi r dr \quad (6.27)$$

式中，R 为声波源的半径（m）；$g(z,r,\omega)$ 为声波的传播函数。

此外，假设激光等离子体冲击波是在空气介质中传播，且气体初速度为 0，结合质量、动量、能量守恒定律及理想气体状态方程可推出激光等离子体冲击波相对于波前气体运动的马赫数 $M(r)$ 为

$$M(r) = \frac{1}{5} \sqrt{\frac{TE_0}{VR_0 p_0 r^2 \left(\ln \frac{r}{R_0} + 1\right)}} + \frac{1}{5} \sqrt{\frac{TE_0}{VR_0 p_0 r^2 \left(\ln \frac{r}{r_0} + 1\right)} + 25}, \quad r \geqslant R_0 \quad (6.28)$$

$$M(r) = \frac{1}{5}\sqrt{\frac{E}{Vp_0 r^3}} + \frac{1}{5}\sqrt{\frac{E}{Vp_0 r^3} + 25}, \quad 0 < r \leqslant R_0 \tag{6.29}$$

式中，V 为介质的绝热指数；p_0 为介质未被扰动时的压强（MPa）；T 是与介质有关的常数；E_0 为等离子体能量（J）；R_0 是与材料、激光参数等有关的特征值（m），$R_0 = 1.6374 \times (TE_0 Vp_0)^{1/3}$。

②热弹性机制。在热弹性机制下，在激光照射下固体材料表面并不会发生熔化，但其温度会上升并发生体积膨胀。这种情况下，周期性的激光脉冲使表层产生周期性形变，就会辐射出周期性声波。热弹性机制产生声波的模型可由 R—G 理论解释：

激光清洗对象完成后，若激光的功率密度小于损伤阈值，激光直接照射金属基底就会产生热弹性声波。对于金属材料，表面吸收激光能量可以近似等效为表面加热过程，通过 R—G 理论可以得到热弹性声波信号幅值 q 与相位 φ：

$$q = \frac{I_0 r p_0 \sqrt{kg}}{4i T_0 \pi f \sqrt{\rho_g C_{p,g}}} \cdot \frac{1}{\sqrt{\rho_s C_{p,s} k_s}} \cdot \frac{\beta \mu_s}{\sqrt{(\beta \mu_s + 1)^2 + 1}} \tag{6.30}$$

$$\varphi = \arctan\left(1 + \frac{2}{\beta \mu_s}\right) \tag{6.31}$$

式中，下标 s 表示材料在固态下的性质，下标 g 表示材料在气态下的性质；I_0 为入射激光强度（W/cm^2）；r 为热容比率；p_0 为气体压强（MPa）；k 为热传导系数；f 为入射激光频率（Hz）；ρ 为密度（g/cm^3）；C_p 为热容（J/K）；β 为光学吸收系数；μ 为热抽样深度（cm）。

综上，不论是等离子体声波还是热弹性声波，都与材料的热学、光学性质和入射激光特性有关。在激光清洗过程中，表面物质的烧蚀、汽化、剥离，材料的热学、光学性质发生改变，光声信号也随之变化。因此，可以检测激光清洗时的光声信号以实现清洗过程的在线监测。表 6.2 给出了以光声信号实现激光清洗监测的研究实例。

表 6.2 以光声信号实现激光清洗监测的研究实例

年份	研究者	对象	技术与结果
1996 年	Lu	铝合金	使用宽带麦克风检测声波，声波波形由示波器数字化后发送到 PC 进行数据存储和处理，发现清洗声信号峰值随脉冲数增加逐渐减小到某个稳定值，能量密度低于烧蚀阈值时，该值为 0；能量密度高于烧蚀阈值时，该值大于 0，且能量密度越高值越大
1997 年	Stauter	陶瓷	将激光在空气中产生的冲击波用于声学监测，发现在给定的能量密度范围内，烧蚀率与冲击波能量有关，可以通过麦克风实时监测具体的烧蚀过程
2000 年	See	铜	基于不同个数的激光脉冲照射氧化铜产生的声波幅值变化，利用声谱模式识别技术，实现了基于神经网络逻辑的激光频率监测
2002 年	徐军		研究了激光除锈过程的声波信号，实现了清洗效果的实时监测，声波信号的振幅最大值与表面形貌、脉冲数目等因素有关
2005 年	Kim	硅晶片	对激光清洗硅晶片产生的声波进行实时监测，并分析了激光功率密度与气体种类等不同的参数对声波强度的影响

续表6.2

年份	研究者	对象	技术与结果
2018 年	Tserevelakis	大理石	使用压电陶瓷超声传感器采集激光清洗引起的低噪声光声(PA)信号,研究了不同烧蚀机制下激光能量密度与归一化光声信号强度之间的联系,并引入线性回归模型来监测激光对石材的清洗
2020 年	Papanikolaou	大理石	采用一种声学和机器视觉相结合的激光清洗在线监测系统,对激光清洗进行原位和实时监控,检测在清洗过程中产生的兆赫兹频率范围的声波,与高分辨率的光学图像相结合,准确、实时地跟随清洗过程

(3)对光致等离子体的监测

激光诱导等离子体光谱技术(LIBS)是指激光诱导产生的高温、高密度等离子体中含有大量激发态的原子、离子以及自由电子,而在冷却膨胀过程中处于激发态的粒子从高能态跃迁到低能态,将会产生特定波长的辐射光,通过使用高灵敏度光谱仪对这些光辐射进行探测,并进行光谱分析,得到被测样品元素信息的技术。激光清洗过程诱导的等离子体迅速冷却,并释放清洗表面物质对应元素的特征光谱,通过光谱的检测分析,就可以实现在线判断激光清洗表面状态。因此,对激光等离子体的实时监测在激光清洗中有重要意义。

等离子体对光束的吸收主要是电子振荡的形式,即所谓逆轫致辐射形式。设 n_e 为电子数密度,ω_{pe} 为等离子电子频率,e 为电子电荷,ε_0 为真空介电常数,m_e 为电子质量,则其振荡频率为

$$\omega_{pe}{}^2 = n_e e^2 / (\varepsilon_0 m_e) \tag{6.32}$$

由此可见,电子浓度越高,等离子体振荡频率越高。激光频率高于等离子振荡频率时,激光束容易穿透等离子体;激光频率低于等离子体频率时被反射;若两者频率相等,则激光为等离子体共振吸收。

目前,对等离子体进行监测的有效的信息携带量是光信号和电信号。

高能密度激光产生的等离子体包含大量的高温游离电子和离子,同时中性原子也可能处在高激发态。电子-离子复合与中性原子的跃迁,可产生较强的光辐射信号。前一种发光机制导致的光辐射以蓝、绿色为主,后者的发光机制导致的光辐射是红、黄色光及更长波长的光。因此利用光辐射信号可监测激光作用区的信息。监测方式主要有直接探测测量、光谱测量、干涉测量、双色图像对比等。常用的是直接探测和光谱测量。

①直接探测。直接探测有直接接收光辐射和用光束探测测量两种。因为作用区为光发射源,因此可直接采用光探测器接收光信号。直接探测对探测器要求较高,因为光探测器的探测距离有限,而且环境杂散光易进入探测光路,对探测结果产生较大干扰。为增强探测性能,可使用主动探测式,即使用探测信号源——探测激光照射作用区。

②光谱测量。通过光谱分析可知作用区汽化的成分种类、等离子体产生阈值以及等离子体浓度和温度等信息。光谱测量既可采用自发辐射光谱又可采用激光光谱。具体的几种测量技术有光学发射光谱(Optical Emission Spectroscopy,OES),傅里叶变换红外

光谱(Fourier Transform Infared Spectroscopy，FTIR)，相干反斯托克斯拉曼光谱
(Coherent Anti-stokes Raman Spectroscopy，CARS)，激光诱导分解光谱(Laser-induced
Breakdown Spectroscopy，LIBS)。

表 6.3 给出了以激光等离子体信号实现激光清洗监测的研究实例。

表 6.3　以激光等离子体信号实现激光清洗监测的研究实例

年份	研究者	对象	技术与结果
2000 年	Klein	玻璃与砂岩	采用 LIBS 技术分析元素特征谱线峰值的相对强度以确定激光清洗过程是否结束
2009 年	Mateo	黄铜	采用 LIBS 技术对激光清洗黄铜表面涂层的过程进行实时监测，并结合傅里叶变换衰减全反射红外光谱法对 LIBS 的监测效果进行有效验证
2011 年	Majewski	合金	提出一种利用基体与污染层之间的 LIBS 的互相关性来确定停止激光烧蚀的方法，实现了激光清洗发动机涡轮叶片热障涂层的监测
2011 年	佟艳群	铁	利用等离子体光谱谱线分布和特征峰信号强度变化对清洗过程和清洗质量进行监测
2018 年	Tian Long See	碳化钨	基于 LIBS 系统开发激光清洗过程监测单元，使用 CCD 相机上的带通滤波器来检测选择的单个元素，实现自适应地闭环激光清洗碳化钨基板上的 TiAlN 涂层
2020 年	孙兰香	碳纤维	通过 Na 原子峰值变化能够监测清洗过程，结合聚类分析和皮尔森线性相关系数可以将皮尔森系数变化率的最大值作为判断清洗状态的临界值

(4)对工件物理参数的监测

①红外线测温仪监测工件温度场。温度场对于激光清洗后基体表面的组织性能有着重要影响。测量仪有两类，一是直接的高温辐射计，已普遍使用，最高使用温度可达上万摄氏度；二是红外焦平面阵列摄像仪，该摄像仪由肖特基二极管阵列构成图像传感器，每个二极管检测到对应像点的光子流，并将其依据普朗克定律转变为温度值，所有二极管温度累积就形成了清洗区域的温度场。

②工件清洗后表面质量的监测。a. 深度法：激光清洗后，通过深度测量可以建立各清洗参数与清洗深度之间一定的函数关系，这对以后涂层的清洗效果研究有重要意义。当清洗深度不够或者清洗不彻底时，可以根据清洗函数关系进行定量的调控。b. 表面轮廓：当材料表层物质在受到较大能量密度照射时，基体材料会发生热力学效应。表层物质受热后会被清除，而基体材料受热可能会发生热弹性膨胀，导致基体材料表面轮廓发生变形。轮廓发生变化后会影响清洗深度及清洗次数的研究。测量时，应当随机选取 3～5 个位置进行测试，测量后求出平均值。

6.6 基体表面激光清洗层的组织与性能

对于基体清洗后的表面微观组织结构,须借助必要的测试仪器与工具进行观察和分析,主要有 X 射线衍射仪(XRD)、扫描电子显微镜(SEM)、透射电镜(TEM)、三维形貌仪等。这些检测手段仅仅是为了满足研究者的需要而进行的相应测试。不同的清洗对象、不同的研究者对清洗后的表面组织结构有不同的要求,所以很难在此领域中形成统一的标准,在实际应用中,只能根据具体情况来具体考虑需要用哪种测试手段。

6.6.1 激光清洗层的显微组织观察

(1)X 射线衍射(XRD)

用 X 射线衍射对清洗后的表面进行物相检测,这种检测方式对清洗表面的伤害较小,可以满足多种状态(块状、粉末、颗粒等)、多种形状的检测要求,所以这种检测方法被广泛使用。

(2)金相显微镜(OM)

利用金相显微镜观察基材样品横截面的显微组织,基体影响区的厚度也可以在金相显微镜下进行测量。

(3)激光共聚焦显微镜

利用激光共聚焦显微镜可以对清洗表面实现非接触式测量,仪器利用了数字全息显微成像技术,能够实现对试样清洗表面形貌进行测量,快速获取微米及亚微米级的 3D 形貌,并可以对清洗具体形貌的高度、宽度、体积、面积等几何尺寸进行测量。激光共聚焦显微镜探头工作台一体化设计使得其不受外界振动影响,并且仪器在 Z 轴方向分辨率非常高,因而测量精度很高。

(4)扫描电子显微镜(SEM)

采用扫描电子显微镜对试样表面进行形貌观察分析,可以更加清楚地观察激光清洗后样件表面形貌特征,与传统光学显微镜相比,扫描电镜放大倍数更高,成像也更加清晰。扫描电镜有很大的景深,成像有立体感,非常适合检测凹凸不平的表面。另外,当扫描电镜选用背散射电子为评测电子时,可判断出被检测对象不同区域元素种类与含量的变化。

(5)透射电子显微镜(TEM)

透射电子显微镜是以波长很短的电子束作照明源,用电磁透镜聚焦成像的一种高分辨、高放大倍数的电子光学仪器。透射电镜可以进行物相分析和组织分析,物相分析是利用电子和晶体物质作用可以发生衍射的特点,获得物相的衍射花样;而组织分析是利用电子波遵循阿贝成像原理,可以通过干涉成像的特点,获得各种衬度图像。

6.6.2 激光清洗层的成分分析

(1)激光拉曼光谱仪(LRS)

氧化物的含量超过一定比例后 XRD 才能有效地检测出来,并且 XRD 只能反映整体氧化物的相组成分,无法有效地区分微观上的差异。而激光拉曼光谱仪利用激光入射到材料表面后,由于光和材料内部化学键的相互作用形成瑞利散射而构成不同波段和强度的散射峰信息,它能有效地反映样品的化学结构、相和形态等信息,能够有效地弥补 XRD 在微观区域物相分析的不足之处。

（2）扫描电子显微镜中的能谱仪

SEM 一般都配备 EDS 能谱仪,二者配合使用,用以准确测量被测对象中元素的种类与含量,从而可以分析激光清洗后的表面某些形貌的元素组成和形成原因。

（3）X 射线光电子能谱仪

X 射线光电子能谱仪（X-ray Photoelectron Spectroscopy,XPS）对清洗表面进行成分分析,根据元素的价态变化,分析清洗表面物质的分解变化规律,对于有机物激光清洗机理的研究具有重要作用。

6.6.3　清洗表面基本性能及测试方法

（1）宏观力学性能测试方法

通常所说的力学性能是指材料的宏观力学性能,激光清洗后,材料的力学性能一般都会发生一定程度的变化,因此需要通过相应的测试手段对其进行测试,来确定这种变化是否会影响到材料的使用。

材料的宏观力学性能包括弹性性能、塑性性能、硬度和抗冲击性能等。这些性能是在选择使用材料时的主要依据,它们都是按照相应的标准与规定,通过一定的设备仪器进行测试的。例如,材料在外力的作用下发生变形,在一定的限度内,将外力撤除材料能够恢复到原本的形状,材料的这种性能称为弹性性能,这种变形称为弹性形变,可以通过拉伸实验来测量材料的弹性性能。相应的材料的塑性性能也可以用拉伸实验来测试,硬度可以通过维氏、洛氏、布氏硬度计等进行测试,强度与韧性可以通过拉伸实验进行测试,抗冲击性能可以通过冲击实验进行测试,具体如下:

①拉伸性能测试。

材料的拉伸性能是材料最基本的强度指标和塑性指标。按照《金属材料－拉伸实验第 1 部分:室温实验方法》（GB/T 228.1—2010）设计拉伸试样,材料轧制方向取为试样拉伸方向。取样后,采用不同激光参数对拉伸试样表面进行清洗后,分别进行拉伸实验,每组参数 3 件平行试样。根据清洗试样的机械性能,设定选择拉伸实验的参数。

②硬度测试。

硬度测试是检测材料性能的重要指标之一。对于不同参数表面处理后的试样,按照《金属材料 维氏硬度试验 第 1 部分:实验方法》（GB/T 4340.1—2009）,利用显微维氏硬度计对试样表面的硬度进行测试,实验过程中,为了全面反应激光清洗对材料表面硬度的影响,在材料表面一定的范围内的微区内进行矩阵取点进行显微维氏硬度测试,每个相邻硬度点之间距离固定,并做云图分析,取平均值作为材料表面维氏硬度值的参考。

③冲击性能测试。

冲击性能是衡量材料韧性的指标。将材料按照《金属材料夏比摆锤冲击实验方法》（GB/T 229—2007）设计冲击试样并进行夏比摆锤冲击实验。设计 V 型缺口冲击试样,试样缺口方向垂直于轧制方向。取样后,将 V 型缺口冲击试样包括 V 型缺口在内的所有面进行激光清洗,再进行夏比摆锤冲击实验,每组参数 3 件平行试样。

(2)微观力学性能测试方法

材料力学性能的常规测试方法经过长期以来的研究和推广,其理论成熟,实验设备完善,工程应用普遍,而且最重要的是材料力学性能的指标目前都是以常规测试方法为基础定义的,直接通过常规测试就能获得力学性能指标值。但是常规力学性能测试多为取样测试,属于破坏性实验,导致测试时会有一定的局限性,下面列举一些微观力学性能的测试手段,其可以将对材料的破坏程度降低到最小。

①纳米压痕法。

对清洗表面的力学性能变化要求较高的清洗对象不能通过常规的测试手段对其进行评价,这时就可以通过使用纳米压痕技术进行测定,纳米压痕技术主要是测定表面纳米尺度的硬度及弹性模量等。纳米压痕技术的显著特点在于其具有很高的力分辨率以及位移分辨率,能够连续地记录加载与卸载期间载荷与位移之间的变化,从而特别适合于对激光清洗后的表面微观力学性能的测试。

②微结构法。

激光清洗的对象各种各样,对于不同的清洗对象在测试其表面微观力学性能时需要采用不同的方法,以激光清洗的薄膜为例,利用微机械加工技术研制一些特殊微结构来测量薄膜力学性能也是一类很重要的方法。Goosen 等提出了旋转微结构,其测试原理为基体或牺牲层的去除,残余应力释放导致两个非共线固定梁伸长(残余压应力)或缩短(残余拉应力),使旋转梁发生转动,测量转动挠度,计算薄膜的残余应力。后续研究者进一步发展完善了该方法,给出残余应力的计算公式:

$$\sigma = \frac{E\delta}{\alpha_{L} f_0} \tag{6.33}$$

$$\alpha_{L} = \frac{L_r L_f}{200 \ \mu m \times 300 \ \mu m} \tag{6.34}$$

式中,f_0 为敏感参数,其与结构的几何尺寸有关,通过有限元方法计算给出。该方法对残余应力的正负没有限制。但是,微结构方法测量的是局部应力,而且试样的制备相对复杂,实验结果的处理还需预先知道材料的弹性模量。

③微型剪切实验法。

在研究测试部分材料力学性能中,能获取的试样体积太小而无法满足常规力学性能实验对其大小的要求,此时常规实验方法已不奏效,因此必须有新实验方法和技术来满足对微型试样进行力学性能实验的要求。微型实验法正是适应这种要求在 20 世纪 70 年代后期发展起来的,西柏林工业大学教授最早提出微型剪切实验法,是从实验材料中取出见方的微小试样,在专用的装置中进行逐点剪切并记录剪切曲线,以此来确定各实验点材料的强度和塑性等指标,

(3)腐蚀性能测试

电化学腐蚀(Electrochemical corrosion)实验根据《金属和合金的腐蚀电化学实验方法恒电位和动电位极化测量导则》(GB/T 24196—2009),在电化学工作站进行。电化学

腐蚀实验采用三电极测试体系,以饱和甘汞电极为参比电极,铂电极为辅助电极。电化学腐蚀实验采用 3.5% NaCl 溶液作为腐蚀介质,实验温度为(25±5)℃。

参 考 文 献

[1] 唐秦汉. 离心压缩机叶轮叶片表面硫化变性层激光清洗机理与试验研究[D]. 合肥:合肥工业大学,2016.

[2] CHEN H Q, YAO Y W, KYSAR J W, et al. Fourier analysis of X-ray micro-diffraction profiles to characterize laser shock peened metals[J]. International Journal of Solids and Structures, 2005, (42): 3471-3485.

[3] LEE J M, WATKINS K G. In-process monitoring techniques for laser cleaning[J]. Optics and Lasers in Engineering, 2000, 34(3): 429-442.

[4] WHITEHEAD D J, CROUSE P L, SCHMIDT M J, et al. Monitoring laser cleaning of titanium alloys by probe beam reflection and emission spectroscopy[J]. Applied Physics A-materials Science & Processing, 2008, 93(1): 123-127.

[5] PAPADAKIS V, LOUKAITI A, POULI P. A spectral imaging methodology for determining on-line the optimum cleaning level of stonework[J]. Journal of Cultural Heritage, 2010, 11(3): 325-328.

[6] 史天意,周龙早,王春明,等. 基于机器视觉的铝合金激光清洗实时检测系统[J]. 中国激光,2019,46(4): 83-89.

[7] 张梦樵,戴惠新,郑云昊,等. 基于色彩转换的列车油漆涂层激光清洗检测研究[J]. 应用激光,2020,40(4): 644-648.

[8] CUCCI C, PASCALE O D, SENESI G S, et al. Assessing laser cleaning of a limestone monument by fiber optics reflectance spectroscopy (FORS) and visible and near-infrared (VNIR) hyperspectral imaging (HSI)[J]. Minerals, 2020, 10(1052): 2-13.

[9] SUN B, XU C, HE J, et al. Cleanliness prediction of rusty iron in laser cleaning using convolutional neural networks[J]. Applied Physics A: Materials Science & Processing, 2020, 126(11): 179.

[10] LI J, LIU H, SHI L, et al. Imaging feature analysis-based intelligent laser cleaning using metal color difference and dynamic weight dispatch corrosion texture[C]. Photonics. MDPI, 2020, 7(4): 130.

[11] 李佳瑞,王继芬. 光声光谱在法庭科学生物物证分析的研究进展[J]. 激光与光电子学进展,2021,58(24): 2400004.

[12] 许玉麟. 基于光声效应及 LIBS 的金属材料定性分析[D]. 福州:福州大学. 2017.

[13] HORFMANN A, ARNOLD W. Calculation and measurement of the ultrasonic signals generated by ablating material with a Q-switch pulse laser[J]. Applied Surface Science, 1996, 96-98: 71-75.

[14] 邹彪. 关于激光等离子体声波的数学模型[J]. 数学的实践与认识,2007,15:

65-69.

[15] ROSENCWAIG A，GERSHO A. Photoacoustic effect with solids：A theoretical treatment[J]. Science，1975，190(4214)：556-557.

[16] LU Y F, HONG M H, CHUA S J, et al. Audible acoustic wave emission in excimer laser interaction with materials[J]. Journal of Applied Physics，1996，79：2186-2191

[17] STAUTER C，GéRARD P，FONTAINE J，et al. Laser ablation acoustical monitoring[J]. Applied Surface Science，1997，109-110.

[18] LEE J M, WATKINS K G. In-process monitoring techniques for laser cleaning [J]. Optics and Lasers in Engineering，2000，34(3)：429-442.

[19] 徐军，孙振永，周文明，等. 激光除锈过程的实时监测技术研究[J]. 光子学报，2002，9：1090-1092.

[20] KIM T, LEE J M, CHO S H. Acoustic-emission monitoring during laser sock cleaning of silicon wafers[J]. Optics and Lasers in Engineering，2005，43：1010-1020.

[21] TSEREVELAKIS G J, POZO-ANTONIO J S, SIOZOS P，et al. On-line photoacoustic monitoring of laser cleaning on stone：evaluation of cleaning effectiveness and detection of potential damage to the substrate[J]. Journal of Cultural Heritage，2019，35：108-115.

[22] PAPANIKOLAOU A，TSEREVELAKIS G J，MELESSANAKI K，et al. Development of a hybrid photoacoustic and optical monitoring system for the study of laser ablation processes upon the removal of encrustation from stonework [J]. Opto-Electronic Advances，2020，3(02)：5-15.

[23] KLEIN S, HILDENHAGEN J, DICKMANN K, et al. LIBS-spectroscopy for monitoring and control of the laser Cleaning process of stone and medieval glass[J]. Journal of Cultural Heritage，2000，1：S287-S292.

[24] MATEO M P, CTVRTNICKOVA T, FERNANDEZ E，et al. Laser cleaning of varnishes and contaminants on brass[J]. Applied Surface Science，2009，255 (10)：5579-5583.

[25] MAJEWSKI M S, KELLEY C, HASSAN W, et al. Laser induced breakdown spectroscopy for contamination removal on engine-run thermal barrier coatings [J]. Surface and Coatings Technology，2011，205(19)：4614-4619.

[26] 佟艳群，张永康，姚红兵，等. 空气中激光清洗过程的等离子体光谱分析[J]. 光谱学与光谱分析，2011，31(9)：2542-2545.

[27] 姚红兵，于文龙，李亚茹，等. 基于等离子体光谱特征的空气中激光铁块清洗的研究[J].光子学报，2013，42(11)：1295-1299.

[28] 陈林，邓国亮，冯国英，等. 基于 LIBS 时间分辨特征峰的激光除漆机理研究[J]. 光谱学与光谱分析，2018，38(2)：367-371.

［29］T L SEE，I METSIOS，D QIAN，et al. Feasibility study and demonstration of cleaning with laser adaptively by novel use of sensors［J］. Procedia CIRP. 2018，74：376-380.

［30］孙兰香，王文举，齐立峰，等. 基于激光诱导击穿光谱技术在线监测碳纤维复合材料激光清洗效果［J］. 中国激光，2020，47(11)：299-308.

第 7 章　激光清洗技术典型应用与市场效益分析

激光清洗作为一项新的清洗技术,具有环保、高效等诸多优点,是当今激光技术的主要发展方向之一,有着广泛的应用前景。其作为一项新型清洗技术,已成为传统清洗方法的补充和延伸,在航空航天、船舶制造、轨道交通、汽车制造、钢铁制造、电子行业、医疗和文物修复等方面已经得到了很好的应用。

7.1　激光清洗的对象

7.1.1　锈蚀物清洗

各类金属与周围介质发生化学或电化学反应,造成金属表面发生腐蚀,发生破坏。金属腐蚀会使金属材料产生浪费,而且是惊人的浪费。世界每年因为金属材料表面腐蚀产生的损失高达数十亿美元。

传统的除锈、控制腐蚀方法涉及喷砂处理和其他大量烦琐的防护工作,其中,钢铁行业主要运用酸洗工艺进行除锈,但酸洗是项重污染的工艺,它需要:①国家指标;②审批;③足够大的厂房,一条普通的酸洗线要 150 m。排除的酸污水还要进行废酸碱处理,且每吨的处理成本在 180～270 元之间。因此,无论是经济成本,还是审批管理手续均不利于企业的长久发展与管理,而激光清洗技术提供了一种安全、快捷的方法,可以快速高效清除任何类型金属上的锈蚀。

激光除锈应用的范围是非常广泛的。比如对于桥梁、电视发射塔、高压输电线路的铁架等高架建筑物的表层锈蚀、镀锌板表面的红锈、铜材表面的氧化层等,采用激光装置(常用 Nd:YAG 激光)能使金属表面发生氧化的锈蚀层迅速熔化蒸发而不伤及金属构件本身。俄罗斯莫斯科天体物理研究所已经设计出了一种激光除锈装置,可安装在一辆载重汽车上,所用的激光器为 KrF 分子激光器,波长 248 nm,输出能量最大为 600 mJ/pulse,脉冲宽度为 34 ns,重复频率为 30 Hz,激光输出光斑半径为 6 mm,可以灵活地调整激光输出的参数用于清洗不同的工件,能够方便地对不同工件进行除锈,已经成功地对钢铁大桥、铁塔等钢架结构表面锈蚀进行了激光清理。激光除锈的研究工作对于推广激光清洗技术工业化十分重要。

7.1.2　有机物清洗

漆层涂装是工业中保护钢铁材料的重要手段,例如,船舶、桥梁等大型钢铁设备都需要定期重新涂装,其中除漆是再涂装之前最为重要的工序,通常的除漆周期为 2～3 年。传统的涂层去除技术(如喷砂)既笨重又麻烦,且伤基材。激光清洁能够安全地去除涂层且不会损坏基材。此外,在完成激光清洁过程后,无须进行其他清洁或烘烤过程,清洁后的表面即可用于后续步骤,降低经济成本。

2015 年华中科技大学的俞鸿斌使用 20 W 的小功率脉冲光纤激光器对铝合金金属表面油漆去除进行了研究,综合探究了功率、离焦量、清洗速度等对除漆效果的影响,并提出除漆过程中的作用机理主要是汽化蒸发和共振击碎。2017 年伊拉克的 Halah A. Jasim 等研究了 250 ns 脉冲光纤激光清除 5005A 铝合金表面 20 μm 厚透明高聚物,从光斑搭接率、清洗后表面形貌、清洗后凹槽深度等方面探究了激光功率和频率的影响。发现激光可以有效清除透明高聚物,清洗后表面粗糙度为 $Sa = 1.3$ μm,清洗效率大约为 2.9 cm³/(min・kW)。

7.1.3　金属涂层清洗

在一些工业产品的翻新和修复中,有时需要去除材料的表面金属涂层。飞机发动机涡轮叶片的翻新是其中一个具有代表性的例子。飞机发动机涡轮叶片表面镀有一层金刚石般坚硬耐热的氮化钛膜层,传统清洗技术很难去除表面的氮化钛层而又不伤及叶片本体。Ragusich 等尝试剥离 20 μm 厚的 TiN 基涂层,并对比了波长为 800 nm 的飞秒激光器及波长为 248 nm 的纳秒准分子激光器的烧蚀阈值,进一步对功率、光束直径、扫描速率和步距进行了参数优化,结果表明,与纳秒激光相比,飞秒激光清洗能够获得较高的表面清洗质量,但清洗效率较低,而纳秒激光清洗虽然清洗后的表面粗糙度较低,却拥有更高的激光清洗效率。Marimuthu 等对激光清洗发动机叶片热障涂层的热与应力场进行数值模拟,研究表明,热障涂层表面迅速升温汽化为主要的清除机制,且清洗区域精确,对基底损伤小。

蒙特利尔理工学院 Ragusich 采用波长 800 nm、脉宽 120 fs 的 Ti:Sapphire 激光器与波长 248 nm、脉宽 20 ns 的准分子激光器剥离 TiAl4V 合金表面的 TiAlN 抗腐蚀涂层,发现 Ti:Sapphire 激光器的清洗效率低,准分子激光器的清洗效率高,且准分子激光器清洗后的试样表面粗糙度要高于 Ti:Sapphire 激光器。Rechner 等采用 Nd:YAG 激光器,去除铝合金表面 TiZr 涂层,使用 XPS 检测技术表明激光能够去除表面大量的 Fe、C、Si 和 O,而且清除后可以提高材料的拉伸强度。

伊拉克巴格达大学的 Ali 等研究了低碳钢表面 Q 开关 Nd:YAG 激光清除 Al、Si 涂层,发现激光清除的深度可以通过严格控制工艺实现,在激光清除涂层后表面硬度轻微增加。Fang Li 等采用脉宽 100 ns 的光纤激光剥离了 HPF 钢板表面的 20～30 μm 厚的 Al—Si 涂层,并研究了纳秒激光的参数对清洗效果的影响,建立了烧蚀孔的深度与脉冲频率和脉冲数量之间的相关性。

7.1.4　其他物质清洗

激光清洗不但可以用来清洗有机涂层、锈蚀层以及金属涂层,也可以用来清洗金属表面的氧化膜及其他污染物,包括微粒、灰尘、残余有机物等。

激光清洗技术可以去除基材表面的氧化膜,以保证焊接质量。例如,钛合金焊前清洗,可以完全清除钛合金表面的氧化膜,内部无焊接缺陷产生,有效地改善了焊接质量;铝合金焊前焊后激光清洗,可以局部清洗铝合金表面的阳极氧化膜,阳极氧化膜被彻底清洗干净,激光清理焊缝与机械刮削焊缝的性能范围一致,焊缝无聚集状气孔、杂质等内部缺陷,大大提升了铝合金的焊接性;动力锂离子电池的极柱清洗,采用激光清洗去除电池极柱表面氧化层及杂质,为电池激光焊接创造良好的条件。

针对工件表面的灰尘、微粒、积炭等污染物用激光进行清洗非常有效。Zheng 用波长 248 nm 的激光,成功清除了 Si、Ge、NiP 基体上 1 μm 的 SiO_2 透明颗粒。

Kerry 用波长 1.06 μm、脉宽 20 ns、能量密度为 650 mJ/cm^2 的激光清洗锂基体上微米级的 W 颗粒。Fourrier 用波长 248 nm 的激光,成功清除了聚酰亚胺(Polyimide,PI)基体上的 SiO_2 颗粒和聚苯乙烯(Polystyrene,PS)颗粒。章春来采用激光等离子体冲击波光栅式扫描技术,清洗了溶胶-凝胶 SiO_2 薄膜表面的石英颗粒污染。Singh 使用纳秒 Nd:YAG 激光对金膜表面碳层进行了清洗,并通过原子力显微镜观察清洗前后金膜表面形貌,发现洗后表面粗糙度减小且碳层被去除。唐秦汉对压缩机叶轮叶片表面硫化变性层进行激光清洗研究,对于激光清洗前、中、后期的叶片表面及横截面进行分析,得到了激光清洗压缩机叶轮叶片的清洗机理与激光能量的传递机制,激光清洗后的叶片表面粗糙度可达到次微米级。

一些关键零部件长期在高温、高压、高油烟的恶劣环境中服役,表层积攒的碳质沉积物会大大降低零件的耐久度和使用性能。积炭层往往较致密、与零件基体结合强度大,附着在难清洗部位,与一般的油污、锈蚀和漆层相比,更加难以清除。因此,对积炭层的清洗是一个关键过程。Guan 等利用 Nd:YAG 激光器对柴油机活塞表面的碳沉积进行研究,分析了激光清洗前后的表面化学性质。发现污染物主要成分为 Fe_3C、Fe_3O_4,并且在表面沉积不均匀。激光清洗后,Fe_3C 完全从表面去除,其他污染物也明显减少,通过控制不同污染层的扫描次数,可以有效地去除厚度在 5~20 μm 之间的不均匀碳质沉积。乔玉林等研究了激光清洗速度对钛合金积炭表面的影响,发现清洗速度对激光清洗钛合金积炭表面的形貌以及所含的 C 元素相对含量有很大影响,在优化后的工艺参数下,可以避免对基体的损伤,完全清除表层沉积的 C 元素。积炭层的清洗影响着关键零部件效能的发挥和维修的质量与效率,目前对零件积炭层的清洗尚未引起充分重视,我国也没有自主研制生产针对积炭表面的激光清洗系统,今后在相应的清洗手段开发、器材的研究上都有着巨大的发展前景。

7.2 激光清洗技术的应用研究

7.2.1 微电子行业

电子器件包括用于电子设备如计算机等中的导体、半导体或绝缘体零件,此类电子器件包括但不限于电路板电子器件、制造半导体芯片的半导体晶片和磁盘驱动器头等。在电子线路板的制造中,伴随着蚀刻、沉积、喷镀过程而附着在线路板上的灰尘等污染物会极大地降低电子效率,甚至引起元器件的损坏。大规模集成电路的制造过程中,由于电子线路的尺寸非常小,和精密机械的配合间隙也非常小,小亚微米和微米尺度的污染也会带来很大的危害。而如此小的污染颗粒,其重量远小于它附着在线路板上的力,从而给清洗带来极大的困难。激光清洗可以比较容易、高效地解决这个问题,且效率很高。

在微电子工业中使用激光清洗技术可以高精度地去污,不同波长、不同脉冲宽度、不同能量密度、不同入射角对清洗效果的影响的研究有很多。Imen 等利用湿式激光清洗法验证了激光清洗颗粒的可行性,蒸发过程如爆炸将表面残余粒子带走。Teo 等采用脉宽为 23 ns、重复率为 30 Hz、脉冲能量为 300 mJ 的 KrF(248 nm)准分子激光进行了损伤阈值、清洗效率等的研究。

激光清洗研究的基体大多是 Si、PI、PMMA、Ge、NiP、锂、石英玻璃等,Lu 采用波长 248 nm 的激光成功清除了石英基体上的 Al 颗粒。Lang 等研究了 Si 基体上直径 140～1 300 nm 的 PS 颗粒的去除行为,同样发现水和异丙醇液膜层分别存在统一的去除阈值。污染颗粒材料有 Cu、W、SiO_2、Al_2O_3、橡胶等(尺寸从几十纳米到几百微米),Savina 使用多模脉冲 CO_2 激光器,对硅片表面的 Al_2O_3、SiO_2 和聚苯乙烯乳胶进行清洗实验,清洗效果十分出色。

7.2.2　光学元器件

光学元器件表面吸附的污染微粒是影响光学器件性能的重要因素之一。随着对光学器件性能要求的提高,表面吸附的污染微粒(金刚石研磨微粒、SiO_2 软质微粒以及一些灰尘微粒等)对器件成品率和性能的影响显得更为突出,如:在高功率固体激光装置中,光学元件表面的污染物严重影响了激光系统的正常运行;激光陀螺超光滑反射镜片表面残留有极微小的污染微粒,影响了其反射率;有些特殊光学元件(如镀金光栅)表面具有精细的结构,常规清洗技术无法解决其污染问题,激光清洗技术的提出为清洗特殊光学元件开辟了新的途径。

叶亚云等利用激光去除光学元件表面的颗粒和油脂污染物的工作,并通过实验取得了激光参数与清洗效果之间的关系,总结了适宜的清洗工艺参数。苗心向等以激光清洗的方法有效去除了工程大口径光学元件的侧面污染物。徐传义对激光清洗超光滑光学基片做了详细分析,并通过一系列的工艺实验,找到了针对光学基片表面吸附的抛光残余微粒的有效参数。

7.2.3　钢铁行业

钢铁行业是国民经济发展的重要根本,随着钢铁行业发展规模的扩大,钢铁及其衍生产品防护愈发重要。在型材钢管表面涂敷防腐覆盖层,是防止钢结构腐蚀最有效的方法。在涂第一道底漆前,需清除表面的灰尘、油渍等杂质,并彻底清除表面的锈斑、残留氧化皮、旧漆和残留物,保证表面清理干净后,应立即涂装,以免二次生锈。激光清洗作为一种绿色环保的新型清洗方式,其多样性和适应性相较于传统清洗工艺在钢铁上的应用有着无可比拟的优势。激光清洗不但能清洗灰尘、油污、锈蚀、氧化皮、油漆等,还能精确定位,针对性地清洗某一部位,且不损伤基体材料。

7.2.4　船舶行业

在船舶领域,清洗是造船工业中一项非常重要的加工技术。焊前焊后、涂装前表面清理、船舶维护修养等都需要有大量的清洗工作,焊接和喷漆的质量也在一定程度上由清洗的质量决定。目前,船舶产前清洗主要采用喷砂方法,喷砂方法对周围环境造成了严重的粉尘污染,已逐渐被禁用,从而导致船舶生产企业的减产,甚至停产。传统清洗技术除了喷砂,还主要有手工打磨、高压水洗、化学清洗等,广泛应用于船舶涂装、焊接等工艺。然而,传统的清洗技术有诸多缺点,比如劳动强度大、污染严重、职业病危害大等,对施工工人不友好。激光清洗技术的出现,为船舶制造工程中焊前焊后、涂装前前处理、船舶维护修养提供了绿色无污染清洗方案。

2009 年,朱海红等研究使用横向激励大气 CO_2 脉冲激光器清洗船用钢材表面锈蚀,发现除锈功率密度存在临界值。2012 年,新加坡国立大学 Chen 等使用高功率光纤激光器进行船用钢板除锈,并达到了良好的除锈效果。解宇飞研究了基于光纤激光器的船舶板材激光除锈工艺,并针对船舶板材表面除锈工艺要求,提出一种通过单线扫描沟槽轮廓特征来确定搭接扫描除锈工艺参数的方法,为激光除锈在船舶板材表面清洗中的应用提供了有效的工艺参数确定方法。2016 年,上海船舶工艺研究所刘洪伟等通过点激光实验得到以下结果:当激光能量密度达到 $0.5\sim5.0\ \mathrm{J/mm^2}$ 时,可以将表面锈蚀完全去除,清洁度符合 $Sa1/2$ 级标准;为获得一定的粗糙度 Rz,保证涂装时漆膜的附着力,采用点激光作用在船钢表面,使表面呈现有规律的沟槽特征;激光除锈后钢板的防腐性能符合喷砂除锈的指标要求;2019 年,江苏大学周建忠等研究了激光除锈后 AJH32 船用钢的表面质量,通过微观形貌分析发现,激光除锈后的基体表面呈现微熔状态,光斑内部光滑均匀,四周呈波浪形,并得出其除锈机制主要包括孔洞爆破机制和烧蚀蒸发机制。

造船领域的技术人员对激光清洗的工艺和应用也进行了研究,获得了大量的实验数据。图 7.1 所示是对大型邮轮表面进行激光清洗。目前,我国已有企业实现了舰船水下、水上激光清洗作业。如图 7.2 所示,利用水下清洗机器人对船舶侧板及底板海洋生物和污垢的清洗,清洗时效最高可达 1 200 $\mathrm{m^2}$,解决了水下人工刮铲清洗慢、效率低及人工作业存在的安全隐患等问题;同时又具备相比高压水射流清洗更低的成本优势,且船只无须等待进坞,锚地岸边即可 24 h 连续作业。

图 7.1　大型邮轮表面激光清洗

图 7.2　水下清洗机器人对船舶侧板及底板海洋生物和污垢清洗

在船舶制造和修理当中,激光清洗技术作为一项新工艺,相比于传统人工擦洗,机械打磨、化学清洗和喷砂作业,具有节能环保、无耗材、表面处理质量高、便于自动化控制等特点,符合节约资源和保护环境的国策,也更加符合我国船舶制造的要求。先进的清洗技术对于未来实现我国船舶工业的高质量发展,推动我国造船和造船产品尽快达到世界领先的一流水平,提高我国船舶的国际竞争力具有重要意义。图 7.3 所示是对舰船零件进行激光清洗作业。

图 7.3　对舰船零件进行激光清洗作业

7.2.5　轨道交通行业

轨道交通在进一步提速发展中,面临着一些急需解决的问题,首先便是轨道交通装备检修维保过程中大量部件的清洗问题。激光清洗技术对轨道交通部件表面十分友好、无任何损伤,单位时间清洗效率较传统清洗提高 2~3 倍,去除污物后金属防腐表面清理等级最高可达 Sa3 级,表面硬度、粗糙度、亲疏水性等均能最大限度地原样保存,另外,成本、能耗、环境影响、作业难度等方面也更优。

(1)新车制造方面

激光清洗技术在轨道新车制造应用中得到青睐。以不锈钢列车制造环节中的应用为例,可去除不锈钢表面油污、拉丝墙板点焊焊痕、不锈钢电弧焊后氧化、拉丝墙板激光焊残胶等,效果优异。

列车车体多为铝合金材料,铝合金车体焊接是列车制造的关键技术,铝合金氧化膜易造成气孔、夹渣等缺陷,严重影响焊接质量。通过激光清洗装置,对铝合金车体焊接可实现"即清即焊、清焊一体"的高效作业。该技术能够实现铝合金表面氧化膜的快速清洗,如图7.4所示。四方股份公司已利用该技术在 600 km/h 高速磁浮项目中实现工程化应用。南京浦镇和四方庞巴迪公司也将激光清洗机集成至全自动弧焊机器人上,实现了城轨地铁铝合金侧墙、车顶等部件焊前清洗、随动焊接及焊后清理的自动化作业,最高清洗速度可达 3 m/min。

图 7.4　铝合金激光清洗复合焊接全自动机器人

不锈钢材料以其高强、高韧、耐蚀的技术特点在城轨地铁列车行业中获得大规模的推广使用,不锈钢车体数量占轨道客车总量的 40% 以上。不锈钢车体为无涂装车体,其商品化质量要求很高。不锈钢焊后表面易产生氧化色、黑灰,影响车辆商品化效果。四方股份公司开发了不锈钢车体多工况激光精细清洗技术,在青岛地铁 1 号线(图 7.5)、巴西圣保罗地铁、美国芝加哥地铁等项目中实现了工程化应用。

图 7.5　青岛地铁 1 号线激光清洗车辆

（2）钢轨养护方面

由于轨道常年暴露在风吹雨淋的环境中,因此轨道生锈一直是轨道养护工作中常见的问题。激光清洗也可为我国高速铁路铺轨养护提供高质、高效的绿色清洗技术,提高轨道表面的清洁度,进一步提高我国高速铁路运行的稳定性及安全性。在清洗安装或悬挂于车体外的关键部件时,能有效除去车轴、齿轮箱、制动盘、受电弓上的油污、锈蚀、油漆等污物。在齿轮清理环节相较于超声波清洗,使用成本可降低 50%。

(3)检修

在轨道交通装备检修过程中,存在大量需要清洗的零部件。例如,转向架作为轨道客车的走行部,承受来自钢轨的交变载荷,易产生疲劳损伤,同时,其直接暴露于车辆运行环境中,部分关键零部件如集电环、轴箱体会发生锈蚀,影响行车安全。为保证行车安全,需在转向架高级检修时对车轴、构架等关键零部件进行脱漆探伤。四方股份公司联合英国曼彻斯特大学对车轴激光脱漆的机理及影响因素进行深入研究,形成了车轴激光脱漆清洗工艺,先使用 1 kW 大功率激光去除面漆层,再使用 30 W 小功率激光精细清洗机靠近车轴金属基材表面的漆层,有效避免基材损伤,同时提高了激光清洗效率。另外,四方股份公司还以集电环、铜垫片及轴箱体(图 7.6)为研究对象。利用激光能量精细可控的特点,开发了转向架关键零部件激光清洗除锈技术。与传统技术相比,激光清洗技术使作业效率提高 2~3 倍。

图 7.6　激光清洗前后的轴箱体

7.2.6　汽车行业

(1)轮胎模具清洗

在汽车轮胎的生产中,轮胎模具的底部及周边花纹每隔 2~3 周需要清洗一次,每隔几个月就要将整个模具彻底清洗一次。传统方法是用化学药水浸泡或喷砂清洗,这些方法通常必须在高热的模具中经数小时冷却后,再移往清洗设备进行清洁,清洁所需的时间长,不但费用昂贵、噪音大、污染严重,而且还影响到模具的表面质量。另外,这类清洗方法不能实现在线清洗,清洗前的拆卸模具和清洗后的安装模具耗时长,影响生产流水线正常运转。由于激光可利用光纤来传输,因此激光清洗轮胎模具可实现在线清洗作业,并且可用光纤连接而将光导至模具的死角或不易清除的部位进行清洗,使用方便。

欧洲专利 EP0792731A2 用激光清洗硫化模具,用于橡胶制品尤其汽车轮胎模具,不必解体即可清洗。激光清洗轮胎模具的技术已经在欧美的轮胎工业中被采用,在节省待机时间、避免模具损坏、工作安全及节省原材料上所获得的收益迅速得到回收,如图 7.7 所示。Quantel 公司的 LASERLASTE 激光清洗系统在上海双钱载重轮胎公司生产线上进行的清洗实验表明,仅需 2 h 就可以在线清洗一套大型载重轮胎的模具,和常规清洗方法相比,经济效益是显而易见的。

图 7.7　激光清洗橡胶轮胎模具

（2）焊接处理

就汽车制造而言,激光清洁适合于齿轮焊接、结构框架粘接、电子控制单元粘接、门框焊接、电动汽车燃料电池电导率、汽车应用的粘接和焊接等方面。激光清洗用于预焊接,意味着可以使用功率更高的激光进行焊接/粘接,实现更快的过程和更高质量的焊接。Adapt Laser 提供奥迪 TT 汽车生产线的光纤激光清洗装备,用于清洗铝合金车门框的氧化膜。2014 年,英国学者 AlSaer 等研究了短脉冲激光表面清洁对汽车零部件制造铝合金的激光焊接中气孔形成和减少的影响,使用激光去除了铝合金表面的大部分润滑剂,显著提高了焊接质量。对于焊后处理,激光清洁还可以消除任何不必要的残留物,从而在焊接零件上实现更好的涂层应用。

（3）零件污染物清洗

2012 年,韩国学者 Ahn 分析了用于从金属表面去除润滑油的激光清洁工艺。实验发现,去除机理主要取决于油的光学性能。对于 Nd:YAG 激光清洗,其中油对入射光束几乎是透明的,因此可以通过脉冲激光将其有效去除。近红外激光是从金属表面去除典型润滑剂的最佳激光源选择。苏州大学开展了汽车蜗壳除锈、哈尔滨工业大学开展了车体表面除漆的研究。郭召恒以典型汽车发动机缸体材料 HT250 灰铸铁为清洗对象,通过理论分析、数值模拟和实验研究相结合的方式开展纳秒脉冲激光除漆工艺研究,探索纳秒激光清洗工艺的除漆机理及工艺控制方法,为纳秒激光清洗工艺在机械修复/再制造领域中的应用提供理论支撑与工艺数据。大族激光科技股份有限公司开展了去除行星轮架（铸铝）和从动锥齿轮表面的氧化物、铜件表面的氧化物、活塞表面的石墨以及锯片表面的油漆的工艺探索。图 7.8 所示为汽车部件激光除氧化层。

刘丽红将电动汽车废旧电池进行拆卸,利用光纤激光器进行了不同能量值的脉冲激光对电极片的清洗实验,并对再制造电极片组成的纽扣电池的充放电循环测试,实验数据表明,再制造后的电池充放电效率优于报废电池,如图 7.9 所示。2018 年,马来西亚学者 Mohammad Khairul Azhar Abdul Razab 对 Nd:YAG 激光清洗原理纳入汽车行业进行了回顾。激光清洗技术可以在不使用化学产品的情况下去除涂层,并防止金属基材表面出现缺陷,并综述了将脉冲 Nd:YAG 激光器及其在汽车业中去除涂层的原理结合起来的潜力。

图 7.8　汽车部件激光除氧化层

图 7.9　电动汽车废旧电池电极片清洗

7.2.7　航空航天行业

（1）飞机除漆

在航空领域中，飞机的表面过一定时间后要重新喷漆，但是喷漆之前需要将原来的旧漆完全除去。以往化学浸泡（或擦拭）是航空领域的主要脱漆方法，该方法造成了大量化学附属废物，也无法实现局部检修脱漆，且工作量繁重、危害人体健康；而机械清除油漆法容易对飞机的金属表面造成损伤，给安全飞行带来隐患。用激光除去物体表面漆层是一种先进的退漆工艺，它在航空工业中的典型应用对象是飞机的机体表面。其具有成本低、基体无损伤、干净、操作完全自动化等优点。

激光清洗可实现飞机蒙皮表面涂漆的高质量去除，且易于实现自动化生产。如采用多个激光清洗系统，可在两天之内将一架 A320 空中客车表面的漆层完全除掉，且不会损伤金属表面。激光可以一次性清除基材上的所有涂层，也能够实现选择性的逐层清除。

美国新泽西州的一家公司采用一种专用的脉冲 CO_2 激光器烧蚀漆层。该激光系统的每一脉冲将 0.05 mm 厚的漆层汽化而基体保持冷态，不受损伤，在 1 h 内可以将厚度 1 mm、面积 36 m^2 的漆层剥离，并有真空系统及过滤器对废渣进行处理。采用多个激光系统，预计可以在 32 h 内将一架波音 737 飞机的漆层完全去除。美国犹他州的希尔空军基地用先进的机器人激光涂层去除系统（ARLCRS）进行 F−16 战斗机和 C−130 货机的清洗，如图 7.10 所示，与以往的除漆系统相比，ARLCRS 是半自动的，每个机器人都有

IPG 的光纤激光器,使得除漆时间缩短了 50%。美国海军 H－53、H－56 直升机的螺旋桨叶片和 F16 战斗机的平尾等复合材料表面均已实现激光脱漆应用。

图 7.10 ARLCRS 对 F－16 战斗机进行激光除漆过程

我国曾有学者利用连续 CO_2 激光器对飞机蒙皮模拟式样进行脱漆,激光功率为 $30\ W/mm^2$,以 $400\ mm/min$ 的扫描速度可一次将蒙皮旧漆除掉,且对基体无损伤。上海临仕激光科技有限公司开展了涡轮叶片、航天进气道(钛合金)及轻质合金焊前的表面清洗工艺研究。一般多用 CO_2 激光除漆,但 CO_2 激光不能用光纤传送,因而其应用受到限制。千瓦级的连续波 Nd:YAG 激光器的出现,在功率上满足了激光除漆的需要,同时它可以用光纤传送,这一点优于 CO_2 激光,因此也被用于除漆。

(2)激光清除宇宙垃圾

随着航天技术的不断发展,人们越来越多地频繁活动于宇宙空间,使太空成为堆满废物的宇宙垃圾场。这些小颗粒(尺寸小于 $10\ cm$)数量庞大,且观察不到,以每秒数十公里的速度运转,对宇宙飞行和卫星的功能装置有极大威胁,成为太空的漂浮炸弹,对大型航天飞行器及空间站形成危害,与宇航员的密封宇航服或宇宙飞船的碰撞还会导致悲剧的发生,有的甚至还会成为撞击地球的原子弹。通过远距离激光蒸发主动消灭小尺寸垃圾是较实际的方案。

用激光清除宇宙垃圾是先用雷达测定一块合适的残片,随即用地面上的激光器对其瞄准,将残片底部烧掉一部分,燃烧所蒸发出的物体流就成为一股推力,把此残片从其围绕地球的圆形轨道推进到一个呈椭圆形的轨道上,最终将残片带入大气层,让它在大气层里安全地燃烧掉。

(3)其他

精密机械工业常常需对零件上用来润滑和抗腐蚀的酯类及矿物油加以清除,通常是用化学方法,但化学清洗往往仍有残留物,且存在二次污染。激光清洗技术可以将酯类及矿物油完全去除,不需要使用任何化学药剂,不会对基体产生二次伤害。

有学者曾利用波长 $790\ nm$、$130\ fs$ 脉冲、功率 $1.5\ W$ 的飞秒激光器清洗航空零部件,表面污染物可有效地去除。经测试分析发现,清洗后表面氧含量显著下降,在适当的激光参数下,将飞秒激光应用于清洗技术可提高清洗效率。航空过滤片超快激光清洗效果达到新产品的 90% 的透过率,而传统的超声清洗只能达到 60% 的透过率,图 7.11 展示了发动机过滤网除锈。

清洗面　　　　　　　超声清洗　　　　　　飞秒激光清洗

图 7.11　发动机过滤网除锈

7.2.8　核工业领域

核动力装置在服役过程中,会产生大量的金属污染物。其中,热室、高放射性废液贮罐等核设施存在部分热点,辐射水平很高,热点的清除去污难度很大。传统核电设备去污方法主要分为物理去污法、化学去污法、电化学去污法、电磁振动去污法等,其不足之处:①对周边环境污染大,噪音大;②使用酸和碱,必须在两去污阶段之间进行水洗,使去污工序时间加长;③对核电设备本身有损伤。

高能激光去污技术作为表面去污的新技术,由于其二次废物产生量少、可以进入狭小空间工作以及易于实现自动化等特点,可实现核电大型设备表面污染物处理和采集,进一步提升大型核电设备的使用寿命,降低维护过程中对环境的污染。采用光导纤维的激光清洗系统还可应用于核电站反应堆内管道的清洗,将高功率激光束引入反应堆内部,直接清除放射性粉尘,由于是远距离操作,可以确保工作人员的安全。

日本、法国、美国等均投入重金进行基础研究、技术开发和工程样机研制。表 7.1 给出了国外激光去污技术的主要研究和应用现状。

表 7.1　国外激光去污技术的主要研究和应用现状

研究单位	激光类型	实验对象	实验参数
日本动力炉核燃料开发事业部	高功率脉冲 CO_2	放射性污染的金属表面	—
日本原子能研究所 (JAERI)	Nd:YAG 固体激光器	一回路冷却系统的碳钢和不锈钢	激光波长为 1 064 nm,照射时间为 2 min,强度为 10 W/cm^2
日本大洗工程中心和辐照设施运行管理中心	普通脉冲 YAG 激光	输送高浓度放射性废液的管道	辐照能量为 0.74 kJ/cm^2,频率为 60 Hz,功率为 440 W
日本 WAKASA 能源研究中心	连续激光装置	不锈钢 316L、304L 和 430	安装透镜聚焦装置,功率为 25 W,激光点直径约20 μm
日本大阪大学	自由电子激光器	反应堆中被放射性污染的组件	—

续表7.1

研究单位	激光类型	实验对象	实验参数
英国拉夫伯勒工科大学	Nd：YAG 固体激光器	石灰石雕像、壁面等表面	—
美国马里兰州辐射服务公司	KrF 准分子激光	电子、微电子工业用金属表面	激光波长为 248 nm
法国原子能委员会	—	核厂房墙壁地板	激光波长为 1 080 nm，频率为 50 kHz，功率为50 W

日本动力炉核燃料开发事业部用高功率脉冲 CO_2 激光清洗受放射性物质污染的金属表面。清洗后不锈钢和铁样品除污率达 99 ％以上，对基体表面的不良影响较小。日本普贤(Fugen)退役工程中心采用基于自由电子的激光直线加速技术对其重水反应堆中被放射性污染的组件进行了清洗实验。实验结果表明，激光对碳钢表面放射性污染物的清洗效果很理想，但对不锈钢表面的放射性污染物清洗效果却很差。日本原子能研究所对激光－凝胶去污技术进行了实验研究，真实样品取自反应堆一回路冷却系统。去污实验结果表明，对主要由铁的氧化物或铬的氢氧化物组成的氧化层，激光－凝胶的去污效果比较好。日本大洗工程中心和辐照设施运行管理中心针对激光振荡器的种类、动作模式、助推气体的种类与流量、激光脉冲的振荡器反复速度、去污喷嘴的移动速度、照射能量等参数进行了去污实验。结果表明：选择普通脉冲 YAG 激光，助推气体为惰性氩气，照射能量大于 $0.6 \ kJ/cm^2$ 的条件下对金属去污效果最好。

法国原子能委员会研制了一种光纤激光去污系统，平均输出功率为 50 W，可以工作 20 000 h而不需要维修。该装置在退役的核厂房墙壁地板进行了实验，结果证实系统一次可以扫描 30 cm×30 cm 的区域，在连续工作而没有人员介入的情况下，系统去污效率为 $1 \ m^2/h$，单次去污深度达 5～10 μm，能将污物完全去除。

国内在该领域的研究应用主要集中在低功率的激光清洗技术方面，用于去除金属表面的附着物，并取得了一定的研究成果。中国原子能科学研究院开展了激光清洗金属基底放射性模拟靶的实验，利用 Apex－150 准分子激光器作为辐照光源，对铸铁、不锈钢、碳钢、铜、铝等多种金属表面钴、铯沾染层进行清洗实验。实验证实，$1 \ J/cm^2$ 的紫外激光连续辐照 100 次，清洗效果明显，污染物去除效率不小于80％。长春理工大学采用半导体(LD)双向端面泵浦的双波长激光器作为激光清洗的光源，与光纤传输系统、扫描系统等相结合，研制了背带式双波长激光清洗设备。该设备能够满足不同污物对波长的吸收系数不同的要求，从而提高设备的清洗效果。

7.2.9 武器装备维修与保养

在军工领域，激光清洗技术在武器维护保养上广泛应用。采用激光清洗系统，可以高效、快捷地清除锈蚀、污染物，并可以对清除部位进行选择，实现清洗的自动化。采用激光清洗，不但清洁度高于化学清洗工艺，而且对物体表面几乎无损害。同时，还可通过设定不同的激光清洗参数,在装备金属表面形成一层致密的氧化物保护膜或金属熔融层,可进一步提升金属表面的强度和耐腐蚀性,"改头换面"的装备还被穿上了一件不怕侵蚀的"铁布衫"。

对于武器装备而言,实力和耐用性至关重要。从战机到军舰,再到装甲车等,坚固的焊接和粘接是这些车辆/设备所处的恶劣条件和环境的客观要求。飞行过一段时间的战机在重新喷漆时,可以通过激光清洗完全剔除表面漆层,金属表面依旧"毫发无损"进而大大提升战机的使用寿命。信息化战场上的电子设备要经历残酷环境的考验,电子元器件不可避免地会沾染灰尘,影响电子设备工作效率,激光清洗却可令电子设备"起死回生"。坦克、飞机乃至航天器等各类机械装备,也常常需要对零件上用来润滑的油料加以清理。例如,美国犹他州的希尔空军基地用激光来剥离 F-16 飞机的复合材料雷达罩表面漆层,如图 7.12 所示。

图 7.12　激光清洗雷达罩表面漆层

华中科技大学与中科院的相关研究团队利用 TEA CO_2 激光器就军用装备表面的除漆进行了研究,在这之后,飞机蒙皮等重点装备表面的清洗研究也得到了国内中物院激光聚变研究中心等多所高校研究所的关注;宋桂飞针对弹药修理面临的除锈除漆技术需求,开展了弹药激光除锈除漆实验,从表面处理质量、作业环境友好性、表面温度变化和作业效率等方面,分析了激光除锈除漆效果,发现激光清洗技术应用于弹药除锈除漆维修保障原理可行,但需处理好激光特征参数与表面处理质量、作业效率的关系。

由于激光清洗可以去除金属表面的氧化而不会损坏基底层,因此它为军用车辆和设备提供了一种高效、无损的除锈方法。为了控制飞机地面设备(AGE)上的腐蚀,美国空军使用了清洁激光器,该激光器可在不影响设备的情况下进行目标清洁,陆军和海军也已经转向激光清洗,因为它具有清洗高度复杂的设备的能力,从而使它们使用寿命更长、表现更佳。

另外,一些大型的武器装备由于保密原因,需要封闭保存,在这样的环境中,霉菌吞噬和繁殖会使有机材料强度降低损坏、活动部分阻塞,霉菌吸附水分还会导致其他形式的腐蚀,如电化腐蚀等,霉菌分泌腐蚀液体还会使金属腐蚀和氧化,影响正常的军事训练进程与效果,在作战中则会导致导弹等重要武器装备不能按时发射或无法发射而延误战机。激光清洗霉菌是基于激光光子与微生物大分子的相互作用,主要是利用其热效应,霉菌吸收激光能量,温度迅速上升,达到燃点以上,可导致霉菌瞬时受热燃烧,发生汽化挥发。同时,激光所引起的热应力导致吸附在基体上的霉菌克服吸附力的束缚而向外喷射。而对于插头座芯孔等狭小空间,内部的空气在高能激光束照射下急剧膨胀,与外界大气压产生巨大压差,而向外迅速喷射,也可将霉菌从插头上除去。侯素霞在分析激光清洗机理的基础上,设计了实验装置,重点讨论了影响激光清洗效果和实际应用的关键因素,实验结果表明,在激光参数选择合适的情况下可实现对装备霉菌的完全清洗而不会对基体造成损伤。

7.2.10 文物修复与保护

每一件历史文物都有其独特的艺术内涵、文化背景和历史意义,可以说每一件文物都是独一无二的,因此对于文物的修复和保护的意义是非常重要的。与文物保护中常用的机械、化学等清洗方法相比,激光清洗技术具有诸多优势,在文物保护领域得到广泛的应用研究。

20世纪60年代中期,美国科学家Schawlow发现使用激光能够清除古籍表面特定的文字、图案等污染物。此后,各类古籍文物的修复与保养便成为激光技术的一大应用领域。激光清洗文物应用发展初期,法国的珍贵文化遗产实验室是法国和欧洲在这一领域的带头机构之一。1987年,该实验室的一名专家与相关厂商(B. M 工业)合作,开展文物保护现场的清洗石质文物激光设备的研发工作和相关研究工作,在此研究基础上,1993年在世界文化遗产法国亚眠大教堂(Amiens cathedral)大型修复工程中,首次将激光清洗方法用于实际的修复工作。

目前,激光清洗技术已广泛应用于石质、金属、陶瓷、壁画、油画、纸质、木质、象牙、化石、纺织品的保护,表7.2给出了用激光清洗的一些相关建筑物和艺术品的有关部门数据。

表 7.2　用激光清洗的一些相关建筑物和艺术品的有关部门数据

清除对象	选用激光器	波长/nm	能量	脉宽	水平状态
圣坛上图像	ND:YAG	1 064	1 200 J/cm^2	<ms	实际应用
考古金属制品	ND:YAG	1 064	10 J/cm^2	<20 μs	能有效清除污物,具有高度可控性和选择性
脊椎动物化石	ND:YAG	1 064	20 J/cm^2	20 μs	精确去除表面石头层
绘画	准分子激光器	248	—		用激光器准确操作在线监控,实际应用
古堡	ND:YAG	1 064	—		完善的清洗系统,清除 300～350 mm 厚的黑皮,实际应用
古纪念碑	ND:YAG	1 064	100mJ—1J	20 μs	采用光线远程清洗,实际应用
古板木屋	ND:YAG	1 064			实际应用
19世纪银版	ND:YAG	1 064/532/355	1～50 mJ/cm^2	5～10 ns	实际应用
教堂墙面	ND:YAG	1 064		9 ns	实际应用
类金刚石金属基体	ND:YAG	1 064	1～10 J/cm^2	—	提高镀膜黏附力
硫化物表皮	ND:YAG	1 064			成熟技术,粒子溅射机理
棉花纤维	ND:YAG	1 064/532/266			能替代传统有机溶液清洗

（1）石质文物

在石质文物保护方面，采用激光技术可清除石质文物表面的黑色表层、薄的混凝土层、粉尘、烟灰、修复处理使用过的陈旧的丙烯酸、环氧层和酪蛋白层等各类污染类型。

激光清除石质文物表面的污垢有其独特的优势，它能够十分精确地控制光束在复杂的表面上移动，清除污垢而不损伤文物石材。

国内也开展了石质文物表面污染物的激光清洗技术研究，目前已掌握石质文物的激光清洗工艺，并在山西大同云冈石窟、广西花山岩画、四川绵阳碧水寺、嵩山少林寺等多个国家文物保护单位进行了实验，得到了良好的清洗效果。图 7.13 为激光清除岩壁表面字迹污染，从图中可以看出，岩壁上的"悬、乡"字迹被去除，并且清洗过程中未见岩壁损伤现象发生。

(a) 清洗前　　　　　　　　　　　　　　(b) 清洗后

图 7.13　激光清除岩壁表面字迹污染

激光清洗技术具有传统清洗方法无法比拟的优点，随着技术的不断完善和设备的批量化生产，激光清洗技术必将在石质材料的清洗业中发挥重要的作用。用激光清洗石灰石、大理石等高档石材料表面污垢的工作已成为一项新的很有前途的业务项目。

（2）金属文物

金属文物由于工艺独特、造型丰富、艺术价值高成为文物中重要的组成部分。恢复金属文物本身造像的美观以及与同类造像外观协调，需对其进行清洗。但传统的机械、化学清洗方法存在着有残留和给器物表面造成划伤的风险。利用先进的激光清洗技术进行清洗能够有效地保护文物的安全。

2000 年，Pini 等将激光清洗首次应用于挖掘考古金属的测试和分析，研究表明对于清洗考古金属制品，不同的金属基底应考虑不同的表面发射率和材料内聚力，选择合适的激光波长及辐照系统有利于对表面污物的完全去除。2003 年，Koh 等进一步采用 10.6 μm TEA CO_2 激光器和 1 064 nm、532 nm Nd：YAG 激光器这三种不同的激光波长对铁质考古文物表面的有机污染物进行清洗对比研究,发现 TEA CO₂ 激光器比 Nd:YAG 激光器更适用于清洗有机污染物。2004 年,Drakaki 同样在 10.6 μm TEA CO₂ 激光器以及 532 nm Nd:YAG 激光器下对古罗马硬币进行了清洗研究,研究发现,锈层表面存在的薄片、微孔、尖峰等结构特征对清洗效果的影响尤为重要,需要根据基材特性选择合适的激光清洗系统。2005 年,Panzner 等采用波长为 1 064 nm、能量密度为 $0.30\sim0.40$ J/cm² 的激光对鎏金青铜器表面进行清洗,发现可以有效地去除氧化铜、氧化亚铜、硫酸铜等腐蚀产物。Siano 等对激光应用于金属文物的清除开展了大量的研究工作。他们对多种金属样品进行了系统性的清洗实验,样品包括银币、青铜螺丝钳、青铜带扣等,并对真实的艺术品进行了清洗工作,激光清洗的清洗效果良好,未观察到样品表面有损伤现象,如图 7.14 所示。

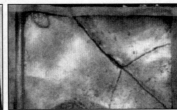

图 7.14　镀金青铜器表面硬壳污染物在激光清洗前后的照片

20 世纪 80 年代,蒋德宾、罗毅等采用红宝石调 Q 激光有效地去除了青铜文物表面的有害锈层,发现在激光清洗之后,青铜表面形成了一层致密的合金薄膜,有效地延缓了青铜器的腐蚀。程国义报道了通过对青铜器等文物进行表面激光处理而获得控制青铜器生成"粉状锈"的实验技术和方法。李荃等的青铜器激光除锈实验表明:需慎重使用激光清洗技术对青铜器进行除锈处理。程国义、罗毅等对其所做激光对青铜器的处理工作进行了一些探讨。张晓彤采用波长为 1 064 nm,能量密度为 $0.30\sim0.50$ J/cm² 的激光进行清洗,通过清洗,造像面部及周身线条轮廓清晰,散发鎏金光泽,体现了原有工艺价值。

Osticioli 等利用 1 064 nm YAG 脉冲激光对铁器文物进行除锈,分析了脉宽对除锈过程的影响,结果表明在使用短脉宽的激光除锈过程中基材出现微熔化,而在使用长脉宽的激光除锈过程中基材熔化程度增加且表面耐腐蚀性能提高。

(3)油墨书画

大多数绘画作品完成后,都在颜料顶层涂上一层清漆(几十微米厚)。该清漆层主要用处有避免颜料与外界直接接触、保护颜料免受紫外光照射,同时也可以提高绘画的光泽程度。但是,随着时间的推移,清漆层在自然光照射下会发生氧化、半氧化和原子基团的重组、聚合,从而在绘画表面形成一层黑色的硬质层,即老化,使得绘画的光泽度大大降低,破坏了艺术品的观赏性,而且可能对绘画作品本身造成损害。

激光可用于清除绘画上的老化清漆层。对于激光清洗绘画的基本原理,一般的观点是:绘画表面的污染物吸收光能,产生一系列物理化学变化,包括吸热膨胀导致的光剥离和化学键断裂引起的光分解,最后从绘画表面脱落。经过激光清洗后,绘画上一般还留有一极薄的清漆层,这层清漆可以算是历史的见证。新加坡大学的 Zafiropulos 和雅典国家

美术馆的 Michael 清洗一幅画在木质面板上的 18 世纪佛兰德蛋彩画(尺寸为 27 cm×
37 cm),利用 KrF 准分子激光辅助剥除顶层老化清漆层,每个脉冲清除深度可以低到
0.1 μm,使石灰颗粒和清漆的光致碎片一起被清除,随后使用了温和的溶剂对其进行后
期处理,最终达到了令人满意的清洗效果。Georgiou 等利用准分子激光器对修复绘画艺
术作品进行了尝试,并获得了比较满意的效果。Scholten 等通过控制激光束成功清洗了
污染的古代绘画艺术作品。Pouli 等利用飞秒紫外激光应用于艺术作品清洗,成功清除了
艺术品表面的油漆污染物。

赵莹等开展了书画霉菌的激光清洗研究,采用波长为 355 nm 的 3 倍频 Nd:YAG 激
光器对中国纸本书画的主要材料——宣纸上产生的霉菌进行了激光清洗实验研究,结果
表明,通过选择适当的激光能量密度,可在不损伤宣纸基底的同时实现对霉菌的有效
清洗。

以上相关研究和应用案例表明,激光清洗效果主要依赖于物质类型、激光参数和应用
条件。在清洗文物时,需开展相关研究和测试,分析文物表面污染物特征、基层物理化学
性质,同时对损伤阈值、清洗阈值、工艺做深入的研究和测试,确保文物安全。

7.2.11　其他清洗

(1)楼宇外墙的清洗

随着我国经济的飞速发展,越来越多的摩天大楼被建立起来,大楼外墙的清洁问题日
益凸现。目前建筑外墙基本上采用人工刷洗或者冲洗的方式进行除尘,高层建筑的人工
作业具有极高的风险。激光清洗系统为建筑物外墙的清洗提供了解决方法,它可以对各
种石材、金属、玻璃上的各种污染物进行有效清洗,且比常规清洗效率高很多倍,还可以对
建筑物的各种石材上的黑斑、色斑进行清除。

LASERLASTE 激光清洗系统在嵩山少林寺对建筑物、石碑进行的清洗实验表明,采
用激光清洗对保护古建筑恢复外观效果非常好。研究学者们利用搭载激光清洗机的爬壁
机器人对建筑外墙进行了全自动除尘清洗。

(2)涂鸦及建筑污染物清洗

随着我国经济的飞速发展,广告宣传的工作越来越重要,然而街道建筑物上粘贴的宣
传单的清洁问题日益凸现。常规的清洗方法是用水或化学试剂清洗,但是往往仍有残留
物,而且要耗费大量的人力、物力。激光清洗系统则可对涂鸦及街道污染物提供很好的解
决方法,它可以通过光纤对各种石材、金属、玻璃上的各种污染物进行有效的清洗,且比常
规清洗效率高很多倍。朱玉峰探索了激光清洗去除涂鸦的应用,研究了 TEA CO$_2$ 激光
在不同情况下清除涂鸦的实验情况,分析了激光作用过程中的原理机制,发现 TEA CO$_2$
激光清除涂鸦效果显著,当激光能量密度为 4~6 J/cm^2 时,去除效率最高,在最佳能量密
度范围内,激光等离子体爆轰产生的力学冲击效应为主要作用机制。

环氧瓷砖填缝料是一种经常用在建筑物的墙、地板的瓷砖上的建筑材料。由于各种
有害物质通过多孔渗水的表面进入填缝料,所以环氧瓷砖填缝料的使用寿命通常比瓷砖
本身短。所以重新整修时,需要清除原来被污染的环氧瓷砖填缝料。清洗这些污染物可
以保持瓷砖原貌,同时也能延长它的使用寿命。激光清洗通过光学光纤传输可以避免有

害物质对操作人员的危害以及减少对工作物件的损坏和污染。

(3)激光清洗石油

泄漏在海面上的石油会危害生活在海洋里的动植物,及时清除它们十分必要。常用的方法是石油燃烧,但是石油燃烧不仅会浪费资源,而且会形成有害气体污染空气。同时也会有部分有害气体溶于海水,对海洋造成二次污染。运用激光清除石油不仅可回收石油,而且高效、节能和环保。一般来说,激光清除石油有两种方法:①对于浮油层较薄的情况,可用激光直接照射,调节激光脉冲使石油受热蒸发但不引起燃烧,同时用真空装置回收冷却的石油;②对于浮油层较厚的情况,可采用大功率激光器深入石油浮层的下部进行扫描,此时的石油层较厚,不易立即受热蒸发或燃烧,而是形成一层浓缩的石油膜。大功率激光器使海水受热沸腾,沸腾的海水使石油膜被托起约 50 cm,这时用能过滤收集石油膜的特殊装置收集石油膜。这种使海水沸腾而收集石油的方法比激光直接照射石油表面使之受热蒸发的方法更经济有效。

(4)激光清洗文身

以往医疗机构是采用化学药物清洗文身,甚至重新纹上另一种颜色来掩盖原来的文身。然而,这些方法都不能完全去除文身的色素,还可能留下难看的疤痕。激光清洗文身是将激光作用于患处,将色素粒击成细微的小碎屑,通过皮肤脱痂排除或血液循环排除及细胞吞噬完成色素的代谢。经过大量的医学临床实验发现激光清洗文身可以实现无痛、完全去除色素、不损伤皮肤的清洗效果,因此,激光清洗技术也逐步应用于医学美容行业。

(5)磁头的清洗

在磁盘驱动工业中,为提高记录密度,磁头飞行高度值不断减小,目前该高度值在 $0.1~\mu m$ 左右。亚微米的微细颗粒可能损坏滑座和磁盘表面,导致驱动系统失灵。研究中发现,亚微米颗粒在滑座表面聚集是使界面损伤的主要原因。传统的超声清洗效果很差,因此,清洗磁头滑座空气轴承是亟待解决的技术难题。实验证明,激光清洗是有效的新方法。新加坡国立大学 Lu 等研究了激光清洗磁头发现,在不损伤工件的前提下,能清洗掉 90% 的铝粒子和全部的 Sn 粒子,清除率极高;同时,不影响磁头顶尖的形状、粗糙度和磁头的逆行等性能,保证了磁头的精度。

7.3 激光清洗市场与效益分析

传统工业清洗如化学清洗、喷砂等,污染重、对环境影响大,不符合现在绿色环保以及碳中和的政策理念。与传统清洗技术相比,激光清洗技术则有着无可比拟的优势,其中,运行和维护成本低对推广该技术市场化应用十分重要。传统的清洗方式如果不考虑污染和排放,其生产效率和性价比是比激光更高的,但若把对环境的保护作为一项费用加进来,传统清洗方式未必优于激光清洗。

以激光清洗轮胎模具为例说明激光清洗与传统清洗技术相比的经济效益。激光清洗技术具有明显优势:清洗快速、劳动强度低、无磨损、对操作员无危害。然而,设备的首期投资较高,达 30 万～60 万美元。因此工厂需要确立一个合理的投资回收计划。

典型的 JET 激光系统工厂可以在 18 个月内取得投资回收。硫化停工时间短、劳动力成本低、模具磨损少以及较低的生产成本是潜在的效益。例如,一台日产 20 000 条轮胎的设备,按 8 台硫化机(16 模)每天平均清洗一次的要求,假设每班清洗 3 台硫化机或每天清洗 9 台硫化机(有的工厂清洗两次)从硫化机上拆下两半模具进行脱机清洗,大约需要 15 h 的作业和 10 h 的停机时间,如采用激光对两半模具进行清洗,则需要 0.3 h 的作业和 3 h 的停机时间,这样,清洗完一台硫化机就可以节约 14 h 的作业和 7 h 的停机时间。又假设,只做 10 次清洗(5 台硫化机),5 次在模具车间进行脱机清洗,采用激光清洗将产生巨大的回报:每天可节约 70 h 的作业和 35 h 的停机时间,那么按一年 320 天的工作日算,每年可增加 22 400 h 作业和 11 200 h 的上机时间。

激光清洗设备的维修和维护费用也应计算在内,为擦干净激光镜和清除沉积在过滤器上的残余物,每周需对装置进行 30 min 的维护,每 4 周对主要部件进行 60 min 的检修,每 6 个月按照制造商的要求对装置进行常规维护并运行一次激光系统。大部分机械部件可以和激光器机架一样都有 10 年以上的使用寿命,一些激光部件在使用约 300 h 后要求替换。这些零部件可在常规预防维修期间进行现场更换。激光装置加上其一年的保修服务,包括易损件的更换并提供典型备件,总操作成本 4～8 美元/h。所有设备都安装有 Modem(调制解调器),这样制造商可以提供远程服务。综合以上因素,总体来看,激光清洗技术的经济效益是十分显著的。

20 世纪 90 年代开始,激光清洗技术更多的研究和应用探索陆续展开,工业应用场景也不断拓展。但由于市场空间有限,欧美地区并没有表现出爆发性增长,真正的大市场在我国以及一些新兴工业国家。进入 21 世纪以后,我国开始大量激光清洗技术的研究。目前,激光清洗技术已经逐步在大量行业中被用户熟知和接受。2021 年 4 月 20 日,《绿色制造 激光表面清洗技术规范》项目启动会在武汉召开,来自航空、航天、轨交、机械、电力、国防等多个领域共 23 个单位的专家代表与会,重点讨论激光表面清洗技术国家标准大纲和初稿,该标准将填补国内空白,进一步规范行业良性发展。相关数据显示,仅国内激光清洗市场潜在需求便超过 600 亿元,全球需求在 1 000 亿以上。一旦市场成熟,国内激光产业将获得巨大的增量市场。2022 年 12 月,贝哲斯咨询从激光清洗市场过去五年的增长态势分析,给出了直观的全球激光清洗市场规模增长趋势,2022 年全球激光清洗市场规模达 40.32 亿元(人民币),中国激光清洗市场在全球市场上的占比为 14.4%。报告预测到 2028 年,全球激光清洗市场规模将达 58.57 亿元,2022—2028 年期间,年复合增长率(CAGR)为 6.42%。

在环保减排的政策影响下,2016 年我国国内工业激光清洗市场逐步打开,国内的激光器厂商创鑫激光于 2016 年下半年最早在国内推出了 100 W 的用于激光清洗的脉冲光纤激光器,同年 10 月,深圳铭镭激光首次在国内推出了 200 W 和 500 W 的工业激光清洗机。2017 年 9 月,《激光制造商情》在江门智博会期间,举办了国内第一场"中国激光清洗应用技术论坛",有效探讨了激光清洗的不同技术工艺和发展方向。

目前,我国的制造业发展迅猛,各种机械、电子产品的应用规模均大幅增长。但这些设备在装配之前以及运行一段时间之后,都需要进行一些维护,其中就包括对部分材料或部件进行清洗。日用工业产品和专业工业产品都要用到表面处理技术中的一种或者几种技术和工艺,以实现产品设计或市场需要的功能。工业制品的电镀、磷化、喷涂、焊接、包装以及集成线路装配过程中,必须除去表面的油脂、灰尘、锈垢及残留的溶剂、黏结剂等污物,以确保下道工序的质量。我国是世界造船大国,船身使用大量的钢板,常常会产生锈蚀;在轮船、军舰航行一定时间后,需要进行船身维护,要把表面的水生附着物、油漆脱掉;我国还是个铁路发展大国,从普通铁路到高铁,铁路钢轨经常遇到露天、潮湿环境,生锈是很常见的,需要大规模、快速的锈迹清洗。以上都是激光清洗技术可以大规模应用的领域。另外,航空航天领域、采用模具生产的领域以及电力、能源产业等,都将有激光清洗的大量应用场景。激光清洗工艺的持续发展为激光技术在工业应用领域创造了许多新的机遇,如在微电子、建筑、汽车制造、医疗、核工业清洗等领域的开发,应用市场前景极为广阔。上述领域不少属于国民经济的支柱产业,激光清洗技术添入其中,产生的经济效益和社会效益是十分可观的,利用我国现有的激光技术条件,开发配套的激光清洗设备,并使其在短时间内实用化、产业化是完全可能的,对推动高新技术产业的发展本身亦具有重要意义。

另外,激光制造是我国“十三五”期间部署的重点任务,激光清洗技术作为激光制造中的一种先进技术,在工业发展中的应用价值潜力巨大,大力发展激光清洗技术对我国高端激光制造技术与装备国际竞争力的大幅提升、经济和社会的发展具有非常重要的战略意义。“十四五”制造发展规划中再次指出,要大力开发包括超快激光等先进激光加工装备在内的智能制造装备。据中研产业研究院公布《2022—2027 年中国激光清洗机行业市场全景调研及投资价值评估研究报告》显示:一些新型智能工业产品进入市场,无一例外地都要用到表面处理技术,随着激光器的高速发展,人们对激光清洗机理研究的不断深入,表面质量监测与表征方法日趋完整全面,“智能化＋激光清洗”的产能将转变为先进的生产力。

但需要正视的是,大规模应用激光清洗技术还存在以下几个问题:

①价格贵,设备前期投资高。

②激光清洗相比传统的清洗技术,如喷砂和化学清洗的方式,效率还比较低,还有待开发更高功率的激光清洗设备,以实现高效的清洗过程。

③针对高端的应用,缺少相应的工艺和配套的完整解决方案,行业需要吸纳更多包括激光应用、自动化、智能检测、软件等在内的专业人才。

在先进制造成为国际竞争焦点的情况下,激光清洗作为先进的激光应用技术,其大力发展,既符合国家战略,又能带来社会经济效益。随着技术的不断更新,市场应用的不断深入,上述问题可以得到很好的解决。激光清洗技术在工业领域应用潜力巨大,可以预见的市场体量也非常大,未来将会成为最重要的激光应用技术之一。

参 考 文 献

[1] 俞鸿斌,王春明,王军,等. 碳钢表面激光除锈研究[J]. 应用激光,2014,4:310-314.

[2] JASIM H A, DEMIR A G, PREVITALI B, et al. Process development and monitoring in stripping of a highly transparent polymeric paint with ns-pulsed fiber laser[J]. Optics & Laser Technology, 2017, 93:60-66.

［3］RAGUSICH. A，TAILLON. G，MEUNIER. M，et al. Selective pulsed laser stripping of TiAlN erosion-resistant coatings：Effect of wavelength and pulse duration［J］. Surface & Coatings Technology，2013，232：758-766.

［4］MARIMUTHU S，KAMARA A M，SEZER H K，et al. Numerical investigation on laser stripping of thermal barrier coating［J］. Computational Materials Science，2014，88：131-138.

［5］A. RAGUSICH，G. TAILLON，M. MEUNIER，et al. Selective pulsed laser stripping of TiAlN erosion-resistant coatings：effect of wavelength and pulse duration［J］. Surface and Coatings Technology，2013，232：758-766.

［6］RECHNER R，JANSEN I，BEYER E. Influence on the strength and aging resistance of aluminum joints by laser pre-treatment and surface modification［J］. International Journal of Adhesion & Adhesives，2010，30(7)：595-601.

［7］CHEN G X，KWEE T J，TAN K P，et al. Laser cleaning of steel for paint removal ［J］. Applied Physics A，2010，101：249-253.

［8］LI F，CHEN X，LIN W，et al. Nanosecond laser ablation of Al-Si coating on boron steel［J］. Surface & Coatings Technology，2017，319：129-135.

［9］支嘉斌，郭瑞，郝瑞超，等. 电池极柱激光清洗关键技术研究［J］. 制造业自动化，2019，41(8)：118-121.

［10］罗雅，王璇，赵慧峰，等. 激光清洗对 2219 铝合金表面形貌及焊接性能的影响［J］. 应用激光，2017，37(4)：544-549.

［11］成健，黄易，董文祺，等. 纳秒激光清洗 5083 铝合金阳极氧化膜试验研究［J］. 应用激光，2019，39(1)：171-179.

［12］KRüGER J，MEJA P，AUTRIC M，et al. Femtosecond pulse laser ablation of anodic oxide coatings on aluminum alloys with on-line acoustic observation［J］. Applied Surface Science，2002，186(1)：374-380.

［13］AL SHAER A W，LI L，MISTRY A. The effects of short pulse laser surface cleaning on porosity formation and reduction in laser welding of aluminum alloy for automotive component manufacture［J］. Optics & Laser Technology，2014，64：162-171.

［14］王春艳，周希文，黄珺，等. 表面清洗工艺对 TB8 钛合金与复合材料胶接性能的影响［J］. 航空材料学报，2015，35(6)：53-59.

［15］陈俊宏，温鹏，常保华，等. 钛合金激光清洗及其对激光焊接气孔的影响［J］. 中国机械工程，2020，31(4)：379-383.

［16］TURNER M W，CROUSE P L，LI L. Comparison of mechanisms and effects of Nd：YAG and CO_2 laser cleaning of titanium alloys［J］. Applied Surface Science，2006，252(13)：4792-4797.

［17］ZHENG Y W，LUKYANCHUK B S，LU Y F，et al. Dry laser cleaning ofparticles from solid substrates experiments and theory［J］. Journal of Applied

Physics，2001，90(5)：2137-2142.

[18] KERRY JD，STUFFM I，HOVUS F E，et al. Removal of small particles from surfaces by pulsed laser irradiation[J]. Proc SPIE，1991，1415：211-219.

[19] FOURRIER T，SCHREMS G，MUHLBERGER T，et al. Laser cleaning ofpolymer surfaces[J]. ApplPhys，2001. A72(1)：1-6.

[20] 章春来，姚春梅. 355 nm 脉冲激光清洗溶胶-凝胶膜面颗粒污染[J]. 中国科学：技术科学，2016，46(9)：926-930.

[21] SINGH A，CHOUBEY A，MODI M H，et al. Cleaning of carbon layer from the gold films using a pulsed Nd：YAG laser[J]. Applied Surface Science，2013，283 (14)：612-616.

[22] 唐秦汉. 离心压缩机叶轮叶片表面硫化变性层激光清洗机理与试验研究[D]. 合肥：合肥工业大学，2016.

[23] GUAN Y C，NG G K L，ZHENG H Y，et al. Laser surface cleaning of carbonaceous deposits on diesel engine piston[J]. Applied Surface Science，2013，270：526-530.

[24] 乔玉林，黄克宁，梁秀兵，等. 清洗速度对激光清洗钛合金积碳表面的形貌与组成的影响[J]. 应用激光，2017，37(6)：859-864.

[25] HILLS MM. Carbon dioxide jet spray cleaning of molecular contaminants[J]. Journal of Vacuum Science & Technology A，1995，13(1)：118-123.

[26] PLEASANTS S，KANE D M. Laser cleaning of alumina particles on glass and silica substrates：Experiment and quasistatic model [J]. Journal of Applied Physics，2003，93(11)：8862-8866.

[27] HALFPENNY D R，KANE D M. A quantitative analysis of single pulse ultraviolet dry laser cleaning[J]. Journal of Applied Physics，1999，86(12)：6641-6646.

[28] KOLOMENSKI A A，SCHUESSLER H A，MIKHALEVICH VG，et al. Interaction of laser-generated surface acoustic pulses with fine particles：Surface cleaning and adhesion studies[J]. Journal of Applied Physics，1998，84(5)：2404-2410.

[29] KHEDR A，PAPADAKIS V，POULI P，et al. The potential use of plume imaging for real-time monitoring of laser ablation cleaning of stonework[J]. Applied Physics B，2011，105(2)：485-492.

[30] IMEN K，LEE S J，ALLEN S D. Laser-assisted micron scale particle removal[J]. Appl Phys Lett，1991，58(2)：203-205.

[31] LU Y F，SHU KOMURO J I. Laser-induced removal of Fingerprints from glass and quartz Surfaces [J]. Japanese Journal of Applied Physics，1994，33，4691-4693.

[32] LU Y F，SONGW D，LOW T S. Laser cleaning of micro-particles from a solid

surface-theory and applications[J]. Materials Chemistry and Physics，1998，54(1)：181-185.

[33] LANG F，MOSBACHERM，LEIDERER P. Near field induced defects and influence of the liquid layer thickness in steam laser cleaning of silicon wafers[J]. Applied Physics A，2003，A77(1)：117-123.

[34] SAVINA M. A comparison of ns and ps steam laser cleaning of Si surface[J]. Journal of Laser Applications，1999，11(6)：284-287.

[35] 叶亚云. 光学元件表面的激光清洗技术研究[D]. 成都：中国工程物理研究院，2010.

[36] YE Y，YUAN X，XIANG X，et al. Laser cleaning of particle and grease contaminations on the surface of optics[J]. Optik-International Journal for Light and Electron Optics，2012，123(12)：1056-1060.

[37] 苗心向，程晓锋，王洪彬，等. 高功率激光装置大口径光学元件侧面清洗实验[J]. 强激光与粒子束，2013，25(4)：890-894.

[38] 徐传义. 超光滑光学表面激光清洗的机理和试验研究[D]. 西安：西北工业大学，2002.

[39] CHEN G X. KWEE T J，TAN K P，et al. High-power fiber laser cleaning for green ship building[J]. Journal of Laser Micro Nanoengineering，2012，7(3)：249-253.

[40] 解宇飞，刘洪伟，胡永祥. 船舶板材激光除锈工艺参数确定方法研究[J]. 中国激光，2016，4(43)：0403008.

[41] 刘洪伟，周毅鸣. 船用板材激光除锈应用技术[J]. 造船技术，2016，(6)：87-93.

[42] 周建忠，李华辞，孙奇，等. 基于清洗表面形貌的 AH32 钢激光除锈机制[J]. 光学精密工程，2019，27(8)：1754-1764.

[43] 韩晓辉. 韩晓辉，齐先胜. 轨道客车高效优质激光清洗技术的工程应用与前景展望[J]. 金属加工，2020，(3)：11-14.

[44] 戴宗房. 激光清洗工艺的质量特性及多目标优化研究[D]. 镇江：江苏大学，2021.

[45] 齐先胜，任志国，刘峻亦，等. 激光除锈技术对高速列车集电环性能影响研究[J]. 激光技术，2019，43(2)：168-173.

[46] 张清华. 轮胎模具脉冲激光清洗数值模拟研究[D]. 哈尔滨：哈尔滨工业大学，2020.

[47] UZUNOV T，DENEVA M，KAZAKOV V，et al. Effective application of suitable single pulse of Nd：doped lasers for cleaning of initial carious lesions of human teeth. Experimental study[J]. Journal of Physics，2023，2487：012021.

[48] ALSHAER A W，LI L，MISTRY A. The effects of short pulse laser surface cleaning on porosity formation and reduction in laser welding of aluminum alloy for automotive component manufacture[J]. Optics & Laser Technology，2014，64：162-171.

［49］ AHN D，JANG D，PARK T，et al. Laser removal of lubricating oils from metal surfaces［J］. Surface and Coatings Technology，2012，206：3751-3757.

［50］ 陈浩. 车体表面油漆激光清洗工艺基础研究［D］. 哈尔滨：哈尔滨工业大学，2018.

［51］ 郭召恒. 纳秒脉冲激光除漆的数值模拟与实验研究［D］. 镇江：江苏大学，2020.

［52］ 刘丽红. 激光清洗锂离子电池电极片的理论与试验研究［D］. 大连：大连理工大学，2016.

［53］ 宣善勇. 飞机复合材料部件表面激光除漆技术研究进展［J］. 航空维修与工程，2016，8：15-18.

［54］ SCHLETT J. Laser paint removal takes off in aerospace［EB/OL］.［2018-03-11］. https：//www. photonics. com/a61353/Laser_Paint_Removal_Takes_Off_in_Aerospace.

［55］ 宋峰，刘淑静，颜博霞. 激光清洗——富有前途的环保型清洗方法［J］. 清洗世界，2004，20(5)：43-48.

［56］ 马鹏勋. 近年来日本对几项去污技术的研究及启示［J］. 辐射防护通讯，2007，4：18-20.

［57］ ZHOU X，IMASAKI K，FURUKAWA H，et al. Experimental study on surface decontamination by laser ablation［J］. Journal of Laser Applications. 2002，(14)：13-16.

［58］ 路磊，王菲，赵伊宁，等. 背带式双波长全固态激光清洗设备［J］. 航空制造技术，2012，10：16-17.

［59］ JAMES J A，NAGUY T A，NAGUY D A. Applications of laser coating removal technology［Z］. 2013.

［60］ 郭为席，胡乾午，王泽敏，等. 高功率脉冲 TEA CO_2 激光除漆的研究［J］. 光学与光电技术，2006，4(3)：32-35.

［61］ 蒋一岚，叶亚云，周国瑞，等. 飞机蒙皮的激光除漆技术研究［J］. 红外与激光工程，2018，47(12)：29-35.

［62］ 宋桂飞，李良春，夏福君，等. 激光清洗技术在弹药修理中的应用探索试验研究［J］. 激光与红外，2017，47(1)：29-31.

［63］ 徐军. 激光清洗技术在武器维护保养上的应用［J］. 中国计量学院学报，2001，2：92.

［64］ 侯素霞，罗积军，徐军，等. 军用装备的激光清洗技术应用研究［J］. 红外与激光工程，2007，36(S1)：357-360.

［65］ SCHAWLOW A L. Lasers［J］. Science，1965，149(3679)：13-22.

［66］ WEEKS C. The Portail de le mere dieu' of amiens cathedral：its polychromy and conservation［J］. Studies in Conservation，1998，43：101-108.

［67］ SALIMBENI R. Laser techniques for conservation of artworks［J］. Archeometrial Muhely. 2006，1：34-40.

［68］ DICKMANN K，FOTAKIS C，ASMUS J F. Laser in the Conservation of

Artworks [M]. Berlin, Heidelberg：Springer，2005.

[69] SIANO S, SALIMBENI R. Advances in laser cleaning of artwork and objects of historical interest：the optimized pulse duration approach[J]. Account Chemical Research，2010，43(6)：739-750.

[70] 叶亚云，齐扬，袁晓东，等. 利用激光清洗技术清除砂岩及光学元件表而污染物[J]. 中国激光，2012，39(s1)：1-6.

[71] 齐扬，叶亚云，袁晓东，等. 激光清洗技术在文物保护领域的应用[M]. 北京：文物出版社，2014.

[72] PINI R, SIANO S, SALIMBENI R, et al. Application of a new laser cleaning procedure to the mausoleum of theodoric[J]. Journal of Cultural Heritage，2000，1：93-97.

[73] NIMMRICHTER J, KAUTEK W, SCHREINER M. Lasers in the Conservation of Artworks[M]. Berlin, Heidelberg：Springer，2007.

[74] SINYAVSKY M N, KONOV V I, KONONENKO T V, et al. Microsecond pulsed laser material ablation by contacting optical fiber[J]. Journal of Laser Micro Nanoengineering，2010，5(3)：223-228.

[75] POULI P, FRANTZIKINAKI K, PAPAKONSTANTINOU E, et al. Pollution Encrustation Removal by Means of Combined Ultraviolet and Infrared Laser Radiation[M]，Springer：Heidelberg，2005.

[76] SALIMBENI R, PINI R, SIANO S. Achievement of optimum laser cleaning in the restoration of artworks：expected improvements by on-line optical diagnostics[J]. Spectrochimica Acta Part B：Atomic Spectroscopy，2001，56(6)：877-885.

[77] SIANO S, SALIMBENI A, GIUSTI A, et al. The santi quattro coronati by Nanni di banco：cleaning of the gilded decorations[J]. Journal of cultural Heretage，2003，(4)：123-128.

[78] GIAMELLO M, PINNA D, PORCINAIS, et al. Multidisiplinary study and laser cleaning tests of marble surfaces of porta della Mandorla Florence[C]. Proceedings of the 10th International Congress on the Deterioration and Conservation of stone，Stockholm，2004.

[79] SIANO S, GIUSTI A, PINNA D. The Conservation intervention on the Porta della Mandorla[A]. Springer Berlin Heidelberg，Germany，2005.

[80] SALIMBENI R, PINI R, SIANO S, et al. Assessment of the state of conservation of stone artworks after laser cleaning：comparison with conventional cleaning results on a two-decade follow up[J]. Cultural Heritage，2000，1：385-391.

[81] VERGES-BELMIN V, PICHOT C, Orial G. Conservation of stone and other materials[C]. Proceedings of the international RILEM/UNESCO congress held at the UNESCO headquarters，Paris，1993.

[82] BROMBLET P, LABOURE M, ORIALG. Diversity of the cleaning procedures

including laser for the restoration of carved portals in France over the last ten years [J]. Journal of Cultural Heritage, 2003, 4: 17-26.

[83] COOPER M, EMMONY D, LARSON J. A comparative study of the laser cleaning of lime-stone [C]. Proceedings of the 7th international congress on deterioration and conservation of stone, Lisbon, Portugal, 1992.

[84] COOPERM, EMMONY D, LARSON J. The evaluation of laser cleaning of stone sculpture[C]. Proceedings of Conference on Conservation Science in the UK. Glasgow, UK, 1993.

[85] LAU D, RAMANAIDOU E, NELP, et al. Artworks and cultural heritage materials: using multivariate analysis to answer conservation questions [J]. Informatics for Materials Science and Engineering, 2013, 467-494.

[86] CALCAGNO G, KOLLER M, NIMMRICHTER H. Laser based cleaning on stonework at St. Stephens Cathedral, Vienna [J]. Restauratoren Blatter (Special Issue: LACONA 1), 1997, 39-43.

[87] CALCAGNO G, PUMMER E, KOLLER M. St. Stephen's church in Vienna: criteria for Nd: YAG laser cleaning on an architectural scale[J]. Journal of Cultural Heritage, 2000, (1): 111-117.

[88] 叶亚云, 齐扬, 秦朗, 等. 激光清除石质文物表面污染物[J]. 中国激光, 2013, 40(9): 0903005.

[89] 齐扬, 叶亚云, 王海军, 等. 激光清除石质文物表面污染物的作用机制[J]. 中国激光, 2015, 42(6): 0603001.

[90] 邹万芳, 罗颖, 范明明. 激光清洗石质文物表面油漆的理论分析[J]. 赣南师范大学学报, 2018(3): 46-49.

[91] 周伟强, 齐扬, 叶亚云, 等. 广西花山岩画表面污染物去除研究[J]. 中原文物, 2013, 2: 97-100.

[92] PINI R, SIANO S, SALIMBENI R, et al. Tests of laser cleaning on archeological metal artefacts[J]. Journal of Cultural Heritage, 2000, 1(2): S129-S137.

[93] KOH Y, SARADY I. Cleaning of corroded iron artefacts using pulsed TEA CO_2 and Nd: YAG-lasers[J]. Journal of Cultural Heritage, 2003, 4(1): 129-133.

[94] DRAKAKI E, KARYDAS A G, KLINKENBERG B, et al. Laser cleaning on Roman coins[J]. Applied Physics A, 2004, 79(4-6): 1111-1115.

[95] PANZNER M, WIEDEMANN G, MEIER M, et al. Laser cleaning of gildings [C]. Lasers in the conservation of artworks, Vienna, Austria, 2005.

[96] BURMESTER T, MEIER M, HAFERKAMP H, et al. Femtosecond laser cleaning of metallic cultural heritage and antique artworks [J]. Springer Proceedings in Physics, 2005: 61-69.

[97] SIANO S, PINI R. Analysis of the blast waves induced by Q-Switched Nd: YAG laser photo-disruption of absorbing targets[J]. Optics Communications, 1997,

135：279-284.

[98] SIANO S, SALIMBENI R, PINI R, et al. Laser cleaning methodology for the preservation of the porta del paradiso by lorenzo ghiberti[J]. Cultual Heritage, 2003, 4：140-146.

[99] SINAO S, GRAZZI F, PARFRNOV V A. Laser cleaning of gilded bronze surfaces [J]. Journal of Optical Technology, 2008, 75(7)：419-427.

[100] 蒋德宾, 罗毅, 高敏. 脉冲激光去除青铜文物锈斑的研究[J]. 西北大学学报（自然科学版）, 1986(4)：19-23, 136.

[101] 程国义. 激光预防"铜、铁器皿"文物的锈蚀[J]. 激光杂志, 1986, 3：130-132.

[102] 李荃, 沈引平. 对激光清除青铜器粉状锈技术的分析和探讨[J]. 文物保护与考古科学, 1990, 1：22-25.

[103] 程国义, 程念政. 激光防治"古文物"锈蚀的实验研究[J]. 应用激光, 1996, 6：277-278, 280.

[104] 罗毅, 蒋德宾, 高敏. 脉冲激光去除青铜文物锈垢机理的研究[J]. 激光杂志, 1997 (1)：45-47.

[105] 张晓彤, 张鹏宇, 杨晨, 等. 激光清洗技术在一件鎏金青铜文物保护修复中的应用 [J]. 文物保护与考古科学, 2013, 25(3)：98-103.

[106] OSTICIOLI I, SIANO S. Dependence of Nd：YAG laser derusting and passivation of iron artifacts on pulse duration[J]. Proc Spie, 2013, 9065(9065)：906513-906518.

[107] GEORGIOU S, ZAFIROPULOS V, ANGLOS D, et al. Excimer laser restoration of painted artworks：procedures, mechanisms and effects[J]. Applied Surface Science, 1998, 127-129：738-745.

[108] SCHOLTEN J H, TEULE J M, ZAFIROPULOSV, et al. Controlled laser cleaning of painted artworks using accurate beam manipulation and on-line LIBS-detectio[J]. Journal of Cultural Heritage, 2000, 1(1)：215-220.

[109] POULI P, PAUN I A, BOUNOS G, et al. The potential of UV femtosecond laser ablation for varnish removal in the restoration of painted works of art[J]. Applied Surface Science, 2008, 254(21)：6875-6879.

[110] 赵莹, 陈继民, 蒋茂华. 书画霉菌的激光清洗研究[J]. 应用激光, 2009, 29(2)：154-157.

[111] 赵莹. 书画类文物激光清洗试验研究[D]. 北京：北京工业大学, 2009.

[112] 朱玉峰, 谭荣清. 激光清洗应用于清除城市涂鸦[J]. 激光与红外, 2011, 41(8)：840-844.

[113] LU Y F, SONG W D, HONG M H, et al. Laser removal of particles from magnetic head sliders[J]. Journal of Applied Physics, 1996, 80(1)：499-504.

第8章 激光清洗安全与防护

激光具有很高的功率密度和能量,其亮度比太阳光、电弧光要高数十倍。此外,激光设备中存在数千伏至数万伏的高压激励电源,会对人体造成伤害。激光加工(焊接、切割、熔覆等)时必须特别注意安全与防护,以免各种伤害人身的事故发生。因此,除了对激光加工系统做必要的封闭和设置警示标记外,个人防护也不能忽视。

8.1 激光危险等级

激光产品危险等级分类是描述激光系统对人体造成伤害程度的界定指标。根据激光产品对使用者的安全程度,国内外均把激光产品的安全等级划分为四级:第Ⅰ类激光(无伤害)到第Ⅳ类激光(如 2 000 W 二氧化碳激光器(可以切割厚钢板))。必须在第Ⅱ类、第Ⅲ类和第Ⅳ类激光产品上贴有带激光危险等级分类字样的警告标签。

第Ⅰ类激光多指红外激光或激光二极管产生的不可见激光辐射(辐射波长大于 1 400 nm),辐射功率通常限制在 1 mW(一般在微瓦或亚微瓦量级)。任何可能看到的光束都是被屏蔽的,且在激光暴露时激光系统是互锁的。这类激光在合理可预见的工作条件下是安全的,没有生物性危害,既不会产生有害的辐射也不会引起火灾。例如,CD 播放器和小型激光打印机等。

第Ⅱ类激光产生波长 400～700 nm 的连续或脉冲可见光辐射,辐射功率一般较低 (0.1～1 mW),连续光的辐射功率通常限制在 1 mW。不会灼伤皮肤,不会引起火灾。由于眼睛反射可以防止一些眼部损害(例如,当眼遇到明亮的光线时,会自动眨眼,或者转动头部以避开这些强光线,这就是所谓反射行为或反射时间。在这段时间内这类激光产品不会对眼睛造成伤害),所以这类激光器不被视为危险的光学设备。在这类激光设备上应放黄色警告标签。例如,游戏用激光枪、激光棒及条码扫描器等。

第Ⅲ a 类激光设备输出功率为 1～5 mW,不会灼伤皮肤。在某种条件下,这类激光可以致盲以及造成其他损伤。这类激光产品应该有:①激光发射指示灯,表明激光器是否在工作;②应该使用电源钥匙开关,阻止他人擅自使用;③应该贴有危险标签或警示标签。例如,激光棒及直线校准仪器等,属于第Ⅲ a 类设备。

第Ⅲ b 类激光设备输出功率为 5～500 mW。在功率比较高时,这类激光产品能够烧焦皮肤。这类激光产品明确定义为对眼睛有危害,尤其是在功率比较高时,将造成眼睛损伤。这类激光产品必须具备:①钥匙开关,阻止他人擅自使用;②激光发射指示灯,表明激光器是否在工作;③启动电源后有 3～5 s 延迟时间使操作者离开光束路径;④装有急停开关,随时关断激光光束;⑤在激光器上必须贴有红色的危险标签或警示标签。例如,用于物理治疗的激光治疗仪等。

第Ⅳ类激光设备输出功率为大于 500 mW 的连续或可重复脉冲激光,单脉冲输出的激光能量在 30～150 mJ(依波长而变),激光波长是可见的或不可见的。这类激光产品能够造成眼睛损伤。同灼烧皮肤和点燃衣物一样,激光能够引燃其他材料。这类激光系统必须具有:①钥匙开关,阻止他人擅自使用;②保险装置,防止工作时系统的保护盖被打开;③激光发射指示灯,表明激光器是否在工作;④装有急停开关,随时关断激光光束;⑤在激光器上贴好红色危险标签或警示标签,这类激光反射光束和主光束一样都很危险。例如,大功率激光表演机、激光工业加工机等。

8.2　激光危害

随着激光技术应用的飞速发展,特别是各种大功率、大能量不同波长的激光器的广泛应用,人们充分认识到光束的危险性。因此,采取适当的安全措施,确保人员和设备的安全是推广激光清洗技术的关键之一。

激光发射与加工装置对人体和工作环境造成的有害作用称为激光危害,针对激光危害所采取的安全对策称为激光防护。激光产生的危害主要包括两方面:光危害,如辐射危害;非光危害,如电气危害、化学危害和机械危害。

激光束具有单色性、发散角小和相干性高的性质,在小范围内容易聚集大量的能量,引起热效应、光压强和光化学反应等。激光对人造成的伤害主要是针对人的眼睛和皮肤,其中以对前者的伤害最为严重。

激光清洗系统工作时,除了激光束本身的危害以外,还存在其他潜在危害。激光清洗设备使用高电压,高压电击成为伴随激光清洗的主要危险。其他危险还包括光器泄漏、清洗加工过程中产生的有害物质、电离辐射等,除激光以外还伴随其他辐射,如闪光管及等离子体放电管的紫外辐射。另外,低温冷却剂、易燃易爆物品在激光意外照射下也可发生事故。

8.2.1　激光辐射对人体的危害

激光的高强度使它与生物组织产生比较剧烈的光化学、光热、光波电磁场、声等交互作用,从而会造成对生物组织的严重伤害。生物组织吸收了激光能量后会引起温度的突然上升,这就是热效应。热效应损伤的程度由曝光时间、激光波长、能量密度、曝光面积以及组织的类型共同决定。声效应是由激光诱导的冲击波产生的。冲击波在组织中传播时局部组织汽化,最终导致组织产生一些不可逆转的伤害。激光还具有光化学效应,诱发细胞内的化学物质发生改变,从而对生物组织产生伤害。

激光辐射眼睛或皮肤时,如果超过了人体最大允许的照射量(Maximam Permissible Exposure,MPE),会导致组织损伤。最大允许照射量与激光波长、脉宽(脉冲持续时间)、照射时间等有关,生产中主要是与照射时间有关。照射时间在纳秒和亚纳秒时,主要是光压效应损伤;照射时间为 100 ms 至几秒时,主要为热效应损伤;照射时间超过 100 s 时,主要为光化学效应损伤。

过量光照引起的病理效应见表 8.1。

表 8.1 过量光照引起的病理效应

光谱范围	眼睛	皮肤	
紫外光（180～280 nm；200～315 nm；315～400 nm）	光致角膜炎	红斑、色素沉着、加速皮肤老化过程	
可见光（400～780 nm）	光化学反应 光化学和热效应所致的视网膜损伤	皮肤灼伤	光敏感作用，暗色
红外光（780～1 400 nm；1.4～3.0 μm；3.0～1 mm）	白内障，视网膜灼伤白内障，水分蒸发，角膜灼伤角膜灼伤		

（1）对眼睛的损伤

眼球是很精细的光能接受器，它是由不同屈光介质和光感受器组成的极灵敏的光学系统，人眼对不同的波长的光辐射具有不同的透射率与吸收特性。人眼角膜透过的光辐射主要在 $0.3～2.5\ \mu m$ 波段范围内，而波长小于 $0.3\ \mu m$ 和大于 $2.5\ \mu m$ 的光辐射将被吸收，均不能透过角膜。一般来说，在 $0.44～1.4\ \mu m$ 波段，晶体透过率较高，占 80% 以上，其两侧的波段很少能透过晶体。玻璃体也可透过 $0.4～1.4\ \mu m$ 光辐射。

目前，常用的激光振荡波长从 $0.2\ \mu m$ 的紫外线开始，包括可见光、近红外线、中红外线直到远红外线。由于人眼的各部分对不同波长光辐射的透射与吸收不同，激光对人眼的损伤部位与损伤程度也不同，可能造成对角膜和视网膜的伤害，伤害的位置和范围取决于激光的波长和级别。一般来说，紫外线与远红外线在一定剂量范围内主要损伤角膜，可见光与近红外线波段的激光主要损伤视网膜，超过一定剂量范围各波段激光可同时损伤角膜、晶体与视网膜，并可造成其他屈光介质的损伤。例如，常用的二氧化碳激光（$10.6\ \mu m$）不可见并且一般功率较大，一不小心就会烧伤角膜、结膜和眼睑。对于角膜烧伤，最轻是白色小浊点，照射后 10 min 出现，只涉及角膜上皮，不浮肿，后消退，无可见疤痕；较重的是从外到里形成圆柱形白色伤斑；更重则形成溃疡伤斑或穿孔。

总之，激光束照射眼睛会使眼睛背面视网膜遭到潜在的损伤，会造成视网膜损伤，引起视力下降，严重时可瞬间使人致盲。激光作用到眼睛视网膜上，经过眼球透镜的聚焦对激光作用的功率密度将放大 10^5 倍，表明处于可见光波长或接近可见光波长的激光器（Ar 离子激光、He－Ne、Nd：YAG）的激光等对眼睛的损伤程度远超过这些波长范围外的波长（CO_2 激光、准分子激光）。例如，由于人眼球前部组织对紫外线与红外线激光辐射比较敏感，在激光的照射下很容易造成白内障；激光对视网膜的损伤则主要是由于可见激光（如红宝石、氩离子、氪离子、氦氖、氦镉与倍频钕激光等）与红外线激光（如钕激光等）均能透过眼屈光介质到达视网，其透射率为 42%～88%，视网膜与脉络膜有效吸收率在 5.4%～65% 之间。其中倍频钕激光发射 $0.53\ \mu m$ 波长，十分接近血红蛋白的吸收率。因此，倍频钕激光容易被视网膜与脉络膜吸收。由于造成眼底损伤的能量很低，很少的能量就可以产生较严重的损害，将视网膜局部破坏。表 8.2 列出了不同国家给出的激光对人眼的安全标准。

表 8.2　不同国家给出的激光对人眼的安全标准

波长范围能量单位	Q 开关脉冲(6 943 Å) /(J·cm⁻²)	正常脉冲(6 943 Å) /(J·cm⁻²)	连续波(4 000~7 500 Å) /(W·cm⁻²)
美国卫生工业会议	10^{-7}	10^{-6}	10^{-5}
国际激光安全会议	10^{-8}	10^{-7}	10^{-6}
美国陆军、海军	10^{-7}	10^{-6}	10^{-6}
英国	10^{-7}	10^{-7}	10^{-5}

激光对人眼的伤害较为复杂,直射、反射和漫反射激光束均能伤害人眼。激光的反射光对眼睛具有同样的危险性,尤其在清洗反射率很高的基体材料时,强烈的激光反射光对眼睛的伤害程度与直接照射相当。另外,激光的漫反射光也会使眼睛受到慢性伤害,引起视力下降。

(2)对皮肤的损伤

虽然人的皮肤比眼睛对激光辐照具有更好的耐受度,但高强度的激光对人皮肤也易造成损伤。皮肤可分为两层:最外层的是表皮,内层是真皮。一般而言,位于皮下层的黑色素粒是皮肤中主要的吸光体。黑色素粒对可见光、近紫外线和红外线的反射比有明显的差异,人体皮肤颜色对反射比也有很大的影响。反射比是在一定条件下反射的辐射功率与入射的辐射功率之比。皮肤对于大约 3 μm 波长的远红外激光的吸收发生在表层;对于波长 0.69 μm 的激光,不同的肤色的人,反射比可以在 0.35~0.57 之间变化;对于波长短于 0.3 μm 的红外线,皮肤的反射比大约为 0.05,几乎全部吸收。

激光对皮肤的损伤主要表现在皮肤起泡或者切开,它不能像伤口那样去清洗,与对眼睛的伤害不同。极强激光的辐射可造成皮肤的色素沉着、溃疡、瘢痕形成和皮下组织的损伤。人体的皮肤如果受到聚焦后激光光束的照射,会被灼伤,并且这种灼伤很难愈合。激光功率密度十分大,伤害力更大,会造成严重烧伤。例如,二氧化碳激光的阈限值是 0.1 W/cm²。二氧化碳激光将被厚 0.2 mm 的皮肤吸收,很容易引起水疱或烧焦,功率较大时,瞬间即可造成烧伤,生理反应(如痛觉)无法起到保护作用。横向受激气压二氧化碳激光能使空气电离。若用 30 mJ 二氧化碳照前臂表面皮肤 0.5~0.25 s,光斑直径为 10 μm,照射时人会感到刺痛和灼痛。几小时后皮肤出现红斑,24 h 后扩展,水肿,最后结痂。

极短脉冲、高峰值功率激光辐射会使皮肤表面炭化,而不出现红斑。聚焦后的激光束要特别注意,防止皮肤被激光烧伤甚至流血。可见光(400~700 nm)和红外光谱(700~1 060 nm)范围的激光辐射可使皮肤出现轻度细斑,继而发展成水泡;紫外光、红外光的长时间漫反射作用,则会导致人体皮肤的老化、炎症甚至皮肤癌等严重后果。一般原则是不要将身体任何部位置于激光束的光路中。在调整光路时,手应置于光学镜的边缘。

虽然激光辐射的潜在效应和累积效应还缺少充分的研究,然而一些边缘的研究表明,在特殊条件下,人体组织的小区域可能对反复的局部照射敏感,从而改变了最轻反应的照射剂量,因此在低剂量照射时组织的反应非常严重。因此使用强激光加工机时,还需要避免漫反射光。

8.2.2 清洗过程产生的危害

激光器除了直接与生物组织产生作用造成损伤外,还可能通过空化气泡、毒性物质、电离辐射和电击等方式对人体产生伤害。

(1)电击

激光清洗设备中存在着数千至数万伏特的高压电及大电容储能设备,在操作不当或出现故障,以及安装激光仪器时,可能接触暴露的电源、电线等,均有可能使人体遭受致命的电击。

常用的激光材料加工系统均有泵浦系统,如在典型 CO_2 激光器中,泵浦系统的供电需要高压触发,其电压可达 30 kV,电流达 300 mA,对于操作人员有危险性。工作时操作人员必须按照标准程序来操作。在电源系统中含有大量电容,所以甚至当使用总电源开关时,电源系统要接地来加以保护。同时,必须在激光器系统或出口的地方安装紧急保险开关。另外,对高电压电路必须进行保护。

(2)有害气体

某些激光器(如染料激光器、化学激光器)使用的材料(如溴气、氯气、氟气和一氧化碳等)含有毒性物质,这些物质都会对人体造成危害。

激光清洗某些金属材料时,这些材料因受激光加热而蒸发、汽化,产生各种有毒的金属烟尘,高功率激光加热时在清洗物质表面附近形成的等离子体产生的臭氧等,都对人体有一定的损害。

此外,某些可燃的非金属材料和金属材料(如镁及镁合金),在清洗过程中受激光束直接照射或强反射的时间稍长会引起可燃物的燃烧现象,可能引起火灾。

在激光清洗中产生的高温与材料作用会产生蒸气雾、烟雾。尤其在清洗有机物或无机物等非金属材料时,会产生很多分解物形成烟雾。有些烟雾含有对人体造成危害的有机化学物质。故在激光清洗时,除了在房间内安装良好的通风设备外,激光系统本身也要有良好的排风设备,能及时将清洗过程中产生的烟雾抽走。表 8.3 列出了非金属物的激光分解主要产物。

表 8.3 非金属物的激光分解主要产物

分解产物	材料				
	聚酯	皮革	PVC 塑料	可伐	凯芙拉/环氧树脂
乙炔	0.3~0.9	4.0	0.1~0.2	0.5	1.0
CO_2	1.4~4.8	8.7	0.5~0.6	3.7	5.0
HCl	—	—	9.7~10.9	—	—
氰化物	—	—	—	1.0	1.3
苯	3.0~7.2	2.2	1.0~1.5	4.8	1.8
NO_2	—	—	—	0.6	0.5

续表8.3

分解产物	材料				
	聚酯	皮革	PVC 塑料	可伐	凯芙拉/环氧树脂
苯乙炔	0.2～0.4	—	—	0.1	—
苯乙烯	0.1～1.1	0.3	0.05	0.3	—
甲苯	0.3～0.9	0.1	0.06	0.2	0.2

(3)间接辐射危害

高压电源、放电灯和等离子体管都能产生间接辐射,包括 X 射线、紫外线、可见光、红外线、微波和射频等。当在靶物质聚焦很高的激光能量时,就会产生等离子体,这也是间接辐射的一个重要来源。

(4)其他危害

其他危害包括低温冷却剂危害、重金属危害、应用激光器中压缩气体的危害、失火和噪声等。由于使用激光器时潜在的危害较多,应当对激光设备进行专门的定期检查。

8.3 激光的安全与防护

8.3.1 激光防护安全标准

对激光辐射采取防护措施的依据是激光安全防护标准。国际标准主要有国际电工委员会(IEC)标准,世界卫生组织(WHO)标准,国际标准化组织(ISO)标准和国际辐射防护协会(IRPA)标准等。此外,常用的还有美国国家标准学会(ANSI-2-136)标准和美国放射卫生局(BRH)标准。

所有激光安全标准都是将激光器按输出能量、工作波长、脉宽等参数划分成若干个安全级别。划分的依据是与损伤阈值直接相关的辐照限。不同标准辐照限的表示方法和数值不尽相同。1960 年激光器诞生以后,1963 年就有人根据测得的视网膜和皮肤的损伤阈值,提出了激光器最大允许照射量,随后世界上出现了二三十种名目繁多的安全标准(其中以美国的最多),但由于对操作阈值的理解不同(是用显微镜能检查细胞损伤,或是用检镜能看到的损伤,还是可觉察的视觉功能下降)、损伤阈值是根据急性反应还是慢性反应、安全因素是取 10 还是 1 000 等原因,使得提出的安全标准相差很大。

(1)美国标准协会(ANSI)激光安全委员会

激光能够伤害眼睛、皮肤、呼吸道、中枢神经以及整个机体,目前一般只对眼睛和皮肤提出了安全标准。鉴于激光目前用于机械加工,对呼吸道危害的可能性在增大,激光工作者受到激光慢性照射危害的可能性也在增大,因此对上述激光的诸多危害都要重视。

为了安全使用激光器,同时减少混乱,美国标准协会设立了激光安全委员会,组织多方面的力量,经过调研,于 1973 年公布了全美标准协会的安全标准 Z-136,1-1973《激光安全使用》。为了使得波长 0.2 μm～1 mm 的激光能够安全使用,推荐合理而恰当的安全指南,该委员会据激光器原激光束是否强到能够给眼或皮肤造成伤害,将激光器分为五类,例如,第一类功率密度小,不需要防护,第五类则必须置于最严格的控制之下。

许多国家和部门都建立了激光安全防护标准,但激光协会已开始建立一个统一的标准,安全标准涉及激光制造商设备和操作人员两个方面。安全标准可以是官方法律上规定的,也可以是单位自身的标准。

欧盟的电子技术标准(CENELEC)也采用了 IEC825 作为欧盟标准。欧盟 EN60835-1 标准与 IEC825-1 标准一致,到 1996 年对标准进行了重新修订。现在欧盟采用 EN60825-1 作为产品的坚定标准。美国的国家标准协会(ANSI)在 1993 年也颁布了 ANSTZ-1 标准。它与欧洲的 IEC 标准在某些方面有差别。双方经过协调后,在 1998 年重新公布了一个类似的新标准。

(2)中国激光安全标准

由于激光的广泛应用,许多人都可能受到激光的辐照损害。为了减少和预防这种损伤,我国在激光安全方面已经制定了几个标准:

①《激光产品的安全 第 1 部分:设备分类、要求》(GB 7247.1—2012)。

②GB/T 7247.3—2016《激光产品的安全 第 3 部分:激光显示与表演指南》。

③GB/T 7247.4—2016《激光产品的安全 第 4 部分:激光防护屏》。

④GB/T 7247.2—2018《激光产品的安全 第 2 部分:光纤通信系统(OFCS)的安全》。

⑤GB 7247.13—2018《激光产品的安全 第 13 部分:激光产品的分类测量》。

⑥GB/T 39118—2020《激光指示器产品光辐射安全要求》。

⑦GB/T 41643—2022《高功率激光制造设备安全和使用指南》。

8.3.2 激光防护镜标准

中华人民共和国国家军用标准《激光防护镜生理卫生标准》(GJB 1762—93)规定了激光防护眼镜生理卫生防护要求,并给出了不同光学密度防护镜允许的最大激光辐照量,见表 8.4。

表 8.4 不同光学密度防护镜允许的最大激光辐照量

| 光学密度 | 巨脉冲激光/$(J \cdot cm^{-2})$ | | | 长脉冲激光/$(J \cdot cm^{-2})$ | | | 连续激光(10 s)/$(W \cdot cm^{-2})$ | | |
	二倍频 YAG	红宝石	基频 YAG	红宝石	YAG	Ar$^+$	He—He	YAG	CO$_2$
1	5×10^{-2}	5×10^{-2}	5×10^{-1}	5×10^{-1}	5	6.3	6.3	5	1×10^4
2	5×10^{-1}	5×10^{-1}	5	5	5×10^1	6.3×10^1	6.3×10^1	5×10^1	1×10^5
3	5	5	5×10^1	5×10^1	5×10^2	6.3×10^2	6.3×10^2	5×10^2	1×10^6
4	5×10^1	5×10^1	5×10^2	5×10^2	5×10^3	6.3×10^3	6.3×10^3	5×10^3	1×10^7
5	5×10^2	5×10^2	5×10^3	5×10^3	5×10^4	6.3×10^4	6.3×10^4	5×10^4	1×10^8
6	5×10^3	5×10^3	5×10^4	5×10^4	5×10^5	6.3×10^5	6.3×10^5	5×10^5	1×10^9
7	5×10^4	5×10^4	5×10^5	5×10^5	5×10^6	6.3×10^6	6.3×10^6	5×10^6	1×10^{10}
8	5×10^5	5×10^5	5×10^6	5×10^6	5×10^7	6.3×10^7	6.3×10^7	5×10^7	—

8.3.3 激光防护措施

1. 激光防护的主要技术指标

（1）防护带宽

防护带宽作为防护材料的一个重要参数，表示该种材料所能对抗的光谱带宽。滤光镜的带宽通常是以半功率点处的带宽来规定的，它直接影响到滤光镜的使用特性。

（2）光学密度

光学密度是指防护材料对激光辐射能量的衰减程度，常用 OD 表示。

（3）响应时间

响应时间是从激光照射在防护材料上至防护材料起到防护作用的时间。防护材料的响应时间越短越好。

（4）破坏阈值

破坏阈值是防护材料可承受的最大激光能量密度或功率密度。这个指标直接决定防护材料防护激光的能力。

（5）光谱透射率

光谱透射率必须用峰值透射率和平均透射率两个值来确定。吸收型滤光镜以较好的平均透射率来提供较低的光学密度，而反射型滤光镜通常牺牲平均透射率但有较高的光学密度。反射型滤光镜的主要优点是可以增加光谱通带上的平均透射率。

（6）防护角

防护角是指对入射激光能达到安全防护的视角范围。

激光防护所采用的方法可分为：基于线性光学原理的滤光镜技术，包括吸收型滤光镜、反射型滤光镜以及吸收反射型滤光镜、相干滤光镜、皱褶式滤光镜、全息滤光镜等；基于非线性光学原理的有光学开关型滤光镜、自聚焦/自散焦限幅器、热透镜限幅器和光折射限幅器等。

2. 激光防护的通用知识

（1）针对性安全防护知识

① Ⅰ 类激光器发射的激光不引起任何生物学危险，可免于采取控制措施。

② Ⅱ 类激光器属低功率范围，波长 $0.4 \sim 0.7 \ \mu m$，功率小于 $1 \ mW$，长时间注视可能会引起视网膜损伤，故要采取防护措施和使用警示牌。

③ Ⅲ 类激光器属中功率范围，人受短时间照射就可能引起生物学损伤，故控制措施必不可少。这类激光器的激光漫反射光束无危害。

④ Ⅳ 类激光器属高功率范围，能产生危险的反射激光束，人体短期直接或弥散性的暴露都会引起生物学损伤，必须采取严格控制措施。

（2）安全防护通用知识

①激光束不应和人眼在同一水平高度，绝对不能直视激光光束，尤其是原光束。也不能直视反射镜反射的激光束。操作激光时，一定要将具有镜面反射的物体放置到合适的位置或直接搬走。

②为了减少人眼瞳孔充分扩张,减少对眼睛的伤害,应该在照明良好的情况下操作激光器,使工作人员瞳孔缩小,减少进入眼内的激光量。

③不要对近目标或实验室墙壁发射激光。

④不能佩戴珠宝首饰,因为激光可能通过珠宝产生反射造成对眼睛或皮肤的伤害。

⑤如果怀疑激光器存在潜在危险,一定要停止工作然后立即让激光安全工作者进行检查。

⑥每一种激光器和激光设备都应该为操作者提供最大的安全保护措施。一般只允许1级、2级、3A级激光用于实验演示。

3. 激光防护措施

激光防护的对象可分为三类:激光设备、工作场所和可能被照射的人员。相应采用的防护方法有:工程防护(如加外罩、联锁、光束终止器等)、个人防护(如戴眼镜、手套、穿防护服)和行政防护(如设置信号、警告灯、铃、汽笛和安全操作程序)。这三类防护是按效果从大到小排列的,恰好与按费用从高到低的顺序一致。由于激光清洗系统大都是自动控制系统,工作人员不需要临场操作,因此,只要激光设备防护设施完善并且严格按照操作规程,其受到危害的可能性便会大大降低。

(1)对激光设备的安全防护

①防护罩或防护围封:对激光器装配防护罩或防护围封,防护罩用以防止人员接受的照射量超过允许照射量 MPE,防护围封用以避免人员受到激光照射。激光束除接近目标处外不应外露。每个激光产品必须装有防护罩以防止人员接触超过 I 类的激光辐射。

②挡板和安全联锁:可接触的发射水平不低于给定类别的可达发射极限 AEL 值,激光产品需要安全联锁,安全联锁的设计必须能防止挡板移开。

③钥匙控制器:属于 Ⅲ b 类和 Ⅳ 类的任何激光系统必须安装钥匙控制器,钥匙控制器是指用钥匙操作的总开关。钥匙必须是可取下的,并要有专人保管,钥匙也可以是磁卡、密码系统,激光器触发前应有警告信号,面板醒目位置注有警号标志等。

④控制装置:每一款激光产品必须装有控制装置,确保在调整和使用时不会受到标准规定的激光辐射。

(2)对人身的安全防护

即使激光清洗系统被完全封闭,工作人员也有接触意外反射激光或散射激光的可能性。针对激光对人体可能造成的危害,激光设备工作时应采取以下防护措施:

①现场操作人员和工作人员必须佩戴对激光不透明的防护眼镜,其滤光镜要根据不同的激光器(因光的波长不同)选用,它能选择性地衰减特定波长的激光,切忌一镜多用。CO_2 激光的波长为 10.6 μm,它不能透过普通玻璃,可佩戴有侧面防护的普通眼镜或太阳镜。

②操作人员应穿由耐火及耐热材料制成的白色工作服,戴激光防护手套和激光防护面罩,以减少激光漫反射的影响。

③激光设备运行场所应配备有效的通风或排风装置。

④操作人员必须熟悉激光的特性和操作安全知识,只允许有经验的工作人员对激光器进行操作。

(3)对工作环境的要求

激光室的墙壁不可涂黑,应用浅色而漫射的涂料,以减少镜式反射和提高光亮。室内还应通风良好,使二甲苯、四氯化碳(清洗用)、氮(冷却用)、臭氧等在空气中的浓度不超过准许值。室内物品应减少到最小限度,物品表面应粗糙。

在激光室内或门口,激光束易到达的地方设"激光危险"标志,无关人员不准入内。除去激光光路上对易燃物设置危险标志外,还应设置障碍物,使人不能走近激光器。激光清洗设备在使用、维护或检修期间,标志必须永久固定。激光器应远距离操作,对于特大功率的激光器,工作人员应在隔壁房间操作。

(4)其他防护措施

①工作场所的所有光路(包括可能引起材料燃烧或次级辐射的区域)都要予以封闭,尽量使激光光路明显高于人体高度。

②制定激光安全操作规程,对激光产品严格分级定标,为用户提供安全使用指南等。激光束应止于无反射及防火物质。激光器使用后即终止光路,开启激光器时严格遵守水电操作规程;脉冲激光应有安全闸以防止激光爆炸。

③激光器生产单位对Ⅱ类激光器须在面板醒目位置注有"禁止直视激光束"字样的警示牌并放置必需的防护罩。对于Ⅳ类激光产品宜采用遥控操作,避免工作人员直接进入激光辐射区域。对各类激光器还应提供波长范围、最大输出能量和功率、脉冲宽度、重复脉冲频率、光束发散角等物理参数。

④设置安全监视系统,在工作场所设置必要的警报装置等。

⑤接触激光的工作人员需定期进行体检,确保安全。

⑥激光产品使用的电压(包括直流和交流)通常较高,因而对于所有电缆和连接处不得产生麻痹思想,应时刻提防电缆、连接器或设备外壳存在的危险。

8.4　激光安全培训

激光清洗设备的能量密度较大,不仅对使用者而且对相应距离范围内的其他人员均可能造成危害,所以只有受过一定专业培训的人员才可能被安排来操作该系统。

激光安全培训内容包括以下方面:

①熟悉激光清洗设备及系统的工作流程。

②正确执行危害操作步骤,正确使用安全警告标志等。

③所需要的个人安全防护。

④事故报告程序。

⑤激光对眼睛和皮肤的生物效应。

在激光安全管理中,设备或工作环境的主管工作人员有重要责任,主要包括以下方面:

①对有关激光危害及其操作的教育和培训。

②对激光危害的控制。只有对激光危害做出满意的控制后,主管人员才允许启动激光设备。

③对激光安全提供安装和改造,在激光安全员批准后才可执行。

④提供设备使用资料,告知有潜在激光危害的地方。

⑤妥善处理实际的激光安全事故,对出事故的人员进行必要的医学检查。

在激光安全管理中,激光设备操作人员的责任包括以下方面:

①激光设备操作人员只有在主管人员允许的情况下才能操作激光设备。

②在被允许的情况下,才可停留在激光运行的激光设备附近。

③遵守激光安全规则,按安全规则操作激光设备。

④报告激光安全事故,并妥善处理。

参 考 文 献

[1] 刘忠达. 激光应用与安全防护[M]. 沈阳:辽宁科学技术出版社,1985.

[2] 张平,卞保民,李振华. 激光等离子体冲击波清洗中的颗粒弹出移除[J]. 中国激光,2007,34(10):1451-1455.

[3] PARK H K, KIM D, GRIGOROPOULOS C P, et al. Pressure generation and measurement in the rapid vaporization of water on a pulsed-laser-heated surface [J]. Journal of applied physics,1996,80(7):4072-4081.

[4] 贺敏波,马志亮,刘卫平,等. 连续激光辐照下碳纤维环氧树脂复合材料热解问题研究[J]. 现代应用物理,2016,7(1):46-50.

[5] 巩水利. 先进激光加工技术[M]. 北京:航空工业出版社,2016.

[6] ASMUS J F. Lasers in the conservation of artworks[M]. Heidelberg,Berlin:Springer,2005.

[7] 张冬云. 激光先进制造基础实验[M]. 北京:北京工业大学出版社,2014.

[8] 马兴孝,孔繁敖. 激光化学[M]. 合肥:中国科学技术大学出版社,1990.

[9] 孙承伟. 激光辐照效应[M]. 北京:国防工业出版社,2002:20-60.

[10] 常铁强. 激光等离子体相互作用与激光聚变[M]. 长沙:湖南科学技术出版社,1991.

[11] 王军,李金玲,高萌. 高校实验室使用激光的安全管理[J]. 实验室研究与探索,2017,36(11):283-288.

[12] 闻春敖,蔡佩君,朱承熹,等. 实验室激光的安全使用与防护[J]. 实验室科学,2022,(6):217-220.

[13] 陈虹. 激光产品的安全与辐射防护[M]. 北京:中国标准出版社,2015.